餐飲管理 （第三版）

Food and Beverage Management

陳堯帝◎著

序　言

　　近年來，隨著世界經濟的發展，觀光餐飲業已成為世界最大的產業。為順應世界潮流及配合國內旅遊事業之發展，各類型具有國際水準的觀光大飯店、餐廳、休閒俱樂部，如雨後春筍般的成立，此一情勢必會帶動餐飲業及旅遊事業的蓬勃發展。

　　餐旅業是目前最熱門的服務業之一，面對世界性餐飲業之劇烈競爭，服務品質之提升實在是刻不容緩之重要課題。而服務品質之提升端賴透過教育途徑以培養專業人才方能達成，是故餐飲教育必須在教材、師資、設備方面，加以重視與實踐。

　　餐飲業蓬勃發展，國內餐旅領域中英文書籍進口很多，中文書籍較少，為落實餐飲管理課程內容，作者赴歐美考察之際，蒐集歐洲及美國之資料，編著了《餐飲管理》一書，適合餐飲管理科系、旅館管理科系、觀光事業科系、食品管理科系的學生更深入地了解餐飲管理之重要性。

　　本書編撰以簡明扼要為原則，內容豐富，資料新穎，對提高餐飲經營理念，必能駕輕就熟，本書具有下列特色：

1. 本書內容共分十八章，大約四十餘萬言，四百餘頁。
2. 本書為便利學生學習，文辭力求簡明易懂。
3. 本書第十一章「餐飲服務心理學」、第十四章「餐務的管理」、第十五章「餐飲連鎖管理」，以及第十八章「餐飲財務管理」，目前其他餐飲教科書中都尚未列入，為本書最大特色之一。

本書雖經慎密編著，疏漏之處在所難免。本書得以完成，感謝師長的鼓勵及餐飲業先進之指正，但總感覺此書資料難免有不盡完善之處，尚祈各位先進賢達不吝賜予指教、多加匡正是幸。

陳堯帝　謹誌

民國九十年三月

目　錄

第一章　導　論

第一節　餐飲管理概述

　　邁入二十一世紀，國內餐飲業進入專業經營的時代，餐飲業同時進入經營規模時期，組織複雜，分工專業，管理嚴密，均係爲了獲得經營的效率。因此，餐飲管理較以往更加重視管理實務，進一步地促成餐飲業的發展。例如近幾年，餐飲行業的科技發展，突飛猛進，對於各種資料的蒐集、整理、分析、行銷、預測皆要較以前任何時期更爲進步，對餐飲業的經營管理亦產生相當深遠的影響。由於高科技方面的突破性成就，皆顯示社會、經濟、文化、科技以及其他種種方面的劇烈變化，使得餐飲業管理者所面臨的經營環境亦發生重大變化，應如何應付這些變革，將成爲管理上的新任務。

一、餐飲在國際觀光大飯店中的份量

(一)餐飲收入是觀光大飯店收入的主要來源

　　在觀光飯店專業中，餐飲收入一般佔觀光大飯店收入的35％左右。隨著人們生活水準的提高、閒暇時間的增加，觀光大飯店的餐飲部分將會有更大的發展，這一比例還有可能再繼續增加。如凱悅大飯店、來來大飯店、福華大飯店、晶華酒店等的餐飲收入就超過了客房的收入。一般來說，觀光大飯店的客房營業量是一個常數，這就決定了客房收入是有限的。但餐飲的餐位數和每位客人的消費則是個變數，餐飲收入的伸縮性是非常大的。成功的餐飲管理往往會比管理水準差的帶來成倍的收入。

(二)餐飲是觀光大飯店產品的主要組成部分

　　從旅遊的基本觀點出發，食、住、行是人們外出旅遊的必備條件，而對於飯店來說，食和住則尤爲重要。在觀光飯店的眾多部門中，餐飲部一般是最大的部門之一。不僅如此，餐飲的服務質量也往往提高了觀

圖1-1　國際觀光大飯店的高級餐廳

資料來源：凱悅大飯店提供

光飯店的水準。因為餐飲服務質量不僅是態度和技術的結合，而且是餐廳裝修水準、音響、色彩、餐飲器具、菜餚、飲料、衛生條件、服務水準的綜合反應。這一切又都取決於一家觀光大飯店的管理水準。舉凡世界上成功的飯店，多是以精湛的餐飲服務、獨特的風格、精美的菜餚而聞名於世的，比如台北凱悅大飯店、西華大飯店、晶華酒店等就是如此。

(三)餐飲是招徠顧客的重要競爭力

　　餐飲不僅是觀光大飯店的主體，而且是影響觀光大飯店聲譽和競爭力的主要因素。在現代社會，吃飯不僅是人們基本的生活需要，而且是人們的一種享受追求。例假日時國人成為飯店的主要客人就是最好的例證。環境舒適、菜餚精緻、服務親切的餐飲，往往可以給人們創造一種無與倫比的精神享受。所以，許多餐飲業者認為，餐飲不僅是觀光大飯店的產品，而且是一種旅遊產品，是一種可以吸引人的資源。美食旅遊、烹飪旅遊的出現，就證明了這一點。

二、餐飲部門的任務

　　餐飲部擔負著向國內外賓客提供高品質的菜餚、飲料和優良的服務的重任，並透過滿足他們越來越高、越來越多樣化的用餐需求，為飯店創造更多的營業收入。

　　餐飲部門的具體任務分述如下：

(一)提供能滿足客人需要的優質菜餚和飲料

　　這是餐飲部門最基本的任務，也是最重要的任務之一。餐飲部門是飯店唯一生產實物產品（菜餚、食品）的部門，具有供、產、銷的密切聯繫性。為了保證能夠提供能滿足客人需要的優質產品，餐飲部門必須做到下列幾點：

1. 及時掌握各種不同客人的飲食需求，推出他們所期望獲得的餐飲產品，這是獲得客人滿意的前提。一般來說，不同國家和地區、不同宗教信仰的人，都有自己獨特的飲食要求，作為餐飲部門的一員，必須在日常經營管理中，做個有心人，逐步累積這類經驗。同時，要建立科學的顧客資料檔案制度，準備記錄各類客人的特殊要求。只有這樣，才能真正把握飯店目標市場上客人的飲食要求，才能保證餐飲部門所提供的飲食產品符合客人的需要。此外，對國際客人還要了解他們在我國的旅遊路線，特別是上一站的用餐情況，以便安排既能滿足他們的餐飲需要，又體驗當地風味的菜餚，取得客人的好評。

2. 準確提供優質餐飲產品的涵義，精心策劃飲食產品的各種組合。餐飲的優質不僅僅表現在其本身的質量，還包括就餐者對菜餚食品的評價：口味是否符合自己的飲食習慣；包裝（裝盤）是否美觀誘人；價格是否與其價值相符；食品衛生程度是否能給人安全感。另外，菜餚的新鮮程度、是否是時令菜、知名度等，都會影響到優質的概念。

3. 要加強餐飲產品生產過程的管理，保證優質生產、衛生操作，發揮

主廚和行政總廚的作用，但也不能簡單地完全依賴主廚。應將客人的要求、意見及時與主廚溝通，不斷開發新的餐飲產品，鼓勵符合客人需求的創新，在此基礎上，穩定品質，提高質量。

(二)提供親切而高品質的服務

　　儘管餐飲部門是飯店唯一生產實物產品的部門，但飯店業這一服務行業的性質決定了客人對服務的特別要求。在用餐過程中，客人更注意的是烹飪技藝、服務態度與技巧、用餐的環境與氣氛等無形商品。也就是說，客人在購買飲食產品的同時，更期望得到與菜餚同時銷售的服務，並期望獲得方便、周到、舒適、親切、愉快等方面的精神享受。餐飲部門的經理要正確認識客人的這一種心理要求，設計並保證實施有效的服務程序，倡導並培養全體員工提供親切的服務。親切的服務最重要的是一個態度問題，這要從餐飲部門的經理做起。如果經理非常注重服務態度的親切，他自己就是一個親切友善的人，他的員工也必定會對客人殷勤有禮，因而整個餐飲部門會使客人有一種頗受歡迎的親切感受。

　　優良的服務還必須是恰到好處的服務，必須及時地根據客人的需求來提供有效的服務。一個餐飲部門的人員必須時時為客人著想，精心籌劃自己獨特的服務項目和特色，盡可能地擴大服務範圍和提高服務質量。恰到好處的服務還有以下幾個特點：

1. 它必須是及時的服務。也就是說要掌握好提供服務的時間，這有時會有出乎人意料的效果，讓客人真正感到無微不至。
2. 它又是針對性極強的服務。不同的服務對象，對服務的要求和感受都不一樣，餐飲部門尤其要重視對常客和重要貴賓的服務。
3. 它還必須是能洞察客人心理的服務。例如想進餐廳又恐其價格太貴的心理，想提高自己身分的心理等等。作為經理應培訓員工有針對諸如此類的心理狀態提供恰到好處的服務的能力。

(三)增加營業收入，提高利潤水準

　　利潤是餐飲部門的經營目標之一，也是一項重要的任務。餐飲部門

的營業收入是飯店實現經營目標的一個重要組成部分。而要達到和超額完成餐飲部門的營業收入計畫與目標利潤，餐飲部門要在以下兩個方面作出努力：

1. 根據市場需求擴大經營範圍、服務項目及產品種類。餐飲部門的經理要有敏銳的洞察力和經營意識，及時把握市場動態，充分利用各種節日、會議、當地重大活動等進行推銷。透過舉辦各種美食節、新穎的餐食和用餐方式等加強食品與飲料的銷售。也可以擴大用餐場所，增加餐飲接待能力，用外賣、上門服務等方法擴大餐飲服務的外延，來提高餐飲銷售量，以達到和超額完成本部門的營業指標。

2. 加強餐飲成本控制，減少利潤流失。餐飲部門從採購、驗收到庫存、生產和銷售，環節眾多，成本控制的難度較，從而造成浪費和損失的機會也較多。為了提高餐飲部門的獲利能力，減少浪費，避免利潤流失，餐飲部門要制訂完整的餐飲成本控制措施，並監督其實施執行，從而提高利潤，完成本部門的獲利指標。

(四)為建立飯店的高品質形象努力

　　餐飲部門要為建立飯店整體的高品質形象而努力。由於餐飲部門與客人的接觸面廣、接觸量大，面對面服務時間長，從而對客人的心理因素影響較大，其效果直接反映到客人對飯店的評價上來。要建立飯店的高品質形象，首先必須加強餐飲部門自身的高品質形象建設。而餐飲部門的形象，也依賴於其硬體和軟體建設兩個部分。

1. 餐飲部門的硬體建設應包括各餐廳、就餐場所、酒吧的設計，裝潢佈置、服務設施以及其藝術品的陳列等，應力求體現科學、雅緻、先進和較高的品味，要與整個飯店的水準相一致。餐廳、酒吧的功能要齊全，除了擁有能滿足客人一般需要的餐廳外，還應具備諸如法國餐廳等象徵飯店水準的高雅餐廳。此外，還可建設花園餐廳、屋頂餐廳、旋轉餐廳、室外露天咖啡座、池畔酒吧、快餐廳等齊全

圖1-2　國際觀光大飯店的裝潢

資料來源：西華大飯店提供

的設施，既方便客人，又增加銷售量。

2.軟體的質量也直接會影響到飯店及餐飲部門的高品質形象。餐飲部
　門的軟體質量主要體現在管理水準與管理質量、全體員工的素質、
　對客人服務態度和禮貌程度。餐飲部門的經理要建立起科學的管理
　方法和服務程序，讓所有員工都受到嚴格的訓練，提高服務人員的
　服務水準和服務質量。餐飲部門的軟體質量還反映在對藝術、對美
　的追求與品味上，這更要求餐飲部門有較高的藝術修養與美學知
　識。

(五)烹飪藝術的提升

　　今天，中餐已經走向世界，成為世界飲食大家庭中的一名重要成
員，越來越多的外國客人喜愛吃中餐。中餐已成為我國的一項重要旅遊
資源，吸引著世界各地的旅遊者。身為以接待外國客人為主的觀光飯店
餐飲部門，向客人宣傳中餐、弘揚中餐的文化藝術，當是我們一項義不
容辭的任務。在此過程中，還應注意以下兩點：

1.弘揚中國的飲食文化要善於挖掘我國的傳統飲食之精華。從歷代宮廷菜、官府菜和民間菜譜中吸取「精華」，甚至從各種文學名著、歷史傳說、歷史事件中開拓視野，加以開發。如滿漢全席、紅樓宴、仿膳、國宴等等，都是通過挖掘整理而成爲膾炙人口的名宴。

2.挖掘傳統名菜還要與現代人們的飲食要求結合起來。隨著經濟的發展，人們的飲食要求、口味特點和用餐方式都在變化，在開發傳統名菜的過程中，要善於古爲今用，取其精華，去其糟粕，不能一味拘泥仿古，食古不化。

第二節　餐飲管理的意義

美國管理學家泰勒氏（F. W. Taylor, 1856-1915），人稱科學管理之父，曾對管理的涵義加以說明：「使部屬正確地知道要實行的事項，並監視他們以最佳及最低費用的方法去執行這些事項，便是管理。」

但若干其他管理學者均有不同的解釋，茲介紹如下：

1.管理（Management）乃是運用企業的組織，聯繫及配合財務、生產、分配的工作、決定事業的政策，並對整體業務作最終控制的意思。

2.管理乃是「經由他人的努力，以完成工作」的一種活動。

3.管理乃是達成組織目標的一種決策過程和技術。

4.管理乃是運用計畫、組織、任用、指導、控制等管理程序，使人力、物力、財力等作最佳配合，以達成組織目標的活動。

5.管理乃是將人力、物力、財力等資源，導入動態組織中，以達成組織的預期目標，使接受服務者獲得滿足，亦使提供服務者享有成就感的一系列活動。

由以上所述可知，一個餐飲業組織，如欲有效使用資源，完成組織目標，有賴良好的管理，此乃由於餐飲業組織的預期目標，並非某一個

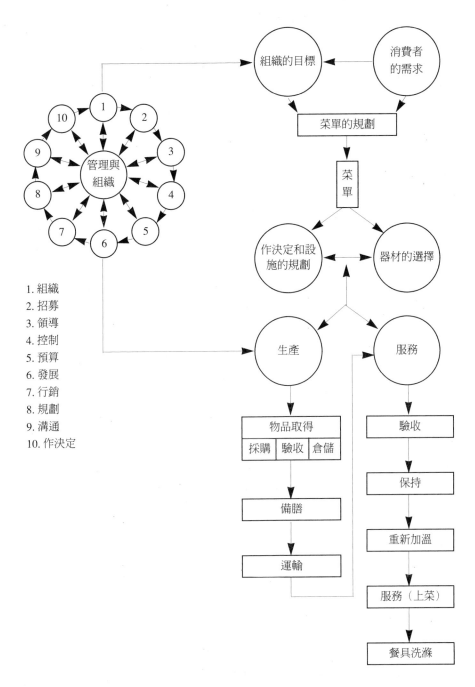

1. 組織
2. 招募
3. 領導
4. 控制
5. 預算
6. 發展
7. 行銷
8. 規劃
9. 溝通
10. 作決定

圖1-3　餐飲管理與組織流程圖

人的努力所能達成，而是需要許多人的共同努力，才能達成。因此，組織內的某部門績效良好，是因爲該部門的管理工作做得很好，所謂管理工作做得很好，是指規劃（Planning）、組織（Organizing）、任用（Staffing）、指導（Directing）、控制（Controlling）等工作做得很好，這些工作稱之爲「管理工作」。

餐飲管理，也就是實際的科學管理。它是採用科學方法和科學精神實施在企業上，對人、事、時、物、地、財做有效的支配，建立嚴密的組織制度，增加生產，達到銷售目的。

總而言之，餐飲管理就是運用組織、招募、領導、控制、預算、發展、行銷、規劃、溝通、決定等基本活動，以期有效運用餐飲業內所有人員、菜單、生產、服務等要素，並促進彼此間相互密切配合，發揮最高效率，以順利達成某一餐飲業的特定任務，並實現其預定的目標之謂。

第三節　餐飲業的特質與發展

餐飲業的經營，隨著科學的發達與時代的演進，可以說在各方面都呈突飛猛進之勢。在設備和方法方面，由人力而進入電腦化時代；在組織方面，由小型而中型，目前更發展爲大型企業；在市場方面，由地區性而全國性，目前更擴大成爲國際性；在管理方面，由過去的慣例管理（Conventional Management）而觀察管理（Observational Management），進到制度管理（Systematic Management），目前則更進而重視管理的「人性化」（Humanization）。

餐飲業管理的經理人（Manager），就是將來的餐飲業主持人，餐飲業本身的成敗，要靠他們的知識和能力，餐飲業的繁榮與萎縮，要看他們有無正確的觀念與理想。爲了此一理由，特將現代餐飲業的特質分別說明於後[1]：

一、專業化與標準化

專業化不僅指個人的技術與工作充分發揮專業的特色，在經營方面亦可發揮專業特色，以獲得競爭優勢。尤其在餐飲業，由於其與顧客直接接觸，更具此方面的特色。例如現代化的速食業已非過去餐飲小店，不是一般人均可開設。現代化速食業需專門技術與管理，精確的市場資訊，充分發揮專業特色，經營規模透過連鎖店方式，發展成為巨型企業。

至於標準化則為大規模經營的基礎。例如現代化速食業中的巨人「麥當勞」，其有關產品品質、使用原料、設備維護、廚房作業、服務程序、環境清潔、管理訓練等各方面，均有標準作業程序或各種手冊，維持一定的標準與品質水準。

二、餐飲業大型化

面對未來對外競爭及經濟規模的要求，餐飲業的大型化是必然趨勢，在未來餐飲業的發展中，餐飲業大型化的問題可能盛行著兩種大型化途徑，一則是創造性大型化，即所謂草根型成長（Grass-root Growth）的大型化，是經由組織變革、管理更新而獲致的餐飲業成長。另一則是外部發展的大型化，主要是經由併購、合併、兼併等策略來達成的，不論採取何種方式，我們可以預測的是，未來的餐飲業，大型化絕不僅僅是量的增加，而將是邁向資本密集和技術密集的道路發展。

三、餐飲業國際化

國際環境的變動越來越頻繁，政治環境變動影響也將相對增加，結果勢必導致各餐飲業業務朝向國際化發展。此一趨勢一方面可以免除許多因政治情勢轉變所造成的可能損害，另一方面也將因此而更進一步介入更多的國際事務，引發更多國際政治環境的變化。

四、資本國際化

本來多國性企業已使餐飲業的投資走向國際化，更產生一種落後國家向開發國家投資的資本國際化趨勢。其他如西歐資本及日本資本與美國資本的相互投資，亦屬於資本國際化的一種趨勢。

五、市場多國化

隨著國際政治環境的變動影響，以及餐飲業從國內走向國際的必然路向的需求，在未來的企業中，將廣泛地建立海外據點，或為業務授權（Franchising），或為技術授權（Licensing），或為倉儲轉運。政府在政策上亦將越來越開放，不論是在進口限制或在對外投資管制方面，將更趨自由化。

因此，餐飲業在未來勢必將更重視國際行銷、國際經營及海外投資策略規劃。故預期未來，「海外設置旅館」及「與目標市場所在地的合資經營」，仍將是未來餐飲業拓展國際市場的重要途徑。

六、經營成長化

成長是餐飲業經營的核心問題，未來的餐飲業將繼續維持較高度的成長，而追求理性的成長更是各類型餐飲業經營上的最重要目標。

儘管未來餐飲業仍可維持高度成長，但每一行業中個別餐飲業的市場佔有率均將相對縮小，彼此競爭的情況將更趨嚴重。

傳統的競爭重點在價格方面，未來幾年非價格競爭的程序勢必升高，各種行銷手段的組合必然成為競爭重點所在。

七、資訊企業化

資訊（Information），其原始形式為資料（Data），它產生於人類日常的各項活動中，如研究報告、工作報告或是各種交易的原始記錄等。將這些資料經過整理、過濾、分析，即成為正確而有效的資訊。它可能顯示一個事件的發展趨向，或一個工作的結果，以供進一步的研究或決策

分析之用。餐飲企業與資訊系統之運用對餐飲生產力，具有決定性的貢獻。

第四節　當前餐飲業面臨的挑戰

　　當前餐飲業所面臨的挑戰，層面相當廣闊，包括了國際性競爭所導致之市場壓力、總體市場成長率之緩慢、競爭激烈等等。[2]

一、內在環境的變化

(一)組織的變化
　　現代組織已由權威式組織，演變為權變式、制宜式、矩陣式或彈性式的組織，使組織具有適應環境變化的能力。

(二)員工的變化
　　現代員工除了關心物質條件的需要外，更重視安全感、社會任用感、自尊心，以及追求自我發展和理想的實現。同時，現代員工需要新的觀念、新的技能及新的知識以適應變化的時代。

(三)管理的變化
　　現代經營，有賴新的管理觀念與技術，以發揮管理的效果；員工的參與決策，以及正確和迅速的決策，成為未來管理作業的趨向。

二、外在環境的變化

(一)科技的突飛猛進
　　近代科技的突飛猛進，帶動了其他環境因素的變化，諸如生產效率的提高、國際距離的縮短以及網路的快速發展等，已使餐飲業競爭日趨激烈。[3]

(二)教育的普及

　　教育的普及促使服務和生產技術的進步，此外，教育的普及亦使得女性從事餐飲服務業的比率大大的增加。

(三)消費者保護運動的興起

　　消費者對個人權益、服務品質的重視，已日漸擴大，形成不可抗拒的潮流。

(四)環境保護主義的抬頭

　　社會大眾對生態環境、污染問題、公害問題的關切程度增加，造成餐飲業營運對社會責任之重視。這種變化將會使餐飲業的經營受到更多的束縛，也會使得產品的開發受到相當的影響，目前台北市就有好幾家觀光旅館自願降級為一般旅館即為明證。

(五)消費者行為的改變

　　消費者因所得的不斷提高，以及對生活品質要求的提昇，促使服務品質容易落伍，縮短餐飲經營者的壽命週期。

三、營運作業的變化

(一)研究發展的重視

　　餐飲業面對激烈的競爭，必須求新求變，研究發展部門的設立，為餐飲業營運的必然趨勢。

(二)電腦的使用

　　餐飲業正確和迅速的決策，必須仰賴充分的決策資料，對於現代複雜資料的整理分析工作，已非人力所能勝任，餐飲業勢必建立電腦資訊化，從事決策分析工作。

(三)社會責任的重視

　　餐飲業對於員工、投資者及一般社會大眾的責任觀念日益強化，未

來將普遍為餐飲業經營者所接受。

(四)行銷作業的改進

餐飲業在成長過程中，將由效率的增加，轉向行銷作業的改進，諸如縮短行銷通路、集中行銷、連鎖經營等均是。

四、就經營方針言

(一)市場資訊的取得

我國餐飲業未來的經營勢必更重視市場的了解，亦即在投資前，務必先調查市場，了解顧客的生活習俗，並建立系統，迅速傳遞。這可以採連鎖經營的方式來突破。

(二)員工流動率問題

國內各餐飲業的員工流動率不斷提高，因應之道是餐飲業界應加強員工職業道德教育，改變他們的觀念，把公司看成是自己的，視老闆為主人，忠於公司、忠於主管，這樣才不會輕言離去。

(三)公害污染問題

這是公害防治運動所引起的問題，國內業界經營者在未來必須予以密切注意。亦即對於污染性必須加以排除，應盡量減低製造過程的污染程度；因為反污染法將會在未來幾年內制定。

(四)專業經理人之採用

高級管理人員之素質和管理生產力之提高，對改善餐飲業經營績效助益甚大。現今一般人員所謂生產力，常偏向操作層面之餐飲生產力，對高級管理人員之生產力甚少論及。其實，高級管理人員之生產力如果低落，必使餐飲業迷失經營方向，生產力將也無從發揮。

欲強化管理生產力，須先消除管理瓶頸，其作法應從強化中階層管理人員素質與能力及引用專業經理人著手；如此方不致造成管理脫節，致使餐飲業接棒時產生管理問題。

(五)研究發展的問題

餐飲業界應將研究發展視為一種投資，而非費用，不宜過分寄望快速回收，「揠苗助長，難成大器」。

在研究發展過程中，某些設備若需汰舊換新或是做重大改變，就需大刀闊斧地推展，開創未來新機運。

第五節　餐飲管理的重要性

一、餐飲管理的特點

餐飲管理是一項集經營與管理、藝術和技術於一體的業務工作，有其自身的特點。要做好餐飲管理，就必須充分認識這項工作的特點和規律，以便合理安排，科學管理。

(一)生產上的特點

■餐飲生產屬於個別訂製生產

餐廳所銷售的菜式是客人進入餐廳後，由客人個別點菜，然後將其製成個別的製成品。它與工業產品大批量產、統一規格生產的成品是不同的。這給餐飲產品質量的穩定和統一帶來很大的困難。

■生產過程時間短

餐飲生產的特點是現點、現做、現消費，要求備有充足的原料和經驗豐富的廚師，才能滿足客人的需求。

■生產量的預測很困難

客人上門餐廳才有生意做，而客人的人數及其所要消費的餐食很難預估，而且產品原料的種類繁多，多種原料製成一種成品，同一材料又有各種不同的用法。所以，不可能像工業產品一樣，預定製造多少成品，就準備多少材料及人工。這給餐飲生產的計畫性帶來很大困難。

圖1-4　餐飲生產屬於個別訂製
生產

■餐飲產品容易變質、腐爛

　　經過烹飪的產品過了幾小時就會變味變質，甚至腐爛不能食用。熱的餐食會變冷，冷的餐食變得冷度不夠，從而失去了成品價值，所以成品不能儲存，生產過剩就是損失。

(二)銷售上的特點

■銷售量受場所大小的限制

　　餐廳接待能力受餐廳場地的大小、桌椅的數量等限制。如何提高桌椅的利用率，或不必使用桌椅也可提高銷售額，是值得餐飲部門研究的課題。

■銷售量受時間的限制

　　一般人一日三餐，其用餐時間大致相同。用餐時間一到，餐廳裡擠滿了客人，時間一過則空無一人，如何提高用餐時間以外的銷售額，是餐飲部門又一值得探討的課題。

■餐飲設備要豪華、有高尚的氣氛供人享受

　　客人在商場購物，一般停留時間不多，只要貨物滿意，店內的設備並不太注意。在餐廳用餐的客人，除了要求可口的餐食及親切的服務外，也希望在設備豪華的餐廳有舒服的享受，因此，餐廳的佈置、桌椅、娛樂設備及其音樂的演奏，要投入相當可觀的資金。

■銷售以收現金為主，資金周轉快

　　餐廳的銷售收入中，小額交易多以收現金為原則，因此資金周轉

快，用現金買回的原料款項，當天或過一兩天就可以收回現金。

(三)服務上的特點

■服務對客人的心理影響大

　　餐廳服務與客人的接觸時間長，服務人員的態度、禮貌和服務技巧，會直接影響到客人對餐飲部門的評價，影響到客人的用餐感受。因此，在做好生產、銷售的同時，餐飲部門還要做好優質服務。

■寓銷售於服務之中

　　餐廳銷售狀況絕大部分取決於服務人員的服務態度、銷售意識與銷售技巧。要培養服務人員的推銷意識，同時又不使客人感到在兜售，而是站在他們的立場上所提供的一種服務，這要經過長期的培訓才能達到。

二、餐飲管理基本要求

(一)優雅的用餐環境

　　隨著社會的發展，客人在餐廳用餐，不僅是滿足生理需要的一種手段，而且越來越多的顧客已把它當成一種享受和社交形式。所以，要滿足客人的需要，不但要有美味可口的食物以及親切的服務，而且在餐廳的裝潢方面需賞心悅目，提供舒適的就餐環境。要達到賞心悅目的要求，必須具備以下幾個基本條件：

　　1.餐廳的裝潢要精緻、舒適、典雅、富有特色。
　　2.燈光要柔和協調。
　　3.陳列佈置要整齊美觀。
　　4.餐廳及各種用具要清潔衛生。
　　5.服務人員站立位置要恰當，儀表要端莊，表情要自然，能創造一種和諧親切的氣氛。

(二)精緻可口的菜餚

　　精緻可口的菜餚至少應具有五種特性和七個要素。五種特性為：

圖1-5　優雅的用餐環境

資料來源：西華大飯店提供

1.特色性，即餐廳的菜食必須具有明顯的地方特色和餐廳的風格，必
　須在發揚傳統美食的基礎上，推陳出新。

2.時間性，即菜食必須有時令性特點和時代氣息，適應人們口味要求
　的變化。

3.針對性，要根據不同的對象安排、製作不同的菜食。

4.營養性，菜食要注意合理的營養成分。

5.藝術性，即菜食的刀工、色澤、造型等要給人一種美的享受。

七個要素為：

1.色，色澤鮮艷，配色恰當。

2.香，香氣撲鼻、刺激食慾。

3.味，口味純正，味道絕佳。

4.形，造型別緻，裝飾考究。

5.廣，選料講究，刀工精細。

6.器，器具精緻、錦上添花。

圖1-6　色澤鮮艷的菜餚

資料來源：西華大飯店提供

7.名，取名科學、耐人尋味。

(三)嚴格的餐飲衛生

餐飲衛生在餐飲管理中佔據重要的位置，衛生工作的好壞，不僅直接關係到客人的身體健康，而且也直接關係到觀光飯店的聲譽和經濟效益。如果被人們視爲衛生不佳或發生過食物中毒案例，那後果是不堪設想的。

令人放心的衛生，必須達到兩項標準：一是外表上的乾淨，無污漬，無水漬，這是視覺和嗅覺的檢測標準。二是內在衛生，即無毒、無菌，這一般根據衛生防疫部門的檢測標準來定。然而要達到上述要求，就必須嚴格控管好食物進貨、儲存、加工、烹飪、出菜、服務等過程，並做好餐具消毒、個人衛生和環境衛生工作。

(四)親切、高品質的服務

親切、高品質的服務，換句話說，就是必須給客人一種精神上的享受，要達到此要求，必須使餐飲服務具有美、情、活、快這四個特點。

1.所謂美，就是給客人一種美的感受，主要表現爲服務員的儀表美、

心靈美、語言美、行為美。如儀表美，就要求服務人員應有勻稱而健美的體形，健康而端莊的容貌，整潔而大方的服飾，自然而親切的表情，穩重而文雅的舉止。

2.情，即服務必須富有一種人情味。這就要求服務員在對客人的服務中，態度熱情，介紹生動，語言誠懇，行為主動。例如亞都大飯店員工在餐廳裡和客人互動，有效地創造了一種「家庭」的氣氛。

3.活，就是要求服務要靈活，也就是要求服務員不要把標準當作教條，而要根據不同的時機、場合及對象靈活應變，在「賓客至上」這一最高準則的指導下，把規範服務和超常服務有機地結合起來。

4.快，即在服務效率上要滿足客人的需要，出菜速度要迅速，各種服務要及時。一般說來，出菜速度應有具體的時間標準。比如餐廳服務員的「點菜單」進廚房後，一般情況下十分鐘內應出冷菜，二十至三十分鐘內應出熱菜。

提高服務效率，除了制訂合理的程序外，還應注意服務手段的現代化。比如有些飯店餐廳運用電腦管理系統實施餐廳管理，不僅使差錯率大為降低，而且服務效率也大為提昇。

(五)滿意的經濟效益

餐飲經營的最終目標是效益。餐飲部的效益主要有兩個方面：一是直接效益，二是間接效益。直接效益是指餐飲部門的經濟效益，即盈利水準。間接效益是指為客房、飯店以及其他設施的銷售所創造的條件，和對提高整個飯店的知名度和競爭能力的影響。餐飲部應在謀求整體效益的基礎上，努力提高本部門的經濟效益。

註　釋

[1]謝安田，《企業管理》，台北：五南圖書出版公司，民國80年，p.125。
[2]同註[1]，p.215。
[3]同註[1]，p.286。

第二章　餐飲消費者與餐飲市場

餐飲業市場是指發掘顧客的需求和慾望，並滿足之，也就是餐飲選擇一最大獲利的市場，根據此市場的需求，規劃一個完善的活動組合，使餐飲業經營更成功。馬文・葛林（Melvyn Green）把餐飲業市場視爲一種永續的循環。首先必須實地調查研究，瞭解某個區域市場的特性，然後在所選擇定點的範圍內，分析其他競爭者的優缺點；接著是對自己產品做一透徹的解析，選擇一個合理的價位；最後是採用銷售的技巧，如廣告、公關及推廣活動等方法，來達成餐飲經營成功的目標。[1]

　　餐飲的經營過程是一系列餐飲決策及具體經營餐廳活動的周而復始的循環過程，如圖2-1所示。

第一節　餐飲消費者的需求

　　著名的心理學家Maslow指出，人類的需求動機有著不同的層次。最基本的是生理需求。只有當人們的生理需求得到滿足或部分滿足之後，才會進一步產生更高層次的需求，包括社會交際、自尊及自我實現等。而且，而求的層次越高，表現在心理需求方面的成分也越多。

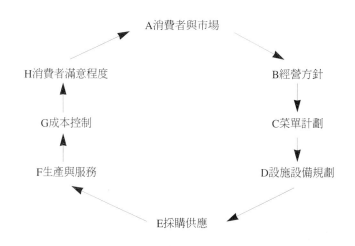

圖2-1　餐飲市場與消費之循環過程

實際上，許多餐飲經營者已經自覺或不自覺地按照這個「需求層次」行事。例如，近年出現的KTV餐廳，就是經營者在滿足客人高層次心理面的需求，迎合寓娛樂於飲食之中的新潮的明智之舉。

現在，我們把餐飲市場的消費者需求分為兩大類加以敘述。一是生理方面的基本需求，二是由於受到社會影響產生的各種心理需求。

一、生理需求

(一)餐飲營養的需求

進入二十一世紀，生活與工作的節奏加快，人們必須具有強健的體質與充沛的精力。於是，消費者對營養逐漸關注起來。營養能改善人們的正常生理功能和抗病能力，營養的好壞與搭配合理與否直接影響著人精力的旺衰，工作效率的高低，甚至影響著人的外貌及個性。例如，體重超重的人會因為肥胖的外表，在交際中表現得不太自然。目前，許多國際遊客來自工業發達的國家，他們的營養意識較高。他們充分地相信營養的積累和營養對於生命與精力的作用。營養離不開每一天每一餐的飲食質量。客人希望飯店餐廳提供的菜食能夠科學地符合他們的營養要求，並要求標明餐食的營養成分及其含量。

餐飲部有責任使餐食的營養成分合理搭配，供客人任意挑選，並保證菜餚質量（包括豐富的營養成分）的優良充足。作為一名精明的餐飲經營者，應該從營養的角度，表現出對用餐客人的關心。麥當勞漢堡的設計，集一餐必須的營養於一個麵包，大力宣傳漢堡包的營養功能，贏得公眾的承認與歡迎。這是速食經營中講究營養的典型實例，已經有一些餐廳經營者從中得到啟發，並加以仿效。

(二)餐飲風味的需求

人們光臨餐廳的主要動機是為了品嚐菜餚的風味。風味是指客人用餐時，對菜餚或其他食品產生的總體感覺印象。它是刺激對食物挑選的最重要的因素，風味取決於用餐人所品嚐到口味、香味和質地等的綜合感覺效應。

消費者對風味的期望和要求各不相同，有的喜愛清淡爽口，有的偏好色重味濃，有的傾向於原汁原味等等。一般說，來華的國際遊客的消費層次高，對食物選擇極有眼力，對烹調的質量和技藝也極為敏感、挑剔。餐廳應盡量針對他們的不同需求，提供各種風味極佳的高級菜餚。餐廳可以專門經營一些特別風味的食品，如法國的蝸牛、日本生魚片、新鮮生蠔、美國牛排、北京烤鴨等等。

人們藉味覺、嗅覺、觸覺等感覺器官體驗菜餚的風味。此外，溫度對於品嚐風味也是個不可忽視的因素。茲簡略介紹如下：

■味覺

味覺感受器分布在舌面、軟顎後部，由味覺細胞和支持細胞所組成。但是，人到中老年，味覺的靈敏度下降，喜歡採用香料多、口味重和糖分高的食物。

目前，一般認為，味覺有四種基本類型：酸、鹹、苦、甜。雖然食物的第一口總是最美味可口的，但不排斥連續的津津有味的感覺。然而，「少吃多滋味，多吃無滋味」也是有道理的。所以供應菜餚的分量要作適當控制。菜餚的品種應該多樣化和經常變化。

■嗅覺

氣味是由鼻子的上皮嗅覺神經末梢感覺到的。人類能感知的氣味大約有一千六百萬種之多。嗅覺較味覺靈敏得多，但容易疲勞。人們會對屋中的某種氣味很快由習慣而適應，並對氣味的變化不易察覺。儘管如

圖2-2　風味佳的高級菜餚

此，人們覺察另一種突如其來的氣味卻十分靈敏。

氣味有四種基本類型組成：芳香味、酸味、燒焦味、辛酸味；區別只是其含量的相對強度不同。若分別以0到8表示含量的各自強弱，那麼，可將氣味在0000-8888之間編號。例如，科學上，測定咖啡的氣味由7683表示，表示其芳香而帶有較重的苦味的特徵。

■觸覺

觸覺即口感。觸覺能感覺食物的質地、澀味、稠度，以及溫辛感、辛痛感等。辛痛感是對神經纖維的一種刺激，刺激量適當時會產生令人愉快的感覺。例如，胡椒和辣椒的「調味」作用，實際上是對口腔引起辛痛感的刺激。當然，用量過多不行。澀味是食物帶有的類金屬味，在口中引發唾液蛋白，致使感覺到乾燥少水。檸檬汁、蘋果酸等產生的澀味反會令人喜愛。另外，粒度、粘稠性和脆度很容易被感知。餐廳客人往往會拒絕食用有結塊的肉汁、過於粘稠的蔬菜湯或勾芡，也不歡迎不脆的炸薯條、炸腰果、餅乾等。

■溫度

食物的溫度大大影響我們辨別風味的能力。一般情況下，嚐味功能在20℃和30℃之間最為敏感。溫度偏低時，食物分子運動速度較緩慢，感覺器官欠靈敏，其反應較弱。溫度太高時，很可能會燙壞了味蕾，破壞味覺功能。例如，熱的炸魚條味道鮮美，但在溫度低時則產生魚腥味。又如正確地品飲葡萄酒，需要事先冷卻，飲時加上冰塊。可見，在不同溫度下味覺的反應，支配著人們想要熱吃食物（湯、燉肉、清蒸魚、咖啡等）或冷吃食物（如冰淇淋、沙拉、西瓜、汽水、酸辣菜和各種涼拌菜、冷盤等）。

(三)餐飲安全的考量

餐飲部門對於客人安全問題不可忽視。一般來說，客人在安全方面對餐廳是信任的，認為發生事故的可能性極小。然而，「安全」確實是客人的最基本生理需求。偶爾，在餐廳會發生湯汁灑在客人的衣物上，破損的餐具刮傷手或嘴，路面打滑引起摔跤，甚至出現用餐時吊燈脫落

擊傷客人的事故。凡此種種，造成的後果是難以挽回的。

　　所以，餐飲部經理要責成有關人員進行安全檢查。茲提供以下幾點供參考：

1. 桌子裝飾物或其他家具和設備，沒有鋒利的或突出的邊角和釘刺。
2. 送餐服務員要有熟練的端盤技巧，湯汁不可溢出。
3. 餐桌之間有足夠寬敞距離的走道，以免發生服務員與客人的碰撞和擁擠。
4. 裝置在天花板和牆壁上附屬物的位置要合適，要防止碰傷客人頭部。
5. 家具完好無損，經常檢查桌椅有無損壞。及時更換破損和不安全的桌椅及其他設備。
6. 掛衣架釘牢在牆上或其他支撐物上。要牢固，防止脫落。
7. 電燈等固定物或其他牆壁裝飾物，釘掛要牢靠。
8. 大型玻璃上標有安全圖案，掛有布簾或其他標記，以防碰撞。

(四)餐飲環境的衛生

　　客人非常注意食品、餐具及飲食環境的衛生。每當客人進入餐廳，他們就開始自覺或不自覺地觀察和判斷各方面衛生狀況。他們深知，無論身分地位如何，都逃脫不了「病從口入」的厄運。一旦客人發現餐廳存在不清潔地方或污染的環境，即便是不太注目的地方，亦會反感不已。更有甚者，如發生食物中毒，會給客人帶來極大的傷害和痛苦，也會嚴重影響餐廳聲譽。所以，衛生是顧客的基本生理需求。餐廳要重視衛生，確保顧客不受到病害的威脅和感染。

　　另外，值得注意的是，餐廳工作人員一定不能成為傳播疾病的媒介，這一點是最基本的。無論何時，都要嚴格遵循餐廳制定的衛生工作準則。例如，服裝要乾淨，餐廳工作人員不能留長髮和長指甲，工作時不可打噴嚏，接觸食品前先洗手，定期做體格檢查。在顧客眼裡，服務人員的整潔衛生是餐廳衛生形象的一個重要標誌。

　　以上是餐飲客人的四種基本生理需求，即營養、風味、衛生及安

全，其中以風味需求為主。

二、心理需求

人們生活在社會中，每一種活動會相互影響，相互追隨，出現傾向性。隨著文化與科學技術的進步，精神享受的需求反映到了餐廳服務。客人的精神享受慾望愈高，他們對於餐廳的環境、氣氛及服務的要求也愈嚴，或者說，他們的心理需求更為複雜和苛刻。主要表現在以下幾個方面[2]：

(一)受歡迎的需求

「賓至如歸」表示飯店對客人光臨的歡迎，希望他們如同生活在自己家中一樣，一切不感到陌生拘束，處處受到歡迎。這正是迎合了客人希望受到歡迎的需求。客人一進餐廳，舉目就見鮮花、微笑，餐廳引座員立即上前，歡迎客人，並根據不同的對象，迅速安排他們所喜歡的座位。尤其餐廳舉辦重要宴會時，餐飲部經理、公關人員等應親自迎接客人。另外，不可忽視對客人的送別，如「歡迎再次光臨」、「請留下寶貴意見」、「祝您晚安」等言語，將歡迎與送別的氣氛融為一體，持續到客人離店的最後時刻，給客人留下美好、愉快、難忘的印象。

客人需要一視同仁的接待。服務人員永遠不能讓客人感到你不喜歡他（們），不能為了優先照顧熟人、親朋好友，而冷漠、怠慢了別的客人。餐廳服務中，若無特殊原因，一般應遵循「排隊原則」，即「先來先服務，後來後服務」。

受歡迎的需求還表現在客人希望被服務人員認識、被了解。當客人聽到服務員稱呼他的姓名時，他會很高興的。特別是發現了服務員還記住了他所喜愛的菜餚，習慣的座位，甚至生日日期，客人更會感到自己受到了重視和無微不至的關懷。

(二)餐飲「物有所值」的需求

客人進入高級餐廳，期望餐廳提供的一切服務與其所在飯店的級別相稱。他們不怕價格昂貴，只要「物有所值」。通俗說，花錢花得值得。

「高價優質」是高消費層次的需求。例如，豪華或高級餐廳中，總設置食品陳列櫃台或陳列桌，放上大龍蝦、牛肉、水果、蔬菜等正宗新鮮的食物和各種高級飲料，以顯示其優良品質，使客人相信其購買的是貨真價實的食品，相信用這些原料烹煮的菜餚一定是上乘的。

相反，餐廳服務員不善於介紹和推薦店中菜式，客人等候上菜的時間過長，服務操作不純熟，動作怠慢，上桌的菜餚溫度過熱或過冷，菜單上寫明新鮮鮮蠔，結果供應的是香港蠔等現象，表明餐廳沒有做到「物其所值」，必然遭到客人的抱怨和不滿。

(三)餐飲顯示氣派的需求

在社會交際及貿易活動中，主人往往會舉行宴請活動。交際的成功是主人的利益所在，其中包含著主人顯示氣派的需求。有些客人非常願意去領袖人物或知名人士下榻的飯店逗留和就餐。例如，國內的大飯店將領袖人物或知名人士就餐的菜單，作為招待重要客人的傳統菜單。客人為了深化友誼，甚至愛情的餐聚，都前往就餐，這也含有顯示氣派的需求。因此，餐廳應該有足夠顯示氣派的專用餐廳及宴會廳，配以高標準、高消費的美味佳餚，擺設十分講究的銀器餐具或精緻的瓷器餐具。

圖2-3　氣派的餐廳

(四)餐飲方便的需求

飯店的客人大多是旅遊者，出門在外，難免有諸多的不便。他們希望飯店能提供種種方便。例如，房內用早餐，邊喝咖啡邊看報紙，洗手間要裝電吹風插座，代客叫出租車等等微小服務都很受歡迎。

飯店早餐部準備一些兒童、老人或需特殊照顧者的食品，為旅行者提供既富營養又方便的快餐食品等也是必要的。另外，餐廳要有明顯易懂的各種「指示牌」，如餐廳出入口、洗手間、酒吧、吸煙室、廁所和安全門等。指示牌上除了用英文表示外，還應使用簡單的示意圖和標誌。

(五)享受餐飲被尊重的需求

餐廳客人希望受到尊重，因此服務人員處處要禮貌待人。「顧客至上」的精神就是體現出將客人放在最受尊敬的位置上的精神。尊重客人是服務人員的天職。當餐廳客人主動詢問、尋求幫助時。服務人員應該表現出真誠與熱情，並立即彬彬有禮作出答話的準備，提供必要的服務。服務人員任何時候都不可對客人之間的談話表現出特別的興趣或偷聽；絕不允許隨便插話，特別強調不能與客人發生爭執或爭吵，也不可催促客人用餐，即便已經放下刀、叉、筷子，也不要立即收拾桌椅、餐具；特別對女士，更要禮讓三分，備加尊重，不能忘記「女士優先」的原則。有人發現，如果一個餐廳特別受到女士的喜愛，它的生意就出現佳績。對於有宗教信仰的客人，餐廳必須尊重他們的信仰、飲食習慣和風俗。

第二節　餐飲市場的調查和預測

飯店的餐飲部門有一定經營獨立的性質。它所屬的餐廳、酒吧不僅面向客人，而且還面向本區域的消費層次較高的居民和居住別處的觀光飯店的客人。該部除了服從飯店總的目標市場外，還需自行開拓餐飲市場，創造新的產品與服務，以適應不斷變化的消費者需要。

一、餐飲部經營目標

　　經營目標表示企業經營的目的和努力的方向。沒有目標，管理施行就會沒有依據。飯店的總經理、部門經理和職員，各有自己的目標。不同層次的目標，互相契合在一起，使企業正常運轉。小目標的實現，保證了中目標；中目標的實現，保證了大目標的實現。

　　飯店總經理制訂總利潤、總營業額、市場佔有率等目標。餐飲部經理考慮本部門的中、短期目標。部門目標主要包括承擔總目標中的一部分營業額、利潤的實現。除此之外，餐飲部經理為了達到部門目標進行的決策，應經常獲取下面的管理參數[3]：

(一)資金周轉率

　　資金周轉率表示在一定時間內企業使用某項資產的次數。計算周轉率，有助於判斷企業對存貨、流動資金和固定資產的使用情況和管理效率。例如，餐廳應確定最適當的流動資金周轉率，並對實際周轉率進行比較。周轉率過低，流動資金過多，則表資金使用效率較低。周轉率過高，流動資金不足，一旦遇到企業的營業收入下降，企業就可能面臨現金不足的局面。

(二)空間利用率

　　每個經營單元如酒吧、餐廳、宴會廳等所占的合理面積，是根據容納的人員及每個人員所需面積計算得出的，空間利用率是指包括酒吧、餐廳、宴會廳等空間的利用面積占總面積的比率。另外，應特別注意營業的淡旺季節性，儘量開發淡季時的市場，如老年人市場、舉辦美食展和各種發表會等，以提高空間利用率。

(三)在穩定的營業時間內餐飲的需求量

　　確定餐飲需求量，要求考慮原料的供應、廚房生產力等情況，注意各種菜式的銷售結構，避免有的菜供不應求，有的卻無人問津。

(四)平均服務的座位數

平均服務的座位數是指餐廳服務人員每人負責的餐廳座位數，它可以反映該餐廳服務人員的工作能力與效率。平均服務的座位數愈多，說明工作能力愈強、效率愈高，而管理人員就愈應注意服務工作的質量，以免出現平均負責的座位過多，應接不暇而服務不周的情況。平均服務的座位數少，說明服務人員的工作效率不高，勞動成本開支大，技術水準不高，當然，不同的餐廳服務類型，不同的營業時間，對於平均服務的座位數的需求也不同，餐飲部門應根據餐廳本身的服務特點與要求，制定出合理的人員配額，以便最大限度地挖掘潛力，減少人力開支，提高效益。

(五)毛利率與成本率

毛利率是指產品銷售毛利對產品銷售金額的比例，它是反映產品銷售盈利程度的指標。成本率是產品的原材料成本對產品的銷售額的比例，是反映原材料成本占銷售額比重的指標。

餐飲的成本率＝已銷售的食品與飲品總成本÷食品與飲品的總收入×100%。

如果實際成本率高於標準成本率，說明原材料進價過高，或消費過大，應及時採取措施，使實際成本率降下來。如果實際成本率低於標準成本率，說明銷售價格與實際價值不符，或者其他方面有問題，應當找出原因。毛利率是從另一側面反映成本與收入的關係。

(六)座位周轉率

座位周轉率是就餐人數與餐廳總席位數的對比值。計算公式為：

座位周轉率＝就餐客人總數／座位周轉率關係到客人的餐廳座位數×實際營業日

停留時間長短，如果不影響服務質量，座位周轉率偏高為好。餐飲部要注意分析怎樣的周轉率是合適的。若發現座位周轉率下降，很可能

是由於季節性緣故或服務質量降低、價格偏高或食品質量低劣而引起的。

(七)平均消費額

平均消費額是指營業收入除以就餐人數的值，它關係到客人的消費水準，是掌握市場狀況的重要數據。

在不降低總銷售量、不減少客人的前提下，飯店要努力提高平均消費水準。由於漲價因素，最高消費額逐年增加，但飯店也可以透過調整菜單、合理採購、創造新的服務項目等措施，儘量控制最高消費額的增加。

(八)營業時間

它是企業服務能力的一個反映。按照客人的需要，確定餐廳開門、結束時間，以及專門的用餐時間，例如有的下午茶從下午兩點鐘到五點鐘，宵夜可以從晚上八至九點鐘開始。另外，還要設法縮短開始營業前的預備工作時間，因為這段時間雖然不影響營業額，但與經費有關，那怕縮短一分鐘，也可使成本降低。

(九)平均銷售額

平均銷售額是指餐飲總收入除以全體出勤人員數的比值，它反映的是各個餐飲的效率水準。平均營收高，說明該餐廳的效率高、成本低；反之，則說明效率不理想、成本高。平均銷售額可以幫助管理人員對各個餐廳的實際經營效益作對比，從中發現效益差、平均營收少的部門，並隨之查找原因，找出解決問題的方法。

二、餐飲市場的調查

(一)餐飲消費者狀況的調查

餐飲經營目標的確定依賴於對消費者狀況的調查，觀光飯店的顧客以國際旅客為主，他們中間有不同的國籍、職業、性別、年齡以及旅遊目的等等，為了能制訂出切實可行的企業目標，有必要對消費者狀況進

行以下調查：

1.消費者希望開設什麼樣的餐廳？包括服務類型、餐廳環境、服務方式項目等。
2.菜單上應設些什麼項目？希望現燒現賣的呢？還是方便快餐？或外賣的？或可以帶到客房飲食的？
3.餐廳的營業時間如何適合於消費者？這關係到餐廳營業時間、廚房的準備工作。
4.消費者希望菜餚的分量多少較適宜，這關係到菜餚是否合胃口，以及客人的花費是否值得。
5.價格接受度如何？這關係到菜餚的成本及其他花費的投入。
6.客人偏愛什麼樣的裝潢？目前的流行色是什麼？
7.提供哪些飲料最受歡迎？
8.女士對於餐廳服務和菜餚品種、特色菜有哪些偏愛？也應向男士了解有什麼要求和嗜好？
9.年齡情況、購買力，以及情趣、生活基調等。
10.娛樂方面有何要求？背景音樂怎麼樣？

(二)餐飲目標市場調查

　　每個消費個體或不同層次的消費群體，對於需求的偏重面不太一樣，差異很大。飯店無法滿足整個餐飲市場的需求，必須劃分現有市場和挖掘潛在市場，尋求適合企業目標的市場。

　　在明瞭餐飲消費者的基本狀況以後，可以按照不同消費特徵進行劃分：

1.地理特徵：國家、政治區域、人口密度、相隔距離、氣候條件等。
2.人文特徵：性別、年齡、婚姻狀況、家庭大小、收入、教育程度、職業、民族血統和風俗習慣。
3.心理特徵：個性、觀念、生活方式、意見態度、興趣等。
4.購買過程特徵：衝動型、理智型、經濟型、猜疑型、享受型等。

其中圖點表示市場中的消費者

按年齡劃分市場，18-34歲（A），35-49歲（B），49歲以上（C）

按經濟收入的高（H）、中（M）、低（L）劃分市場

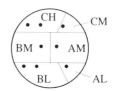

按年齡、經濟收入劃分成六個細市場

圖2-4　按消費者年齡及收入劃分市場概況

現以**圖2-4**來說明按消費者年齡及收入劃分市場的概況。

若某餐廳決定面向BM市場，就是面向年齡在三十五至四十九歲的客人，意味著開辦中等水準的高雅餐廳，而不是豪華型或普通型餐廳。

市場細分後，餐飲部要分析能從各個細分市場獲取多少利潤，分析各細分市場需求的變化趨勢、競爭情況和本企業的能力，決定取捨，選擇最有利的目標市場。

(三)餐飲市場調查的方法

■問卷調查法

詢問被調查者以蒐集資料的一種方法。餐飲業者向顧客或民眾詢問，或舉行座談，從中了解問題和現狀，蒐集信息。詢問中避免用自己的觀點影響調查對象，所提問題要簡潔明確，不能含糊其辭、模稜兩可。一般要設計問卷表格。

常見的提問方法有：

＊開放性提問

調查人員提出問題後，由調查對象自由回答，調查人須則做詳細的

記錄，從中取捨自己所要的情況和數據。

　　例如：您喜歡餐廳哪些方面？不喜歡哪些方面？

　　您對餐廳的服務有什麼意見和要求？

　　以上問題回答後，也可以再追問幾個問題。

　　例如：還有別的方面嗎？

　　您能舉幾個實例說明嗎？

　　開放性回答的優點是，擬定問題不受限制，不規定標準答案，有助於獲得真實的意見，並可深入了解被調查人的態度和建設性意見。飯店可依此作出判斷。其缺點是，無法對調查對象的答案具體定量進行統計分析，不易對含糊的回答作出解釋。因此，這種提問不適用大規模樣本調查。

＊封閉式提問

　　A.是非法

　　例如：您對餐廳的環境滿意嗎？

　　是　□　　否　□

　　B.順位法

　　例如：請您按1-5等級的菜餚質量，評定下列餐廳：

　　餐廳甲_____　　餐廳乙_____

　　餐廳丙_____　　餐廳丁_____

　　餐廳戊_____

　　C.對照法

　　例如：您光臨××餐廳的原因是：

　　精緻_____美食_____舒適_____服務周到_____方便_____熱鬧_____價格合理_____

　　D.多項選擇法

　　例如：您來台灣旅行的目的是什麼？

　　度假　□　　公差　□　　會議　□　　觀光　□

　　品嚐中國菜　□　　探親訪友　□　　其他　□

　　E.量度答案法

例如：××餐廳的服務質量提高

非常同意_____　　比較同意_____　　同意_____　　不大同意_____
反對_____

■觀察調查法

在不向當事人提問的條件下，透過對調查對象直接觀察，在被調查者不知不覺中，觀察和記錄其行為。例如注意客人的表情神態、桌上剩菜的品種、座位的佔據情況、服務員的儀表儀容等。又例如，觀察其他競爭飯店的設施、價格、菜餚品質、裝潢佈置、燈光及服務水準等，了解競爭飯店的優劣勢，從而確定自己整個的方針、策略。

■實驗調查法

實驗者控制一個或幾個自變數，研究其對其他變數的影響。比如，測定在其他因素不變時，餐飲價格對顧客消費行為的影響。此法花費的時間較長，費用高，測驗結果也難以比較。

■資料調查法

這是一種蒐集第二手資料的方法。資料的主要來源是企業內部銷售記錄、客人研究報告、競爭情況報告和其他有關資料，以及政府機關、旅遊協會、飯店協會、圖書館資料等。蒐集第二手資料，比較簡便，而且節省費用，因此，調查人員應盡可能利用第二手資料，再確定還需蒐集哪些第一手資料。

三、餐飲市場的預測

餐飲市場預測，是在市場調查的基礎上，運用科學的方法和手段，對影響市場變化的諸項因素進行研究、分析、判斷和推測，掌握市場發展變化的趨勢和規律。比如，餐飲市場客源傾向預測、餐飲經營量預測、平均消費額預測、價格和利潤預測等等。[4]

(一)預測的類型

1.根據預測範圍分宏觀預測和微觀預測。前者牽涉面廣，是粗線條的、綜合性的預測，包括整個旅遊市場供求變化、發展趨勢，以及

與之相關的各種因素的變化，比如對整個旅遊行業前景的預測，就屬於宏觀預測。後者是比較細緻的專業性預測，指對一個旅遊企業所經營商品未來供應情況、發展趨勢，或者經營狀況的預測。

2. 以預測時間的長短分，可分為長期預測、中期預測、近期預測和短期預測。長期預測的時間通常在五年以上；中期預測時間在一年至五年之間；短期預測時間在一季至一年；近期預測在三個月以下。例如，設施的增與餐廳的重新裝修等預測，屬長期預測；未來旅遊發展趨勢及客源市場變化等預測，屬中期預測；餐飲的一年供需情況預測，屬短期預測；特色菜餚的推出與受歡迎程度預測，屬近期預測。一般說來，預測的時間越短，精確度就越高，而到底採取何種預測，則要根據決策的需要來決定。

3. 以預測對象分，有國際市場預測、國內市場預測、某區域市場預測，和某系統市場預測等等。

4. 以預測方式分，有判斷預測和統計預測兩種。前者主要是靠專家意見或者決策人員積累的經驗進行直覺判斷、主觀的預測，因而誤差可能較大。後者是用數據方法進行預測，較為精確和客觀。

(二)預測方法

預測方法可以分為定性預測和定量預測。

■定性預測法

＊經管人員意見法

這種方法是最簡單也最常用的一種銷售預測方法。此法是由營銷、生產、服務、財務等幾個部門主要經管人員根據自己的經驗，對於預測期的營業收入作出估計，然後取平均數作為預測計數。這種方法尤其對新企業來說，往往是唯一可供選擇的預測方法。但這些主觀判斷往往受心理因素的影響，有一定的風險和片面性。

＊特爾菲法

特爾菲法即專家意見法。由企業向一批專家進行一系列調查。餐飲業根據專家們對第一次問詢表的回答情況，設計新的問卷調查表，再向

他們作調查，直到意見基本一致為止。由於專家各抒己見，各自為政，因而可以避免權威人士們的意見影響。這種方法費用不高，節省時間，便於深思熟慮，具有連續性的長期觀察特點，一般適用於長期預策。

＊消費者意見法

對有代表性的消費者或市場進行調查，通常在現有的和潛在的消費者中進行民意測驗，了解被調查者是否已經形成消費意圖，或是否計劃消費，從而及時掌握銷售動向。

＊服務人員估計法

餐廳服務人員是最接近客人的，因而對市場供需情況、客人動向比較了解，其預測是較有價值的。同時，往往能反映多數消費者的意見和銷售的實際情況。

■定量分析法

隨著現代計算方法和計算機的應用，對市場進行預測的定量方法逐漸增多，而且日趨精確。

第三節　餐飲產品與服務策略

在產品與服務組合策略這一領域內，強調的重點是產品和服務所能給予人們的滿足及利益，而不全是產品與服務的本身。美國一位飯店行銷學家指出：「我們這個行業的產品並不是客房、菜餚和飲料，也不是空間。說得確切一點，事實上，我們並不推銷什麼物品，人們並不是為了購買什麼物品或其特性，他們購買的是『利益』。」

一、餐飲行銷因素組合

一九九○年，美國著名旅館行銷學家考夫曼在《飯店行銷學》一書中，將行銷因素組合概括為六個部分：

(一)人（People）

指客人、或市場。企業的任務是通過市場調查確定本企業的消費者，然後詳盡地了解他們的需要和願望，即了解所服務的對象。

(二)產品（Product）

指飯店建築、商店設備和服務。企業應根據旅客的需要，向他們提供所需的產品和服務。

(三)價格（Price）

價格一方面要符合客人的經濟能力，另一方面要滿足業者對利潤的要求。

(四)促銷（Promotion）

促銷的任務是使顧客深信本企業的產品就是他們所需要的，並促使他們購買和消費。

(五)實績（Performance）

指產品的傳遞，這是顧客再來購買餐廳產品的方法，使在餐廳顧客隨機消費的方法，並使顧客在離店後為本飯店進行口頭宣傳和作活廣告。

(六)包裝（Package）

餐廳的「包裝」與商品的包裝不同。餐廳的「包裝」是指把產品和服務結合起來，在客人心目中形成本企業的獨特形象。餐廳的「包裝」包括外觀、外景、內部裝修佈置、維修保養、清潔衛生、服務人員的態度和儀表、廣告和促銷印刷品的設計，以及分銷管道等。

二、產品和服務組合

產品和服務組合包括以下三層意思：

(一)產品和服務組合的核心利益

這是消費者購買的根本原因，也是消費者需求的中心內容。例如品

嚐佳餚是國際客人旅途生活中的一個重要和必不可少的需求，許多客人希望品嚐具有地方風味的特色菜餚，但也有不少客人，至少是有的時候，希望能供應他們本國的食品和風俗菜餚。還有些客人，由於風俗習慣和宗教信仰的原因，對食品和飲料有特殊的要求。爲了使客人吃得滿意，飯店餐飲部必須提供相應的產品和服務組合。

餐飲部必須仔細分析銷售整體的組成成分，了解哪些服務成分是不可缺少的，哪些是不必要的，增加哪些服務項目可以極大地提高使用價值和利潤，並在實際營運中保証最重要服務項目的質量，使客人獲得所需的各種利益。

(二)產品和服務組合的形式

餐飲部的產品和服務組合由以下幾個成分組成：

1. 輔助性設備。指在提供服務之前就必須存在的各種設備，包括建築物、內部裝潢、服務用具及用品、輔助性設施等。
2. 使服務寓於銷售的產品。消費者購買或消費的物品，如佳餚、飲料等。
3. 親切的服務。指能使消費者感覺到的各種利益和享受的服務，如各類服務項目、服務人員的技能技巧、服務質量、烹飪技藝等。
4. 隱含的服務。指能使消費者獲得某些心理感受的服務，如由服務員態度、等待服務的時間和安排、服務環境的氣氛等引起客人有了方便、安全、舒服、顯示氣派等的心理感受，這裡面存著隱含的服務。

透過產品與服務的組合銷售，在消費者心目中形成企業的市場形象。市場形象既不是產品，也不是服務，而是兩者的綜合，是消費者的看法和感受。好的市場形象是巨大的競爭力，也是產品與服務組合銷售的目的所在。它可擴大銷售的趨勢。

(三)附加利益

指餐飲部決定向客人提供的那些額外的服務和利益。不少行銷學家

認爲，未來的競爭將是企業在所能給予客人的額外價值方面的競爭。例如，有一家餐館開闢了吸煙室，騰出了相當小的一塊地方供吸煙者使用，銷售馬上顯著地增長20%左右。這是因爲給予不吸煙者一個附加利益，避免被迫吸煙的危害。又例如，免費給第一次來餐廳的客人送上一枝鮮花、一杯帶冰塊的香檳酒或是臨別時留給他們一件小紀念品等。

三、產品與服務組合策略

(一)擴大或縮小經營範圍

擴大經營範圍的策略，指擴大產品與服務組合的廣度，以便在更大的市場領域發揮作用，增加經濟效益和利潤，並且分散投資危險。

縮小經營範圍的策略指縮減產品和服務項目，取消低利產品和服務項目，從經營較少的產品和服務中獲得較高的利潤。

餐飲業採用擴大經營範圍還是縮小經營範圍的策略，往往取決於餐飲部經理的經營思想。有些經理認爲，發揮企業的潛力，多開發經營服務項目，以增加營業額。比如設下午茶、晚場戲劇或電影結束後的宵夜、西點外賣等項目；或是將娛樂與飲食結合，從而推出舞廳酒吧、KTV餐廳等；也有增設房內用餐，房內酒吧等服務項目，或者在餐廳開闢富於民族特色的旅遊紀念品及餐具、菜單小冊子等的銷售櫃檯。

有些經理認爲，企業利用自己的優勢，提供既是市場需求又是本企業所擅長的產品和服務，將是增強競爭力的策略。

(二)「高價位」或「低價位」產品與服務策略

所謂「高價位」產品與服務組合策略，就是在現有產品的基礎上，增加高價位的產品與服務。例如，菜單上增設高價位菜餚、開闢古玩擺設空間、附帶庭園及衣帽間、放置伴奏鋼琴等。這樣，逐步改變餐廳僅供應低價位產品的形象，使消費者更樂意來此用餐。企業一方面增加了現有低價產品的銷售量，同時又進入高價位產品與服務市場。

所謂「低價位」產品與服務組合策略，就是在高價的產品與服務中增加廉價的產品與服務。採用這種策略的原因是：

1. 餐飲業面臨著「高價位」策略的企業的挑戰，從而決定發展低價位產品應戰，以增強競爭力。
2. 餐飲業發現高價位產品市場發展緩慢，因而決定發展低價位產品，以增加營業額和利潤。
3. 餐飲業希望利用高價位產品與服務的聲譽，先向市場提供高價位產品與服務，然後發展低價位產品與服務，以便吸引經濟情況更適合「低價位」的客人，擴大銷售範圍和領域。
4. 餐飲業發現市場上沒有某種低價位的產品與服務，希望填補空缺，擴大銷售量。例如，國內有些飯店，設立了一批中等價格的餐廳，該公司利用已有的聲譽，使低價位的產品與服務獲得成功的銷售。

上述兩種策略均有風險。或是「高價位」不很容易受到消費者相信，或是「低價位」可能會影響原有高價位產品與服務的形象。管理者要切實分析企業的市場地位和市場變化情況及企業實力，以便恰如其分地推行相應的策略。

(三)產品與服務差異化策略

餐飲業在同性質市場，透過營業銷售推廣強調自己的產品的不同特點，以增加競爭力，希望消費者相信自己的產品更優越，進而使消費者偏愛自己的產品。當然，這種策略同樣適用於服務。這種策略稱作產品與服務差異化策略。例如，採用一些先進的烹飪用具及各式新穎咖啡壺，以及應用電腦查詢、記帳等，來顯示餐廳在產品與服務上領先一步的氣質，以吸引客人和市場。

產品與服務差異化的理論基礎是，消費者的愛好、願望、心理活動、收入、地理位置等方面存在差別，因此產品與服務也必須有所差別。如果企業要在市場上獲得生存和發展，就必須使自己的產品與競爭者的產品有所差別，向消費者提供更多利益和享受，並不斷努力，保持和擴大這種差異，力求在競爭中立於不敗之地。

(四)發展新產品策略

餐飲業應根據市場需求的變化，隨著消費者的愛好，市場技術、競爭等方面的變化，向市場不斷推陳出新，向市場提供新產品和新服務。這是企業制訂最佳產品策略的重要途徑之一，也是企業具有活力的重要表現。

餐飲部可以經常「改變」產品，有的是小改，有的是大改。例如：

1. 更新裝潢，調換餐具和桌椅。
2. 組織專題週和美食節，以及各種文化活動。
3. 更換人員服飾。
4. 菜單多樣化，烹飪靈活化。
5. 調整價格，按質論價和按需要論價。
6. 散發新的宣傳品、紀念品。
7. 改善服務，不斷修改服務項目，提高人員的素質和修養。
8. 最大限度地保證服務質量。

餐廳要利用每年一度的喜慶佳節，如情人節、耶誕節、母親節、兒童節等，或重大的社會活動、文藝活動、體育比賽等時機，隆重推出不同凡響的特種菜單，和適應於各種活動的服務項目，作為實施新產品策略的良機和妙策。

註　釋

[1]高秋英，《餐飲管理——理論與實務》，台北：揚智文化，p.6。

[2]James R. Abbey, *Hospitality Sale and Advertising*, 1992. EI.AH MA, Michigan, U.S.A. pp.85-88.

[3]同註[2]，pp.101-105.

[4]同註[2]，pp.185-236.

第三章　餐飲業的類型與組織

第一節　餐飲業的類型

　　餐飲事業依用餐地點、服務方式、菜式花樣和加工食品等而有不同類型。其中用餐地點，可分為商業型餐飲和非商業型餐；依服務方式可分為完全服務、半自助式、自助式和完全無人服務；依菜式花樣可分為中餐、西餐、素食和其他不同國家之料理；依加工食品可分為冷凍食品微波加熱、販賣機食品以及攤販預先製成的冷熱飲食物。

一、商業型餐飲

　　商業型餐飲主要是以營利為目的，品質較佳之商業型餐飲企業，相當注重服務的提供。依功能來分，可分為旅行事業餐飲和餐廳事業餐飲等兩種。旅行事業餐飲，顧名思義是旅遊過程中，運輸公司所提供之餐飲，如空中廚房，郵輪和鐵、公路、運輸之餐車。一般餐廳事業餐飲之種類繁多，可參見**圖3-1**，由於餐飲事業競爭激烈，所有業者無不別出新裁，使出渾身解數，來提供佳餚與服務，然而各類餐廳之服務方式不一，有的是完全服務。有的是自助式，雖然外表之服務方式不同，但是提供最好的服務給顧客之目標卻是一致的。以下針對商業型餐飲之種類及其特性，做一詳細之介紹與說明[1]：

(一)旅行事業餐飲

■空中廚房

　　提供長時間在飛機上之旅客餐飲，依用餐時間可分為早餐、點心、午餐、午茶、晚餐和消夜，除了免費提供以上餐點外，還提供免費酒精飲料和非酒精飲料等，其中酒精飲料有香檳、葡萄酒、雞尾酒及啤酒等。非酒精飲料則是各式果汁、碳酸飲料及礦泉水等。若是素食者、回教徒、膳食療養者（如高血壓者低鈉餐飲、糖尿病患低糖餐飲），可預先在訂位時告訴訂位員所需餐飲之種類和禁忌。航空公司之餐飲人員一定

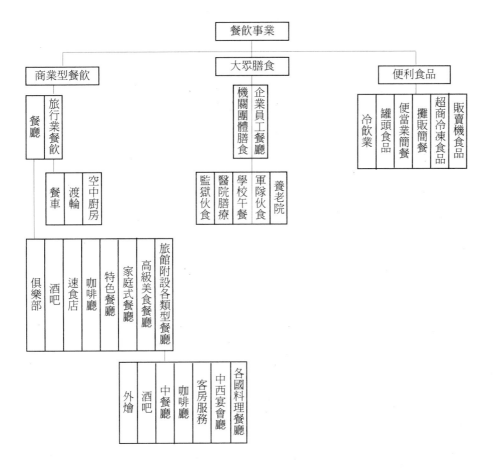

圖3-1 餐飲業的類型

會儘量配合，滿足旅客需求。至於所享用之餐飲品質，則依所搭乘之機艙來做決定，一般而言，經濟艙之乘客之餐飲較簡單，畢竟「一分錢，一分貨」，不過一般信譽卓著之航空公司，即使經濟艙客人之餐飲，也是做得無懈可擊，讓旅客感受到物超所值，以期製造旅客再度光臨之契機。

■郵輪

加勒比海地帶等天氣較炎熱地區，郵輪是渡假休閒最好的去處。參加郵輪旅遊之客人，可以享受到郵輪公司之美食。在郵輪上，各項設施齊全，餐飲種類繁多，提供之餐飲品質不亞於國際觀光五星級大飯店。

其客房設備也與國際五星級觀光大飯店並駕齊驅。所以郵輪集旅遊、美食與住宿於一身。

　　通常其計價方式採用美式計價，即房租加三餐，旅客僅要付費一次，即可享受所有餐點。至於高貴之酒精飲料，如白蘭地，旅客則要另付費用。餐點供應採「吃到飽」自助餐方式。在一般咖啡廳使用時，是為一價吃到飽的意思。這與另外一種單點自助餐是不同的，單點自助餐之計價方式是取多少食物，算多少費用，取用多，相對付費也提高。

■餐車

　　長途鐵路運輸之列車一般皆提供餐飲之服務。一般來說餐車所提供的餐飲很簡單，類似快餐、簡餐，甚至於用便當盒來取代。至於公路運輸之餐飲是供應便當而已，而其供應地點是高速公路兩旁休息站之飲食區，在巴士汽車上並沒有餐飲之供應。

(二)餐廳

■國際觀光旅館的各類型餐廳

＊中西宴會廳

　　旅館業者餐飲收入從過去的次要收入，轉為主要收入。餐飲主要收入來自餐廳、酒吧、宴會廳、客房餐飲服務和外燴等。其中又以宴會廳為主要收入，其次是咖啡廳或是一般中餐廳。宴會廳成為餐飲部主要收入是黃道吉日的喜慶宴會、各式展示展覽會和國際、國內會議，每次喜慶宴會收入皆相當可觀。

　　宴會廳依顧客需求來準備中餐宴會或是西餐宴會，中餐宴會則以結婚、慶生居多，西餐宴會則以會議展示居多。宴會訂席員會根據顧客所付每桌金額多寡，開出宴會菜單；雞尾酒會也是根據顧客所付費用開出雞尾酒會的菜單，通常顧客不會一次就滿意訂席員為其開出的菜單，不過雙方可以經過溝通，達成某種程度之共識。

＊咖啡廳

　　咖啡廳是旅館餐飲主要收入之一，也是旅館餐飲特色之一，經營得當、菜色豐富、價錢公道的話，咖啡廳會經常高朋滿座。其營業時間由

圖3-2　國際觀光旅館的咖啡廳

早上六點到午夜十二點，營業時間相當長，提供早、午、晚三餐，其中早餐主要供應住宿之客人，通常採用自助餐吃到飽方式，若顧客不願吃自助餐，可以單點美式早餐，其內容有蛋、肉類、麵包、果醬、果汁、咖啡或紅茶，適合減肥或胃口較小者選用。美式早餐之內容較歐式早餐豐富，其價錢也較高。歐式早餐不包含蛋和肉類，僅有各式麵包、果汁、果醬、咖啡或紅茶等。

至於午、晚餐也是採用吃到飽自助餐方式服務，不過顧客也可以單點，單點內容有中西餐飲，可根據個人所需來決定單點菜單。都市型之旅館午餐主要客源為上班族；度假型旅館午餐則以館內住宿旅客居多；都市型之旅館晚餐主要客源為生意人交際應酬和住宿旅客；度假型旅館晚餐也是以館內住宿旅客為主。

咖啡廳除了提供以上服務外，也提供午茶及消夜之服務，午茶服務也是採用吃到飽自助餐方式，主要菜色有港式點心、西式點心、各式水果、冰品及咖啡、紅茶等，在菜色上並沒有大魚、大肉，最主要原因是收費較低廉，同時也不是主要用餐時間，菜餚太過豐盛反而是本末倒置。至於消夜有些咖啡廳會提供中式清粥小菜、港式粥類和西式茶點

等。

＊客房服務

　　客房服務是指將餐飲送至客房給顧客享用。客房服務單位不屬於客房部，而是屬於餐飲部。國際觀光旅館之客房服務廚房和咖啡廳廚房共用，所以咖啡廳有的菜色，客房服務即有，除較複雜、不易搬動或易變型之餐飲例外。故客房服務之菜單也是包羅萬象，通常較具規模之旅館，其營業時間是一天二十四小時，規模較小之旅館僅營業至凌晨。若凌晨之後，尚有營業之客房服務，其菜色種類將會有所限制，因大部分廚師皆已休息，僅會留守一位廚師製備菜餚，所以此時段菜色將會比午、晚餐來得少。

　　一般而言，客房服務提供早餐服務最多，早餐內容主要以美式早餐為主，其次也有中式清粥小菜之供應。白天客房服務生意較清淡，因大部份房客洽公外出，晚餐之後，生意逐漸忙碌，消夜時間也是客房服務較忙碌的一段時刻。

　　客房服務作業流程是以電話連絡為主，接聽電話者通常是一位口齒清晰之女性服務人員，此位服務人員必須具備流利外語能力、豐富的餐飲專業知識、熱誠敬業的專業服務態度，對房客所點之菜單要仔細清楚登錄，登錄時要注意房號及菜餚，並再次確認，避免錯誤，造成不必要的麻煩和不便之服務。[2]

＊中餐廳

1.粵菜：國際觀光旅館具有較多之中餐廳，粵菜館通常是旅館行銷餐飲重點之一，包括港式飲茶，營業時間通常較長，因許多顧客喜歡於早餐時享用港式飲茶，所以旅館也會因此需求提早營業時間來滿足顧客需求。粵菜館單點之菜色較昂貴，其菜色經常是生猛海鮮、滷味、鮑魚、魚翅、燕窩，還有各式精品。粵菜是台灣六大菜系中，近幾年最風光的菜餚，粵菜之所以能在各菜系中脫穎而出，成為主流菜系，主要原因是形味鮮美精緻、餐具講究、菜名創新、菜材昂貴、刀工考究、裝潢高雅和融合西餐服務等特色。粵菜可劃分

成「廣州菜」、「潮州菜」和「來江菜」。廣州菜用料精細，富於變
化，可稱爲粵菜正宗。潮州菜刀工及火工考究，尤其擅於料理魚
翅、鮑魚、燕窩等高級菜餚。來江菜即是客家菜，油重味鹹，極富
鄉土氣息。目前流行粵菜，新一派粵廚擷取廣州、潮州菜精華，再
加上西餐料理方法的運用及創意等，逐漸獨樹一格爲更精緻的粵菜
。比較著名之粵菜有翡翠珊瑚（其用料爲蟹黃、蟹肉）、寶塔冬
菇、明火砂鍋翅、官燕焗蟹斗、艷影蟹黃翅、紅燒排翅、極品鮑魚
等。

2.湘菜：湘菜爲中國菜色中極具有特色菜餚之一，較具規模之旅館皆
有湘菜館，提供顧客高級中餐服務。傳統湖南菜是以辣味爲主，爲
了適應不吃辣之顧客，各湘菜館也適當地調整成清淡爽口，以迎合
更多顧客。菜餚主要以肉類、家禽類爲主。較著名之菜餚有生菜蝦
鬆、貴妃牛腩、富貴火腿、左宗棠雞、魚生湯、酥烤素方等。

3.北方菜：北方菜包含清宮菜、回教菜、蒙古菜、東北菜、山西菜、
山東菜和河南菜等七、八種地方菜。北方菜用料實在，大體以家
禽、家畜的內爲主，很少用到海鮮。這和北方之物產有關。雖然北
方菜館在旅館中並不多見，但地方館子也有不少具知度之北方館，
例如悅賓樓、會賓樓等，至於小館小吃則不勝枚舉，如東來順、京
兆尹、西來順等北方小館，或以點心小吃，或以鍋貼水餃，或以北
平烤鴨，吸引不少消費者。比較著名之北方菜有北平烤鴨、北平燻
鴨、蔥爆牛肉、京醬肉絲、松鼠黃魚、合菜戴帽、醬爆核桃雞丁及
酸辣湯等。

4.川菜：因市場改變較偏向粵菜、湘菜和江浙菜等，所以川菜之盛況
似已一去不返，這是在目前台灣的情況。至於中國大陸及美、日等
國，川菜還是相當流行。川菜之用料平實，大部分是家禽、家畜肉
類，與粵菜、江浙菜採用成本高昂之海產不一樣。川菜味別之多堪
稱中外菜餚之首，同時以味多、廣、原著稱。構成川菜口味有麻、
辣、鹹、甜、酸、苦、香七種味道，各味巧妙搭配，又變化成麻
辣、酸辣、椒辣、糖醋、紅油、怪味、蒜泥、豆瓣等數十種複合口

味。比較著名之川菜有棒棒雞、宮保雞丁、乾燒明蝦、豆酥鱈魚、鍋巴蝦仁、麻婆豆腐、魚香茄子、乾煸四季豆等。比較有名的獨立川菜館有台北吳抄手、台中周抄手、川揚一枝春、蜀魚館及天辣子等。

5. 台菜：台菜之特色以清淡簡單為主，目前台菜除傳統之清粥小菜、菜脯蛋、瓜仔肉、豆豉生蠔、鹹酥蝦及三杯雞之外，也加入福建菜、潮州菜、粵菜和江浙菜等，使其較具變化性，也較具競爭力。

6. 江浙菜：江浙菜亦稱上海菜，包括以寧波菜為代表的浙江菜，以上海、蘇州為代表的江蘇菜，以及淮陽菜。江浙菜之特色是油大、味濃、糖重、色鮮，擅長海鮮之烹調，變化頗多。比較有名之菜餚有醉雞、紹興雞、叫化雞、東坡肉、無錫排骨、龍井蝦仁、紅燒下巴、砂鍋魚頭、脆鱔、韭黃鱔魚、西湖醋魚、紅燒黃魚、黃魚羹等。

7. 素食：素食者其主要原因是宗教信仰，如佛教、一貫道等；其次是為了健康、不攝取動物食品或是減肥等。比較有名之素食菜餚有羅漢齋、紅燒栗子、鐵板豆腐、山珍粉絲、素燴香菇、八寶五丁、春捲香絲等。

＊各國料理餐廳

1. 法式西餐：法國西餐廳被視為西餐中最高級之西餐廳，主要原因是法國菜提供了視覺、品味、裝盤擺飾、表演性桌邊烹調、手推車展示服務、葡萄美酒、親切個人化的服務以及舒適柔和用餐氣氛（如鮮花、燭檯和燈光的佈置）等。傳統法式西餐廳在台灣有逐漸沒落趨勢，為了因應此趨勢，許多法國餐廳推出吃到飽自助餐來取代傳統之法菜供應和服務方式，來提高營業額以便持續經營下去。著名法國名菜有白玉鵝肝、菲力牛排、法式烤鴨胸、烤羊排等極具傳統法國風味的國際菜餚。著名法國美酒有博多區、干邑區所出產的紅、白葡萄酒及香檳。法國菜具備相當多之優點，然而其優點亦是其缺點，故造成法式西餐廳逐漸式微，以適當綜合美式菜餚及美式

服務，來突破傳統法式菜餚及法式服務之瓶頸，是法式西餐廳應該走的一條路。

2. 義大利菜：由於義大利菜風味特殊，且無法式餐飲之缺點，所以義大利菜在台灣頗受歡迎。著名的義大利菜有麵類、通心粉和比薩，但除此之外，生鮮牛肉片、酪烤茄子、起司海鮮類等亦是著名義大利菜。由於價位不高，再加上義大利比薩店到處林立，推波助瀾，使得義大利菜大受國人喜愛。若要吃較高級的義大利菜，那就非國際觀光大飯店附設義大利餐廳莫屬，所以義大利餐廳在旅館中遠比法式餐廳來得容易經營。

3. 鐵板燒：日式鐵板燒類似法式餐飲之桌邊烹調，故日式鐵板燒在美國大受歡迎。主要材料有牛肉、豬肉、雞肉、龍蝦、花枝、干貝、鱈魚和蔬菜類。定食之鐵板燒包含了甜點及咖啡或紅茶。

4. 日本料理：日本菜並沒有中國菜之烹調技巧，但由於它能自創一格，所以日本料理在世界各地也頗受歡迎。生魚片、壽司、味噌湯、烤鰻、甜不辣等是著名日式料理，其中以生魚片、壽司吸引最多顧客。台灣曾經受日本統治，老一代之本省國人對日本料理情有獨鍾，藉享受日本菜來回憶過去之事情，的確有思古之幽情之效，這也是吸引顧客光臨因素之一。所以日本料理店無論是附設於國際觀光大飯店或獨立經營之日本料理店，皆能經營得相當不錯。[3]

圖3-3　日本料理美味的壽司
資料來源：台北遠東大飯店

＊酒吧

1. 大廳酒吧：設立於旅館大廳之角落，代表旅館風格之正統酒吧，設備高尚，備有各式葡萄酒、名酒以及雞尾酒，設立主要目的是讓旅客在長途旅程中先放鬆一下，或是讓旅客消磨等待之時間。部分國際觀光大飯店為促銷大廳酒吧，往往會在下午兩點半至五點，提供免費小點心供顧客使用，營業額因此而提高不少。

2. 鋼琴酒吧：通常設立於旅館頂樓或是較靜之樓層，並提供優美之鋼琴伴奏或輕音樂，易使人陶醉在酒吧氣氛裏，可稱此類之酒吧為鋼琴酒吧。大部分營業時間僅有在晚上，白天並不營業。設立主要目的是讓客人喝酒兼社交，其消費額通常是大廳酒吧消費額的兩倍，主要原因是有鋼琴表演、景觀優雅、座位舒適、氣氛柔和以及較高的服務品質。

3. 服務酒吧：此類型的酒吧是附設於餐廳，主要供應給至餐廳用餐之客人，不單獨對外營業，其酒類供應也相當齊全，各式葡萄酒、名酒和雞尾酒應有盡有。

圖3-4　國際觀光大飯店的酒吧

資料來源：西華大飯店

4.開放酒吧：開放式的可移動酒吧，是臨時設置供應飲料及酒類之吧檯，一般是提供雞尾酒會、餐會等之使用，其飲料及酒類之種類有所限制，不能像固定式之酒吧應有盡有。

5.客房酒吧：在某些國際觀光旅館中，每間客房皆設有一吧台，此設施稱為客房酒吧。在房間內擺設冰箱、飲料及一些小瓶的洋酒，是專為房客所設一種經濟、實惠的小酒吧。

6.會員酒吧：僅招待所屬會員及其家屬及朋友之酒吧，一般而言，此類酒吧要收會員費及年費，其設施及供應的酒精及非酒精飲料與旅館所設之大廳酒吧相當。

＊外燴

在餐廳生意競爭日趨激烈之情況下，許多國際觀光大飯店之餐廳或宴會廳，不得不積極開發外燴市場，為自己營業單位製造更高之業績。通常外燴提供之菜色依顧客之要求而定，可選擇中、西餐外燴或特殊料理，但在選擇何種料理之餘尚需要考慮到人手、設備和材料，所以一個成功之外燴，務必要做到仔細規劃。業者和顧客必須要詳細溝通，否則很容易產生彼此之抱怨。但大型外燴之收入是相當可觀的，業者在業績導向之觀念下，不要忘記服務品質。

■家庭式餐廳

顧名思義，此類型餐廳適合全家大小一起用餐，價格也較美食餐廳低，在一般中等收入之家庭可負擔的範圍內。由於菜色要老少適宜，所以其菜色種類也相當多，一般而言，菜單包含中、日、西式餐飲，有單點或定食兩種方式。小朋友在此種餐廳用餐，可以享受到炸雞、漢堡、薯條等傳統速食店的餐飲。上班族可以在此種餐廳吃到迅速且營養均衡的定食，並享受傳統西餐廳清潔、舒適的用餐環境。銀髮族可以在此種餐廳吃到新鮮、營養的沙拉吧美食，甚至於還可享受到低脂肪、高蛋白膳食療養之食品。總之，此類型餐廳菜色廣泛、價錢合理、食物新鮮，再加上有快速及親切服務，所以在歐、美、日各國皆非常受歡迎。現在，台灣家庭式餐廳自從由國外引進之後，成為最受歡迎之餐廳，如時

時樂、芳鄰和國內業者自創類似此類型的餐廳，生意特別興隆，顧客經常大排長龍，遇到假日座無虛席，真掌握了餐飲流行之脈動，為業者賺進不少鈔票。

■特色餐廳

此類型餐廳有的以某一道美食為其特色，有的以餐廳裝潢為其特色，有的是以經營者性格之喜愛所延伸出的感覺為其特色，又稱為個性化餐廳。所有之特色餐廳皆有特定之顧客群，是以特定顧客之喜好為導向。此類型之餐廳壽命並不長，較易褪流行，故經營者必須努力維持它的生命，經常要有新的市場行銷策略，來延續其生命週期。

■咖啡廳

此類型咖啡廳不是旅館之咖啡廳，但是基本上之理念是相同的，大眾化口味，快速服務，簡單烹調和合理的消費。此種獨立之咖啡廳銷售菜餚以簡餐為主，菜色內容也是有所限制，很難像旅館咖啡廳，經常有各國文化美食節的促銷。其次平常菜餚的供應方式，有時會採用吃到飽自助餐來增加營業額，然而，大多數獨立咖啡廳礙於場地不足、硬體設備缺乏，而無法採用吃到飽自助餐的服務方式。喜愛聊天、喝咖啡、喝茶、用簡餐之客人，大部分會選擇此類型的咖啡廳。

■速食餐廳

速食餐廳包含中、西速食店，西式速食店在國內外早已成氣候，中式速食由於並未深入做研發，導致中式速食裹足不前，不論在台灣或世界各地，皆無法在速食餐飲世界中佔一席之地。目前，在台灣較成功之中式速食是統一關係企業之漢華美食，銷售菜餚以台灣小吃和港式點心為主。至於西式速食，則不勝枚舉，較著名有麥當勞、肯德基等，在國外尚有許多著名西式速食尚未引進國內，此類型餐廳經營管理方式皆採連鎖經營，有的是母公司連鎖經營，有的是權利金租賃，有的是契約管理。

速食店餐廳特色可歸類為快速的服務、價格低廉、菜單有限、標準化作業，以及半成品食物原料，配合全自動或半自動機器設備，操作時間短暫。除了顧客在餐廳以自助方式至櫃檯點菜之後用餐外，外賣生意

也是速食餐廳另外一個營業額之來源。有部分之國外在台營運之比薩店，則完全以外賣、外送生意為主。外賣店餐飲業特色是場地不大、租金少、投資風險相對降低，在大台北都會區一地難求情況下，是值得推廣的餐飲銷售方式。傳統便當業也屬外賣店的一種。

■酒吧

國際觀光旅館酒吧有大廳酒吧、鋼琴酒吧、服務酒吧等不同酒吧。而獨立酒吧則通常有樂隊伴奏，歌手駐唱，主要音樂以西洋老歌、西洋流行歌曲為主，以時段不同來安排演奏演唱歌曲之種類。

在PUB，主要之飲料可能是果汁、可樂、啤酒及簡單調配之雞尾酒及某些酒類，酒類的種類比較少。

二、團體膳食

(一)屬於非商業型營利之餐飲

■企業員工膳食

企業業主為解決員工午餐及提高工作效率，往往會設置員工餐廳，免費提供員工用餐。大都會中小企業因場地取得不易，故無此項服務。至於大型企業，如旅館、大型餐飲事業，皆會有員工餐廳之設置。除此之外，生產事業，如電子工廠、塑膠工廠等因離市區較遠，員工無法方便取得午餐，為了解決此項問題，生產事業工廠也皆會設置員工餐廳。員工餐廳之管理，會委託企業之福利管理委員會，負責督導管理，攸關員工大眾福利，所以員工餐廳之菜色一般也不會太差，不過要注意的是食品衛生、安全之事項，以避免團體食物中毒。

■機關團體膳食

這類型餐飲事業種類有養老院、軍隊、學校、醫院、政府機關及監獄伙食等，其設立主要目的是服務屬於該團體之職員或特定顧客，不以營利為其主要目的。凡是屬於大眾膳食，其菜單皆採用週期性菜單，以增加菜色變化來滿足使用者之口味。

至於學校營養午餐，主要對象是兒童，故在菜單設計上，宜給予高

熱量、高蛋白及豐富維他命和礦物質，以幫助其發育，其中尤應注意鈣質之攝取。食品衛生、安全也應該特別留意，特別是夏季，食物易腐敗，發生食物中毒之機率提高。

現在軍隊及監獄伙食，在質及量上皆比過去提升不少，營養均衡不予匱乏，不過應該特別注意衛生及安全，來提升服務品質，增進軍人和犯人在團體生活中的樂趣。

(二)便利食品

此類餐飲事業含販賣機食品、超商冷凍加熱食品、攤販簡餐（如臭豆腐、蚵仔麵線和甜不辣）、便當業簡餐（如排骨飯、雞腿飯和豬腳飯）、罐頭食品（如速食麵、八寶粥和鋁箔包之飲料）以及冷飲業（如泡沫紅茶、蜜豆冰和冰淇淋店）。

第二節　餐飲業的組織

依旅館客房數多寡、餐廳數多少，國際觀光大飯店附設餐飲部組織之大小也有不同，一般中、大型國際觀光大飯店餐飲部門，含有餐飲部經理一位，餐飲部副理兩位，行政主廚一位，秘書一位，辦事員數位等。餐飲部經理除管理餐飲部辦公室運作外，也要管理督導其營業單位。隸屬餐飲部門之單位有宴會廳、中餐廳、西餐廳、客房服務、飲務組、器皿餐務組、點心房以及各營業單位之廚房。

宴會廳主管為宴會廳經理，中餐廳則依所設餐廳種類，每一中餐廳皆有一位餐廳經理，西餐廳也是依所設餐廳種類每一西餐廳有一位餐廳經理，如咖啡廳經理、法國廳經理、義大利廳經理。客房服務為客房服務經理管轄。飲務部設有飲務經理，管轄單位依所設酒吧種類而定，如大廳酒吧、鋼琴酒吧、服務酒吧。器皿餐務組主要以器皿保養、洗滌為主，設有器皿餐務經理一位。廚房為行政主廚管轄，所管轄之廚房有宴廚、中廚（含所設各式中餐廳廚房）、西廚（含所附各式西餐廚房、客房

服務廚房，通常與咖啡廳共用）。

　　國際觀光旅館的餐飲部是最大的生產單位，它的組織是極為複雜的，所有的作業凡「內場」與「外場」，按組織原則，把相互有關聯的各部門，排列為一系列的程序，以適合本身環境與需要，讓人與事密切組合；所謂「管理系統化」，組織型態採縱向與橫線混合式的編組，縱者實施「逐級授權、分層負責」，橫者使「朝向一連串的有效活動管理督導與工作協調」。所有職工均依能力與專長實施職務分類，決定生產與銷售任務，以維持工作流程順暢與技術的既定水準，確定餐飲部門是一健全的組織、合理分工之經營體，以求得此一經營體之生存、延續與發展。

　　今天由於社會工商業發達，經濟繁榮，國民所得大為提高，人們對飲食之需求由昔日重「量」，演變成今日追求享受的重「質」，使得整個餐飲市場發生相當大的改變。餐飲業者面臨著此項變遷，必須未雨綢繆，早做準備，始能適應此時代的潮流。因此歐美觀光先進國家之餐飲業，均在營運管理上精益求精，在內部組織上力求企業化、系統化，使其在既定目標下共同努力發揮集體效能，以因應今日觀光餐飲市場之需。

　　餐飲組織之良窳關係到一家餐廳之成敗，其重要性不言而喻。因此接下來將為各位介紹目前大型現代化餐廳的內部組織，將餐廳的組織概況、組織原則、組織系統型態，逐項詳加介紹，最後再將餐廳各大部門之職掌與工作人員職責詳予分析，期使讀者對餐廳之組織與工作性質能有一正確的概念。

第三節　餐飲組織的基本原則

　　國際觀光大飯店的餐廳，其本身業務十分繁雜，所屬員工近千百人之多，為求有效營運與管理，均設有不同部門，為了有效管理這些部門，使其朝既定工作目標來共同努力，均依其餐廳特性與業務需要，設立一健全的組織來督導推動。由於每家餐廳性質不一，所以組織系統並

不一樣，不過所有餐廳的組織原則是不變的。

一、餐飲組織的基本原則

餐廳的種類為數甚多，就以美國一地而言，即有二十幾種之多。一般而言，其餐廳組織的原則均一樣，即統一指揮、指揮幅度、工作分配、賦予權責等四項。謹分述於後[4]：

(一)統一指揮（Unity of Command）

即一個員工僅適宜接受一位上級指揮，不宜同時受命於數人，避免無所是從，甚而紊亂體制，失去效能。

(二)指揮幅度（Spand of Control）

係指一個單位主管所能有效督導指揮的部屬人數。若是工作愈複雜、地區愈分散時，其負責監督的單位愈應該減少。但此幅度大小並無一定客觀標準，一家餐廳之主管以一人督導一至十二人為宜。

(三)工作分配（Jobs Assignments）

所謂「工作分配」，係指按每位員工本身的個性、學識、能力等因素，分別賦予適當的工作，使其各得其所，人盡其才，以達最高工作效益。

(四)賦予權責（Delegation of Responsibility & Authority）

係指工作分配後，再逐級授權、分層負責之意思。至於權責之劃分宜分明，以增進工作效率，並可藉此培育主動負責的幹部人才。

二、餐飲組織的基本型態

近年來，現代化新穎餐廳不斷問世，僅台北市餐廳據統計就有近千家之多，餐廳數量不但與日俱增，且種類亦繁，但其餐廳內部組織型態大致雷同，一般而言有下列三種：

(一)直線式

此型式的指揮系統，係由上而下，宛如直線垂直而下，每位員工的職責劃分十分清楚，界限分明，部屬須服從上級所交下的任何命令，並努力認真去加以執行，每人權限職責劃分明確爲直線式之特色。

(二)幕僚式

此型式之特色是這些「指揮者」均是幕僚顧問性質，僅能提供各部門專業知識或改進意見，但不能直接發佈或下達行政命令。易言之，這些人員之建議或指示，必須先透過各級主管人員，才可到達各部屬。

(三)混合式

此型式之特色爲該指揮系統乃綜合上述二種組織型態之優點，加以綜合交錯運用。目前此型式爲現代企業經營的餐廳所最常見，且普遍爲人採用之一種。

第四節　餐飲業組織的特質

餐飲業組織內各掌所司、相互作用而成爲一個專業的團隊，以及如何循序漸近，達成個人的事業目標，則有賴於對餐飲組織透澈的認識。這其中包括餐飲組織結構的區別，影響組織結構的因素，以及組織內職權的劃分。

一、組織的特質

組織同時是一管理的工具，由此可透視出責任與權利的分配，進而幫助團隊的建立，發揮最大的團隊效應。瞭解組織系統，可使員工達到下列目的：

1.瞭解各人工作權責與其他員工的相互關係。
2.組織圖形明示命令的途徑，使員工明白其角色而遵循指示。

3.組織表透露出可能的升遷管道，讓員工及早建立自己的事業目標，且努力邁進。

組織表同時能提供人事單位在員工甄選、訓練、獎懲、考核，甚至薪資結構建立上有個明顯的規範與方向。

儘管各個餐廳的組織結構不盡相同，但組織的目的則是一致的，即提供最佳服務以及獲取營業利潤。

二、餐飲業的組織結構

組織係由二或二個以上之個體所組成，爲達到共同的目標，在有意識的合作之下，持續運作的社會單位。餐飲業的組織性質即合乎上述定義。爲了協調及控制其成員的活動，組織於是孕育出其結構。且餐飲業的組織結構也因企業體的規模、策略的運用、職權的劃分及外在環境的配合等而有所差異。一般餐飲業最常採用的組織結構是簡單型、功能型和產品型三種：

(一)簡單型

大部分小型的餐飲業都會採簡單型結構，其特色是組織圖形非常扁平，決策權操在一人手裏，且做決策時，大都以口頭相傳，較不正式；但是面對餐飲這種顧客需求變化多端的行業，扁平化的組織卻十分有利，原因是決策者能夠立即獲得主要資訊，迅速地回應解決問題。規模小的餐廳爲精簡人事，往往一人身兼數職，老闆就是管理者（經理），編制可能只有廚師、洗碗工和跑堂工，所以整個組織表的架構是扁平狀的。

(二)功能型結構

餐飲業發展至某一階段，員工的編制也擴大了，於是將類似或相關專業的人集合在同一個部門，我們稱之爲部門化（department halation）。如此，一方面便於管理控制，一方面員工的專長相近，容易溝通，對組織環境也會感覺比較舒適。例如規模大的餐廳或是旅館的餐飲

部，可能會加設餐務部，負責器具的保管及清潔，以減少（各單位餐廳）重複購置餐具的浪費，其編制照工作內容和性質來劃分，是功能型結構的典型。

(三)產品型結構

　　餐飲業的組織通常分為兩大部分：外場與內場。內場負責廚房作業，而外場則是直接面對客人，提供服務。其中內場的編制，在主廚及副主廚之下，是以產品線做組織結構的設計。產品型結構最大的優點是權責分明，成敗責任無法推諉；但是卻也常常造成協調不易，和人員設備的重複設置，造成成本上的浪費。

　　現代化之餐飲經營管理已由傳統家族式之經營逐漸走向企業化科學管理，講究統一指揮、分層負責，因此每個餐廳均有其特定的組織系統，在這個系統下分設許多不同部門，使其分工合作相輔相成，以達餐廳最高營運目標。[5]

第五節　餐飲工作的任務和職責

　　餐飲的活動十分繁多，通常包括菜單設計、食品原料採購、儲藏、廚房加工烹調及餐廳服務等，因此餐飲的業務，需眾多員工的分工合作才能完成。為使整個組織結構之活動能在統一指揮下步調一致，每一個職位必須設立工作說明書（job description），規定上下級報告、負責的次序，使每一位員工和管理者都能清楚地瞭解自己的職責和任務。

　　一般而言，餐飲組織內編制最多、工作最繁雜約兩大部分，就是服務人員與廚務人員。所以，根據這兩大部門的主要活動內容，應合理分配給每一職位適當的工作任務。

一、餐飲服務人員

餐飲服務人員的全部工作和活動可分成三大部分：(1)接待：接受預訂、迎賓、衣帽服務、領座、遞送菜單等。(2)銷售：招待顧客點菜，協助或指導選菜，回答各種有關問題。(3)銷售控制：檢查餐飲質量和數量、結帳、收款等。

為了順利完成上述三方面的活動，餐飲工作人員必須合理分工，也就是說，餐廳必須要明確規定每個人員的職責和權力，包括經理、領班、領檯、服務員等，並按照組織的原則，發布命令，接受命令，完成工作。

(一)餐廳經理

餐廳經理需要具有多方面的才能。他必須是個出色的技術員，通曉餐廳服務的全部過程和各種細節；他必須是位稱職的主管，善於訓練、指揮員工，調動他們的工作；他必須具有對付各種類型的顧客及推銷餐飲、提高餐廳銷售收入的能力；他更必須是一位精明的管理者，具有組織部門工作、安排生產以及控制餐飲品質和成本的知識和能力。餐廳經理的職責如下：

1.營業前的職責
- 確定餐廳空調的溫度適中。
- 檢查餐廳內的燈光及燈泡。
- 檢查餐廳內所有裝飾品是否擺正。
- 檢查餐桌餐椅放置地點是否正確整齊。
- 檢查餐桌擺設是否正確完整。
- 檢查餐廳內的清潔工作是否確實。
- 查驗客用洗手間。
- 與廚房確認訂席情形（特別是有大訂席時），並瞭解廚房存貨情形。
- 確定服務出勤人數。

．檢查菜單內頁與封面是否完整乾淨。

．查驗每個準備檯的各種應用物品是否齊備。

．餐廳內的衛生與安全檢查。

．檢查服務人員的服裝儀容。

．宣佈訂席狀況（強調VIP客人及熟客習性、主人姓氏及頭銜等）。

．檢討前日工作疏失或客人抱怨，並提出改進與往後防範之道。

．分配各領班幹部責任區及應注意事項。

．宣佈今日特別菜餚或飲料，以利服務人員推銷。

．公佈其他餐廳正舉行或將要舉行的促銷活動。

．傳達上級指示。

2.營業中的責任

．迎賓（問候客人並與熟客親切寒喧）。

．帶位（特別是VIP客人）。

．提供客人有關食品、飲料的訊息，並作必要的推銷。

．確定全體人員提供的是高效率與殷勤的服務。

．隨時注意餐廳內的任何動態（服務與客人的滿意度）。

．客人若有抱怨必須親自解決。

．謹慎處理難纏客人。

．實施安全措施。

．與廚房保持密切聯繫。

．維持餐廳內適宜的氣氛。

．隨時掌握座位狀況。

．當客人或服務人員發生意外時，馬上採取必要行動。

．滿足客人的特別要求。

．督導服務。

3.營業結束後的責任

．檢查足以引起火災的危險之處（如垃圾桶內是否仍有未熄煙蒂）。

．查驗餐廳內電器用品是否已關掉或在適當位置。

‧檢查所有電燈是否關掉。

‧檢查各個廚櫃房門是否上鎖。

‧填寫營業日誌（營業額、客人抱怨或建議、特殊狀況等）。

‧填寫交接本，交代領班幹部有何特別重要事項。

‧查看第二天的訂席情形，並瞭解是否有特別注意事項。

‧離開餐廳之前再巡視一次。

4.其他責任

‧指導所屬員工的在職訓練。

‧參加餐飲部及其他必要會議。

‧定期變換菜單。

‧適時推出促銷活動，以提高營業收入及餐廳形象。

‧隨時注意所屬員工的出勤狀況。

‧領導員工遵循員工守則規定。

‧負責招募新進員工與面試。

‧指導領班幹部訓練新員工。

‧預先向新進員工說明餐廳的特別規定。

‧依生意淡旺調整人員。

‧確實帶領服務人員提供顧客主動、週到、親切、有禮的服務。

‧隨時機動調整人力分配。

‧指導訓練員工的安全、衛生、消防知識。

‧隨時注意餐飲的成本控制。

‧指導服務人員正確的推銷技巧。

‧堅守顧客至上的原則。

‧觀察並記錄所屬員工的工作表現，以資評估參考。

‧建議適任員工的晉升。

‧最少每星期做一次餐廳總檢查。

‧隨時注意餐廳內各式物品、器皿、器具、桌布、家具等的消耗、
  破損與維修。

(二)餐廳領班

餐廳服務通常是分區的，每個區域的服務工作由領班管理。按餐廳規模大小的不同，有的餐廳中領班須參加實際餐飲服務，有的領班只負責該區域中的組織、檢查、監督及協調工作。其主要職責如下[6]：

- ‧營業前巡視負責區域是否整潔，設施與各項器具是否完善。
- ‧填寫報修單，並追蹤結果。
- ‧瞭解訂席情形，以做準備工作。
- ‧指揮餐桌擺設與各項清潔工作。
- ‧與廚房溝通以瞭解當日菜餚，並轉告所屬員工。
- ‧協助主管主持簡報。
- ‧替客人點菜時須注意適量與客人的喜好。
- ‧營業中隨時注意員工服務狀況，並隨時提醒員工注意事項。
- ‧營業中隨時注意客人動態，以提供週全的服務。
- ‧必要時協助服務工作。
- ‧點菜或點飲料時推薦及推銷。
- ‧服務員上菜前注意是否有所遺漏或菜餚是否正確。
- ‧客人結帳應檢查帳單是否正確無誤。
- ‧視客人消費提供免費停車證明。
- ‧營業結束後督導所屬員工清理器具、物品並歸位。
- ‧整理第二天營業場地。
- ‧訓練與指導所屬服務員餐飲知識與服務技巧。
- ‧考核員工出勤。
- ‧編排員工班表。
- ‧接受上級主管的指示及完成分派工作。
- ‧處理顧客抱怨並向主管報告。
- ‧督導服務員的服裝儀容與衛生及安全觀念。
- ‧指導服務員的服務禮儀與態度。
- ‧與主管檢討服務缺失，並提出改進意見。
- ‧領班間之協調工作。

．處理客人遺留物品。

．協助接聽電話。

．負責盤點與器皿等報廢工作。

(三)餐廳接待員／領檯

領檯負責餐飲預訂、宴會預訂以及安排座位和各種對外聯絡工作，領導、監督餐廳接待員負責預訂，因此必須對餐廳供應的餐飲內容瞭如指掌，且儀表應端莊大方，風度高雅，嗓音甜美。

領檯的工作職責包括：

．接聽電話並代客廣播。

．接受與安排訂位。

．負責門口區域的環境與海報架的清潔。

．負責訂位檯及訂席簿的整齊與清潔。

．熟悉飯店各項設施，以便隨時回答客人之詢問。

．謹遵顧客至上的信條。

．熟悉餐廳所提供的菜餚與飲料。

．隨時注意自己的站立姿勢，保持端莊大方儀態。

．與客人交談誠懇親切。

(四)服務員

服務員可謂餐廳之靈魂人物，除了肩負服務客人的重責外，並且也要完成銷售的任務，所以一位優秀的服務員，必須同時兼具營業的餐飲服務技巧、豐富的產品知識和良好的銷售技巧，其主要之職責如下：

．負責桌面的擺設，並確定所須物品一應俱全。

．熟悉服務的流程。

．顧客入座後正確遞送菜單。

．熟悉各式器皿的正確使用法。

．準備足夠的服務巾，以供服務使用。

．熟悉服務技巧及餐飲實務知識。

．顧客入坐後按人數增減餐具。

．正確的上菜方式，並能正確端送給客人，而不必問客人那一位吃什麼。

．幫忙盤點工作。

．保持服務區域內的整齊與清潔。

．將用過餐具分類送洗。

．清點檯布並送洗。

．熟悉多種口布摺疊方式。

．在服務區內準備所有備品。

．維持餐具櫃的整齊。

．隨時補充各式餐具與備用品。

．注意自己的服裝儀容及個人衛生。

．謹遵「顧客至上」、「客人永遠都是對的」的格言。

．隨時注意客人所點菜餚是否有延誤，若有問題馬上通知主管幹部。

．將客人所遺留的物品（通知主管幹部後）送交有關部門主管處理。

．負責擦拭各種餐具。

．瞭解菜色內容，以作適當的推銷。

．客人若有抱怨或意見，馬上通知主管幹部處理。

．遇見客人以親切態度打招呼。

．善用服務用語（如歡迎光臨、謝謝、對不起、請）。

．熟悉買單流程。

．客人離開後迅速而輕巧收拾餐具。

．完成主管幹部指派的工作。

．敬業精神。

．隨時替客人添加茶水。

(五)餐廳出納

　　餐廳出納隸屬於餐廳經理（或公司會計組得受經理督導），監督餐飲出貨手續正確，防止漏單、漏帳與損及餐廳財務之情事發生。其主要職責如下：

· 正確結算帳單及錢鈔收納，開列統一發票。

· 核收作業單據及填登各項報表。

· 服務員帳單收發及保管。

· 現金、簽帳單、支票之核對與交帳。

(六)餐廳工作人員時間之分配

　　由於餐廳種類繁雜且性質不一，因此餐應營業時間也就不同，其所屬員工之工作時間安排隨之而異。不過一般餐廳其排班大多以三班及二班制為主，即早班與晚班或早、中、晚等三班。謹舉例說明如下：

　　目前一般國際觀光飯店各餐廳人員工作時間為：

1.咖啡廳

　　(1)早班：上午六點半～下午二點半。

　　(2)中班：中午十二點～下午八點。

　　(3)晚班：下午四點～晚上十二點。

2.酒吧

　　(1)早班：上午十點～下午六點。

　　(2)晚班：下午五點～凌晨十二點，或下午六點～凌晨一點。

3.正式西餐廳或牛排館

　　(1) 早班：上午十點半～下午二點半，下午五點半～晚上十點半。

　　(2)晚班：中午十二點～晚上九點。

4.中餐廳

　　(1)廣東菜兼茶樓及供早餐

　　　· 早班：上午七點～下午二點半。

　　　· 晚班：下午二點～晚上十點。

　　(2)江浙、川菜、湘菜館

　　　· 早班：上午十點半～下午二點半，下午五點半～晚上十點半。

　　　· 晚班：中午十二點～晚上九點。

5.宴會廳：上班時間不一定，視當時所訂之宴會表為實施依據。

二、廚房人員

廚房最主要的活動,當然是食物的製備,且由整個廚房的組織編制來負責完成此項任務。無論中廚或西廚,主廚(chef)可說是整體廚務工作的靈魂人物,其下的各專司廚師及助理都須遵守主廚所分派的工作而克盡職守。

由於每家餐廳之組織系統並不相同,所以其廚房內部編制也不一樣,不過一般而言,廚房人員大部分有主廚、副主廚、廚師、切肉師、麵包師、助手⋯⋯等等,茲將其職責分別介紹於後:

(一)主廚

主廚的職責應包括:

．負責主持廚房(中或西)的日常事務工作。

．根據客源、貨源、廚房技術和設備等條件,準備宴會菜餚。

．每天提供各班組所需食品原料的請購單,交採購供應部。

．協調各班組間工作,檢查各項工作任務的落實完成情況,及時向部

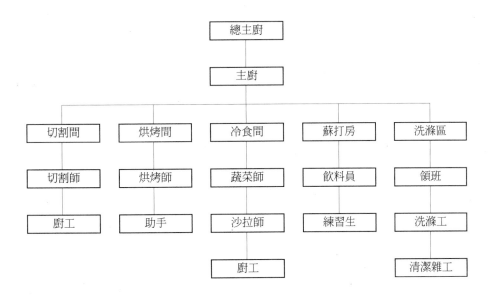

圖3-5 廚房組織系統表

門經理匯報，提出改進意見。

· 負責對菜點質量的全面檢查。對不符合烹飪要求的原料，及不符合規格、質量要求的成品和半成品有權督促重做或補足，並對製作者給予相當處罰。

· 負責檢查各組的衛生情況。檢查各組的冰箱、廚櫃、抽屜、工作檯、門窗等的清潔衛生，並審核各組的衛生用品的領用情況。

· 檢查各組人員的考勤，合理排班，根據工作需要決定加班人員和加班時間的安排，指導各組領班的工作，檢查各項任務的執行情況。

· 負責安排每周的菜單，根據客人不同口味要求安排點菜單和特定菜單，並指派專人製作。

· 經常與各部門經理取得聯繫，並虛心聽取賓客意見，不斷研究菜餚品質，滿足顧客需要。

(二)副主廚

協助主廚督導廚房工作，其任務與主廚同。

(三)廚師

廚師之職責包括：

· 負責食品烹飪工作。

· 爐前之煎煮工作。

· 各種宴會之佈置與準備。

· 檢查廚房內之清潔、衛生與安全。

· 工作人員調配及考核品性之報告。

· 申領廚房內所須一切食品。

· 直接向主廚負責。

(四)切肉師

切肉師之職責包括：

· 烹飪前之切割工作。

· 各類菜單上魚肉之準備工作。

．調配工作。

．申請所須物品，及直接向主廚負責。

(五)點心師

點心師之職責包括：

．負責製作及供應餐廳麵包類。

．負責製作及供應餐廳甜點類。

．蛋糕及特訂之點心類。

．申請所須物品及製作數量之報告。

．直接向主廚負責。

(六)助手員

助手員之職責包括：

．搬運清理工作。

．準備遞送工作。

．收拾剩品及整理工作。

．副食品及佈置品之佈置工作。

(七)工作時間分配

廚房工作人員之工作時間均與餐廳服務人員之工作時間一樣，是採取輪班制，有些二班制，有些是早、中、晚等三班制。

註　釋

[1]高秋英，《餐飲管理——理論與實務》，台北：揚智文化，民83年，p.26。

[2]蔡界勝，《餐飲管理——理論與經營》，台北：五南圖書，民85年，p.10。

[3]同註[2]，pp.12-18。

[4]詹益政，《現代旅館實務》，台北：自行出版，民82年，p.275。

[5]同註[1]，pp.42-45。

[6]葉英正，《餐飲服務須知》，台北：交通部觀光局，民73年，p.5。

第四章　餐飲行銷技巧與促銷活動

餐飲推銷指餐廳與顧客雙方互相溝通訊息。推銷的過程也就是訊息傳遞的過程。餐飲推銷的任務是使目標市場上的顧客知道他們可以在那個餐廳或其它就餐場所支付合理的價格，享用到適合他們口味的荣餚和服務，說服、影響和促使消費者購買餐廳的產品和服務，並透過他們影響更多的就餐者前來餐廳大量消費、反覆消費，吸引更多的消費者。[1]

　　既然推銷的過程也就是訊息傳遞的過程，那麼，在推銷中，我們首先必須確定餐飲推銷的對象，也就是餐廳的顧客對象和潛在對象。他們可以是目前或將來的就餐者，也可以是消費的決策者或影響者。

　　但是，不同對象由於對餐廳的認識、熟悉程度不同，對餐廳的推銷的反應也不一致。因此，餐飲推銷對不同的消費者來說，所起的作用是不同的。一般來說，餐飲推銷的目的有以下幾個方面：

1.讓消費者知曉你的餐廳。也就是要透過各種形式的推銷，讓消費者知道某餐廳的存在，知道其提供的荣餚產品和服務；還要提高他們對其形象和內容的認識程度，這也要透過各種形式的推銷來實現。

圖4-1　餐飲行銷的第一步就是讓消費者知曉你的餐廳
資料來源：西華大飯店提供

2. 讓消費者喜愛你的餐廳。這首先就要求餐廳所提供的產品和服務必須能滿足客人的要求。如果餐廳的產品和服務有不足之處，就應先提高質量，然後再向消費者推銷和介紹，讓客人偏愛你的餐廳。餐廳要著重宣傳自己的菜餚質量、價值、績效和其他優點，造成消費者在同行競爭中偏好你的餐廳。

3. 讓消費者信服你的餐廳。信服是導致購買的前奏，也是促使其反覆光顧餐廳的基礎。因此，要透過推銷和實實在在的經營管理，使消費者對光顧你的餐廳所獲得的質量、價值深信不疑。

4. 促使消費者光顧你的餐廳。通過推銷和各種促銷活動，爭取使信服你的餐廳的客人立即光顧你的餐廳。

明確了推銷的目的以後，要確定推銷的內容，即向客人提供那些訊息，然後必須確定推銷的媒介和形式。

第一節　餐飲行銷原則

餐飲行銷原則如下：

1. 滿足顧客的需求與慾望：行銷的首要重點，在於滿足顧客的需求（顧客已擁有及他們會想擁有這兩者之間的差距）與顧客的慾望（顧客察覺到的需求）。

2. 行銷的永續本質：行銷是一種持續不斷的管理活動，並非一次就做完的決策。

3. 行銷是連續性步驟：好的行銷是遵循一系列連續性步驟的過程。

4. 行銷研究的關鍵角色：有效的行銷充分利用行銷研究的結果來預期與確認顧客的需求與慾望。

5. 餐飲旅館與旅遊組織間的相互依賴：在此產業中的所有組織，有許多在行銷方面相互合作的機會。

6. 全體組織內及多部門間的共同努力：行銷並非只由某個單一部門來

全權負責。要想獲得最佳的成果，需要所有的部門或單位共同全力以赴。

結合上述六項基本行銷原則，則行銷學的定義便躍然浮現，行銷乃是一種持續不斷及連續步驟的過程：藉由這項過程，餐飲旅館與旅遊業的管理階層致力於計劃、研究、執行、控制及評估各種滿足顧客之需求與慾望及組織本身目標的各種活動。行銷需要組織中的每一位成員都全力以赴，才得以竟其功；而其它協力組織所進行的各種活動，也可以讓行銷更為有效。

由上述定義可知，行銷的五項任務乃是：計劃（Planning）、研究（Research）、執行（Implementation）、控制（Contral），以及評估（Evaluation）。將這五個名詞中的第一個字母依序排列後，便形成「價格」（Price）。[2]

第二節　餐飲行銷機會分析

一、餐飲行銷環境分析

行銷是需要不斷規劃與更新的長期性活動。審慎考慮整個行銷環境是所有行銷人員的要務。沒有任何組織能夠完全掌控未來走向；而檢視行銷環境要素通常可以指引出應該遵循的路。行銷環境分析檢視這些要素及其帶來的衝擊。確認了五種行銷環境要素：競爭、經濟環境、政治與立法、社會與文化，以及科技。分析這些要素，有助於突顯各種長期的行銷機會與威脅。就組織來說，當它喪失對行銷環境的洞察力時，很可能就會遭受致命的傷害。形勢分析對每一項行銷環境要素不斷地核對，再核對，是預測未來重要事件的有效方式。

再回到基本的問題。除了組織的內部作業之外，還有哪些因素可以影響其行銷成敗及其未來的方向？我們可以將其區分為可控制要素與行

銷環境要素。「可控制要素」是指可對其施以完全控制的各種要素；而「行銷環境要素」則是指那些完全超乎個別組織所能控制的各種要素，諸如經濟、社會、文化、政府、科技……及人口的趨勢等，都是無法控制的。競爭者與顧客行為型態則是可以影響，但卻無法完全控制；至於餐飲旅館與旅遊業、供應者、債權人、配送管道，及其他大眾團體等，亦復如此。只有行銷組合及餐飲旅館與旅遊系統中的其它構成要素，才是唯一能夠完全控制的項目。

　　由以上討論結果可知，行銷環境可分為三種層次，參見**圖4-2**。第一個層次是能夠被控制的「內部環境」，亦即餐飲旅館與旅遊的行銷系統。第二個層次則是可以影響但卻無法控制的環境。

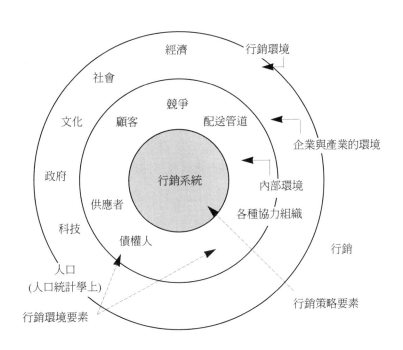

圖4-2　餐飲的行銷系統

資料來源：王昭正譯，《餐旅服務業與觀光行銷》，p.167。

二、餐飲行銷地點與地區分析

緊接著，形勢分析的範圍將縮小到地方性社區及設置地點。市場分析或可行性分析中，設置地點的分析雖然已經被人們接受，但卻很少人提及它也是形勢分析中的一項構成要素。然而，認爲設置地點的優勢將會永遠存在是一個相當危險的觀念。公路設計的改變、新的建築物、新的主要競爭者，及其他因素，都可能使某個位置的吸引力大爲降低。請切記一件事：設置地點可以讓一個餐飲旅館與旅遊的企業蓬勃發展，也可以使其一蹶不振。地點與市場有關的各種特性，都必須不斷地重新評估；其中最重要的，乃是提供給潛在顧客的接近性、取得性及可見性。

地點與地區分析分成兩部分。首先是對整個區域，亦即對各種社區資源進行盤點；第二部分則是評估社區趨勢及其影響衝擊。

三、餐飲主要競爭者分析

競爭是屬於行銷環境分析的一部分：詳細檢視主要競爭者也是相當重要的。而這些地方企業通常也佔有市場潛力分析中所界定的目標市場相當大比例。此處之所以使用「通常」，乃是因爲一些餐飲旅館與旅遊組織的競爭，係更爲寬廣的地理區域，包括了休閒度假中心、主題樂園、航空公司、旅遊批發商、獎勵旅遊計畫者，及旅遊目的地等。他們的主要競爭者較爲分散，且還可能位於許多不同的國外地區。

主要競爭者都應仔細觀察，以分析出其各種主要強弱處。進行評估時，各種不同的資訊都應該加以運用。第一步相當明顯的，研究競爭者的廣告及其它推廣促銷文宣，便是最佳的起點。他們竭盡全力推廣的是哪些服務與優勢？假如他們的行銷是相當有效的，這些就是他們最主要的長處所在。接下來，便是實際檢視、觀察及抽樣。大部分旅館及餐廳的顧問人員，使用標準化檢核表，實際檢視競爭者的營運。如何實際觀察企業的型態與顧客團體，則是另一種技巧。計算競爭者餐廳「停車購餐」（drive-through）窗口的汽車流量，或餐廳內的客人數量，是諸多技巧中的其中之二。對競爭者的各種服務進行抽樣，則是另一種評估的好方式。

四、餐飲市場潛力分析

(一)以往顧客分析

　　每一個餐飲旅館與旅遊的組織都應該持續追蹤顧客數量及其特性。對於測度企業成敗及規劃未來行銷活動而言，這是不可或缺的基本要項。以往的顧客通常都是一個新企業的最佳客源；因為許多顧客會成為重複購買者，也會影響其他人變成我們的顧客。儘可能多了解這些以往的顧客，乃是一個組織在時間與金錢上的最佳投資之一。隨著目前企業對「關係行銷」與「資料庫行銷」（database marketing）日益重視，針對組織以往的顧客做更深入的了解，也因而變得極為重要。[3]

(二)潛在顧客分析

　　所有組織都必須對各種新顧客來源保持高度警覺性；而形勢分析則能以許多不同方式，來幫助這項目標的達成。「地點與社區分析」能夠指出各種源自設置地點（亦即接近性）及與其他協力企業合作所產生之新市場機會。而「主要競爭者分析」則可指出各競爭者的目標市場及其成功的行銷活動。各家企業當然可以互相複製成功技巧，並沒有任何法律禁止這種模倣行為！「服務分析」則突顯出各項長短處，其中可能有些還尚未做過任何投資。而「以往顧客分析」則可能產生各種提高重複使用率及增加顧客消費金額的方法。最後，「行銷環境分析」則可以指出各種新的潛在市場。

五、餐飲服務分析

　　這個組織有哪些長處與短處？它們有哪些機會或困擾？此乃服務分析所將提出的兩項最重要的問題。如果在完成了主要競爭者分析與市場潛力分析之後，再進行這項自我分析，那將更為實際，且更有效益。它是屬於一種兩個部分（two-pan）的過程，盤點各種設施與服務，及現場檢驗各種狀況。

六、餐飲行銷定位與計劃分析

形勢分析的最後一個階段衍生自先前所有的階段；爲整個資訊蒐集與分析過程的最高潮。必須考慮兩項關鍵問題：「我們在以往與潛在顧客的想法裡是佔何種地位，及我們的行銷效果又如何。

第三節　餐飲行銷策略與目標

一、餐飲行銷的目標

餐飲促銷的最終目的，是要透過傳播來修正或改變顧客的行爲。要達此目標，就必須在購買過程的不同階段對顧客提供幫助，使他們購買或再次購買某特定服務。對於各種新推出（即產品生命周期的初期階段）的服務或產品，以及處於購買過程初期階段（即需求的察覺與資訊的蒐集）的顧客來說，以提供訊息爲訴求的促銷活動發揮的效果最好。這是因爲此種促銷活動，很容易就可以把和服務相關的各種資料或觀念傳送出去。以說服爲訴求的促銷活動，效果較差多了。它們主要的目標，是要顧客在眾多競爭的產品與服務中，選擇某特定公司或「品牌」，並且實際地採取購買行動。針對競爭者的服務進行比較的廣告，以及大部分的銷售促銷等，都是屬於這種類型。對於那些處於產品生命周期中的後期階段（即成長期與成熟期）的服務或產品，以及處於購買過程中的後期階段（即各種替代選擇的評估與購買）的顧客來說，這種以說服爲訴求的促銷活動發揮的效果最好。至於以提醒爲訴求的促銷活動，則是用來喚起顧客對於先前看過之廣告的記憶，以及激勵他們再次購買。對於那些處於產品生命周期之後期階段（即成熟期與衰退期）的服務或產品，以及處於購買過程之後期階段（即購買後的評價與採用）的顧客來說，這類的促銷活動可發揮最佳效果。

二、餐飲行銷組合

行銷組合中的八項構成要素（產品、價格、地點、促銷、包裝、規劃、人員，以及合夥）是發展行銷計畫時必須處理的。促銷組合只不過是行銷組合的一項構成要素；促銷組合必須要能對其他七個要素產生互補的效果。除此之外，這七項構成要素也必須以含蓄的方式來提升服務，並將確定的訊息傳播給顧客。促銷組合的五種構成要素分別為：

1.廣告。
2.人員銷售。
3.銷售促銷。
4.展售。
5.公共關係與宣傳。

(一)廣告

廣告是促銷組合最廣泛可見而且最易辨認的構成要素；大部分的促銷費用，也都花在廣告上。

■定義

廣告是「透過各種媒介之付費的、非個人式的傳播；是公司行號、非營利性組織與個人，希望以某種方式讓自己在廣告訊息中能夠被確認，以及希望藉此告知與人或說服某一群特定成員」。在上述的定義中，關鍵字是「付費的」、「非個人式的」，以及「被確認」。所有餐飲旅館與旅遊組織，都必須為廣告付出費用；不論是以金錢或使用某種以物易物的形式（例如：由某家餐廳以提供免費餐飲的方式，來交換一段在收音機播出的廣告）。從另一方面來看，宣傳則是免費的。廣告使用的方法是非個人式的——也就是說，不論是出資者或代表人，都不會實際現身來把這項訊息傳播給顧客。至於「被確認」這個字眼，是指該付費的組織在廣告中會被明確地確認。

廣告中的訊息，不見得都以創造銷售為直接訴求。有時候，出資者的目標只是為了要傳遞一種對該組織是屬於正面的觀念，或一種有利於

該組織的形象而已（也就是我們常說的「公益性」廣告）。[4]

■優點

廣告有下列優點：

1. 每個接觸對象的平均成本低廉。雖然各項廣告活動的總成本動輒高達數百萬元之鉅，但是與其他可選擇的替代性促銷方式相較之下，廣告在每個接觸對象身上所花費的成本，其實相對較低。一段為時三十秒、於黃金時段在電視上播放的廣告，通常都需要花費數十萬元；雖然如此，收看到這段廣告的觀眾卻可能高達數百萬人，這使得分散到每一位接觸到這項廣告的收視者之成本，將只有幾分錢而已。

2. 延伸業務人員無法涵蓋之地點與時間。對業務人員來說，他們不可能在開車回家時還帶著客戶同行，然後再花上一整個晚上的時間陪著顧客說明或介紹；他們也無法每天早上都在客戶的大門口等著顧客出門，更不可能把自己塞進客戶的郵箱內。然而，廣告在顧客的日常生活中，卻具有一種無孔不入的能力。它們可以在業務人員無法涵蓋的地點與時間接觸到顧客。

3. 具有更寬廣的空間來創造訊息的多樣性與戲劇性。廣告可以提供毫無限制的機會，讓促銷訊息以更具創意及更引人注目的方式傳送出去。由於現今的廣告數量實在讓人目不暇給，因此廣告就必須做到「鶴立雞群」或「與眾不同」，才能發揮預期效果。

4. 具有重複訊息的潛力。對某些促銷訊息而言，如果顧客能夠多次接觸，它們就能夠發揮相當好的效果。舉例來說，你正驅車前往某個渡假景點的路途上；假如你並未做任何的計劃，那麼你必然需要尋找一家旅館或汽車旅館、進餐地點，或可供短暫停留的景點。那麼，當你在沿路上見到的某家汽車旅館、速食餐廳或遊覽景點的廣告招牌數量越多時，你對它們的了解以及使用它們的機會必定也會越高。

5. 大眾媒體廣告帶來的名氣、聲望與深刻印象。廣告，以及你選擇的

廣告媒介，都能夠對餐飲旅館與旅遊組織的名氣及可信度產生增強的效果。為數越來越多的旅館業者，都相繼推出全國性的電視廣告，做為該公司已臻於「大聯盟」水準的一種訊號。根據研究顯示，當一家公司或某種品牌刊登全國性廣告的次數越頻繁時，則認為是一項高品質產品或服務的顧客人數也會越多。

■缺點

廣告所具備的強大勢力、高度說服力，以及無遠弗屆的本質，是不容否定的。雖然如此，它還是存在著某些限制與缺點。

1. 不具有「完成」交易的能力。廣告在創造知名度、提高了解（理解力）、改變態度，以及創造購買意願等方面，的確具有相當大的效果；但是，它很少能夠獨自完成所有的工作。也就是說，它很少能夠「完成該項銷售」（即達到說服顧客做出預約、買票券、支付訂金）。就完成銷售這點而言，人員銷售要比廣告有效；尤其是對那些高切身性（即解決涵蓋範圍廣泛的問題）的決定而言，這種情況更是明顯。換言之，如果沒有其他促銷組合構成要素的協助，則廣告通常都無法導引顧客走完購買過程中的所有階段。

2. 廣告的「騷亂」現象。對廣告而言，它的機會可說是毫無限制的；這雖然是一種優點，卻也是一項缺點。為什麼呢？因為人類的「個人電腦」（即大腦）在記憶能力與儲存容量上都相當有限。然而，有無數的廣告充斥於許多不同的地方，而使得它們成為雜亂無章的商業訊息。它們在數量上實在過於龐大，以至於我們無法去注意、消化。而促銷組合中的其他構成要素，尤其是人員銷售，提供的則是一種更個別化、更人際性的訊息介紹。

3. 顧客可以不理會廣告訊息。在接觸目標接收者這方面，雖然廣告的刊登者可以得到相當的保證，但是否每個人都會注意到這些訊息，則是無法獲得充分保證的。許多人會原封不動地把各種直接郵寄的廣告信函隨手丟進垃圾筒；當電視與收音機節目播放廣告時，很多人會趁機做些其他事情；許多人在閱讀雜誌時，會略過廣告部分，

直接跳到主要的文章。這些潛在的顧客之所以會發展出這種「迴避」廣告的習慣，完全是因為受夠了各種商業訊息的疲勞轟炸。他們都很清楚，這些廣告全都是「預設立場」偏向出資者；因此，他們甚至不讓這些訊息有任何影響他們的機會。

4.不易獲得立即的反應或行動。廣告雖然也能讓顧客迅速做出反應，或採取立即的行動；但就這方面來說，促銷組合的其他構成要素──尤其是銷售促銷與人員銷售──通常都可以發揮更好的效果。先前曾提過，餐飲旅館與旅遊的促銷者對於直接反應式的廣告日益重視，可幫助這個行業克服這項問題。

5.缺乏獲得迅速回饋與修正訊息的能力。在缺乏行銷研究之情況下，要想判定顧客對於廣告的反應相當困難。在蒐集相關資訊的同時，各種毫無效果的廣告或許還繼續進行著。從另一方面來看，人員銷售則可以提供組織立即的反應，並調整訊息以吻合潛在顧客之需求。在顧客購買過程的初期階段中，廣告在影響顧客方面的確具有相當強大的能力；但是在較後期的各個階段裡，廣告的影響力就不如促銷組合的其他構成要素。各種直接行銷的技巧與互動式媒介在使用上日益普遍，也讓廣告刊登者能夠獲得顧客更立即的回饋。所謂的「互動式媒介」，指由電子裝備與通訊設備所構成的一種組合（例如電視、個人電腦、電話線路等），可以讓顧客和餐飲旅館與旅遊組織的資訊或預約服務系統產生互動。舉例來說，互動式電視預期將會成為一種日益普及的設備，它可以讓顧客在自己的家裡藉著選擇及安排旅遊預約，來進行所謂的「在家購物」。

6.不易測定廣告的效果。影響顧客購買行為的變數不勝枚舉，以至於要單獨測定廣告的影響力，通常也相當困難。一般而言，最讓人感到困擾的議題是：廣告究竟是否具有直接導致完成交易的能力，或只能夠提供協助？

7.「浪費」的因素相對較高。所謂的「浪費」，是指讓那些不屬於目標市場的人，去看到、聽到或閱讀到這些廣告。對大部分的廣告而言，通常都會出現相當明顯的「浪費」。舉例來說，報紙雖然具有

涵蓋範圍廣泛（許多人都會閱報）的優點，但無法有效吸引特定目標市場（除了地理性的目標市場之外）。就針對特定市場而言，直接郵寄的廣告是最佳的廣告媒介。

(二)人員銷售
■定義
人員銷售牽涉到口語交談，是由業務人員與潛在顧客以電話或面對面的方式進行的一種銷售方式。

■優點

1.具有「完成」交易的能力。人員銷售最強而有力之特色，在於完成交易的能力。業務人員會想盡一切辦法說服顧客（或「潛在顧客」），並使他們做出某種決定。至於促銷組合中的其他構成要素，則顧客會有完全不理會，或購買決定出現不確定延遲的可能。

2.具有掌握顧客注意力的能力。在掌握顧客的注意力方面，沒有其他方法會比面對面的交談更為有效。當這些訊息是以促銷組合中的其他四種構成要素（即廣告、銷售促銷、展售，以及公共關係與宣傳）來傳送時，顧客則可以隨心所欲地完全不理會。

3.立即的回饋與雙向溝通。使用人員銷售來完成交易比較易成功的原因，有一部分是雙向溝通的運用，以及能夠獲得顧客立即回饋的能力。至於促銷組合的其他四種構成要素在傳送訊息時使用的方法，全都屬於非人際性的。人員銷售可以根據顧客的反應隨時做出調整，其他四種促銷組合構成要素，就缺乏這種彈性。

4.針對個別需求提供「量身訂做」的說明。人員銷售所提供的說明，是配合潛在顧客的需求與要求而量身訂製的。顧客可以提出問題，並且獲得答案。假如他們有任何異議的話，業務人員也可以直接說明。

5.具有精確鎖定目標顧客的能力。人員銷售如果能事先做到有效的預估（即選對潛在的顧客來進行銷售說明），那麼造成的「浪費」將會相當有限。事實上，優秀的業務人員在安排面對面的訪談之前，

都會審慎地先對顧客進行過濾與評定，找出潛在的購買者，其他促銷組合的構成要素，通常都會導致較高的「浪費」。

6.具有培養關係的能力。在人員銷售的方式下，業務人員可以和這些潛在的顧客發展一種持續的關係。這並不代表我們建議業務人員去成為所有潛在顧客最好朋友——事實上，這種情況是我們所不樂於見到的。我們真正的意思是：藉由這位業務人員，能夠讓這些潛在的顧客與公司建立起一種更親和的連結。與廣告及其他促銷方式相較，擁有這種親和的傳播管道對顧客來說，通常也會是一項促使他們重複購買的有力誘因。

7.具有產生立即行動的潛力。就如前文所提到的，廣告只能間接地引導銷售，或讓購買的反應稍後發生，但人員銷售通常都具有讓潛在的顧客產生立即行動的潛力。

■缺點

1.每個接觸對象的平均成本昂貴。與另外四種促銷組合的構成要素相較下，人員銷售的主要缺點在於每個接觸對象的成本相當昂貴。在其他大部分的促銷方式中，每個接觸對象所需成本通常都不會太高，但在這種實地推銷介紹的作法下，通常也意味著需要花費較高的薪資與交通成本。某些形式的人員銷售較為有效。舉例來說，店內推銷與電話推銷等，皆不需要花費實地推銷介紹時必須支出的交通成本。

2.缺乏有效接觸某些顧客的能力。顧客或許會拒絕業務人員的協助或說明，即對人員銷售採取防衛態度。他們對來自於例如廣告、銷售促銷、展售等非個人方式所傳播的訊息，防衛心態就不會這麼強烈。[5]

(三)銷售促銷
■定義

銷售促銷指提供某種短期的誘因給顧客，讓他們做出立即的購買。

例如：各種折扣優惠券、競賽與彩金、樣品，以及獎品等。

■**優點**

1.可將廣告與人員銷售的某些優點做一組合。就產生立即購買的能力來說，銷售促銷也分享了人員銷售具有的這項主要優點。然而，與人員銷售相較下，銷售促銷還有一項額外的優勢——可以大量地傳播及配送。舉例來說，各種折扣優惠券不僅能夠透過郵寄的方式發送，顧客也可以直接從雜誌或報紙上剪下來。

2.具有提供迅速回饋的能力。許多銷售促銷所提供的誘因，都是必須在某個短期間內提出要求：大部分的折扣優惠券，都必須在某個特定日期之前使用才有效。一般而言，各種競賽、彩金及獎品等，也都會有截止時間的限制，顧客必須立刻做出反應，因此，出資者可以獲得迅速的回饋。

3.具有添加某項服務或產品之刺激性的能力。充滿想像創意的銷售促銷活動，可以為餐飲服務添加刺激性。

4.折扣優惠券可以附加在各種外帶或外送食物的包裝上。當然，你也可以把菜單及折扣優惠券設計成吊掛在門把上的形式。

5.使用時機深具彈性。另一項銷售促銷之優點是具有彈性，它們能夠以短期通知的方式來運用，而且也可以使用在任何時機。尤其在淡季的時段，它們對於增加銷售的助益可說特別明顯（例如，在每周一與周二晚間推出「一人付費，兩人用餐」的促銷活動）。如果其他促銷組合構成要素表現不佳時，或許就可以運用某種「最後一分鐘」的銷售促銷方式來填補買氣的不足。這時候，你將再次發現，銷售促銷在短時間內使銷售額激增的能力，的確是它主要的優勢。

6.效率。銷售促銷也相當有效率。廣告與人員銷售都會有大筆的固定成本。另一方面，銷售促銷的初期投資不大（例如，印製折扣優惠券）。各種額外的成本則會隨著利用這項促銷活動的顧客人數，出現直接的變化。

■缺點

1. 短期的利益。銷售促銷最誘人之處，在於能夠讓銷售量在短期間內立刻激增。下列說法或許有些自相矛盾，但這項優勢卻同時也是它的主要缺點——通常銷售促銷都無法導致長期的銷售提升。銷售促銷很容易增加短期的收益，但促銷活動結束後，銷售量又回到平常的水準、甚至低於平常的水準。此外，當一家公司提出數量過多的銷售促銷時，也會造成顧客對服務的價值產生持久性低估的風險。

2. 建立對公司或「品牌」的長期忠誠度之效果甚微。對那些「品牌游離者」（指根據哪家公司提供的條件最有利，而在相互競爭的服務間不斷更換的那些人）而言，各種銷售促銷可產生極大的吸引力。這種方式在發展真正的品牌忠誠度方面，可說毫無成效。由於大部分的組織較關切的，是如何建立長期性的顧客基礎；因此，就這方面而言，銷售促銷的效果就還不如其他各種促銷。

3. 就長期而言，若缺乏其他促銷組合要素的配合，則沒有單獨使用的能力。以長期的觀點來看，銷售促銷如果能與其他促銷技巧配合，那麼將是最有效的一種方式。各種常客優惠計畫，必須要以廣告方式為之，都必須藉助明顯的媒體廣告才得以發揮效果。

4. 經常被誤用。銷售促銷經常用來做為各種長期性行銷問題的「快速修復」手段。某些全國性連鎖餐廳，似乎總是不斷地推出各種銷售促銷，以期將顧客由其他競爭者的手中爭取過來。事實上，這些業者應該採取的作法是：藉由改善菜色的內容與多樣性，重新設計餐廳的裝潢或重新賦予不同的概念，重新進行定位，或提升服務與餐飲的品質等，把重點放在吸引具有忠誠度、長期性的顧客上。

(四)展售（購買點廣告）

將展售歸類於銷售促銷的技術，是常見的事，因為它並不會牽扯到媒體廣告、人員銷售，或是公共關係與宣傳。在本書中，將展售與其他銷售促銷方式分開討論，是因為展售具有的獨特性，以及它對這個行業的重要性。

■定義

　展售，或稱為購買點「廣告」，指為了激勵營業額所使用的各種內部材料；這些材料涵蓋例如菜單、酒類名單、直立式桌上型菜招牌、海報、展示品，以及銷售點內的其他促銷物品。

■優點

　展售的優點與所有銷售促銷的好處都相當類似。包括：

1.可將廣告與人員銷售的某些優點做一組合。

2.具有提供迅速回饋的能力。

3.具有添加服務或產品之刺激性的能力。

4.可提供傳播的額外途徑。

5.使用時機深具彈性。

　各位不妨回想一下最近前往某家超級市場或服飾店的經驗。你可能因為看到了某個特別設立的專賣走廊或其他展示區，而在「一時衝動下」購買了許多雜貨物品。你在服飾上的支出或許也超出原先的預算，只因為那家商店有個極吸引人的櫥窗展示區或特殊擺設。當然，你可能最近

圖4-3　葡萄酒的展售

也曾光臨某家餐廳，原因只是它與眾不同的菜單，或令人垂涎三尺的菜色描述；它們使你暫時將節食計畫拋在腦後。在購買的地點中，這些展售可以讓你的視覺感到興奮不已，並因而造成銷售量的提升。展售的兩項額外優點是：

1. 可激勵「衝動性購買」，以及更高的每人平均消費額。你可能會因為某家旅行社針對一家度假中心所做的極吸引人之展示，而對這家旅行社產生高度興趣，並購買它提供的產品。當你置身餐飲旅館與旅遊業的營業場所時，視覺上的促銷或許會讓你的實際支出遠比自己所計劃的高。

2. 對各種廣告活動提供支持。當顧客在購買的地點中，如果能接收到一種「視覺上的提醒」時，將會使廣告活動的效果大為提高。速食連鎖業者可說是善用這項技巧的專家。透過電視廣告，大肆促銷價格已包括某種玩具在內的兒童餐飲「套裝商品」，或顧客只要購買任何產品後就能再以極低價格添購該玩具的其他方案。各種極具吸引力的內部展示，都能夠迅速地讓孩子們想起這項商品的存在，並使他們的注意力集中於此。

■ 缺點

　　展售與其他銷售促銷技巧之間的主要差別，在於展售並不見得會提供顧客財務上的誘因，而且某些展售產生的影響也可能是長期性的。一份出色的菜單，可以延續使用數年之久；在商店裡的展示，或許也能夠適用好幾個月；至於其他的海報、桌上型直立式菜單，以及簡介小冊的展示亦然。

　　展售雖然可能帶來持續期間較長的正面影響，但是在建立長期性的「品牌」忠誠度上，它的成效依舊相當有限。雖然它在缺乏其他促銷組合構成要素的支持下，還是可以運用；但如果能將展售與人員銷售及廣告加以結合的話，效果必然更明顯。

　　某些展售可能造成「視覺上的擾亂」，是它的第三項缺點。對某些人來說，他們對那些放置在餐桌上的直立式菜單會感到不勝其擾，而刻意

或下意識地不去理會這些訊息。

(五)公共關係與宣傳

■定義

公共關係指餐飲旅館與旅遊組織，為了維持或改善自己與其他組織及個人之間的關係，而採行的所有活動。宣傳則是一種公共關係的技巧，指與某個組織的服務有關，但並不需要付費的各種資訊傳播。

■優點

1.成本低廉。與其他的促銷組合構成要素相較之下，公共關係與宣傳的成本相當少。然而，仍有一種普遍的誤解存在，認為它是完全免費的。要使公共關係與宣傳能夠發揮成效，需要審慎的規劃、周詳的管理，以及大量的人力、時間才能達成。

2.由於未被視為商業訊息，因此會比較有效。各位在前文中已了解到，廣告被認為是一種帶有偏袒成分的傳播形式，但是人們對於在收音機、電視、報紙與雜誌文章中出現的公共關係訊息，並不會抱持類似的懷疑，原因在於對這些服務進行敘述的是一個獨立的團體。顧客對於這些資訊，並不會採取他們對媒體廣告的方式——隨時都已做好「拒於門外」的準備。宣傳具有滲透而越過認知防衛的能力。

3.具可信度與「暗示性的保證」。當一位旅遊評論家對某個目的地、旅館或餐廳發表對其有利的正面看法時，這種訊息傳送出來的可信度，要比付費廣告高出許多。顧客也會覺得他們收到了該報導者提供的保證。

4.具有大眾媒體報導所能帶來的名氣聲望與深刻印象。宣傳與廣告都是透過大眾媒體來傳送。因此，宣傳也和廣告一樣，能夠享有大眾媒體報導所能帶來的名氣聲望與深刻印象。

5.可添加刺激性與戲劇性。若撰稿者善用語言上的寓意，或播報人員、攝影人員運用其技巧，都能夠使餐飲旅館提供的利益與特色更為醒目。旅館或餐廳業者所安排的充滿戲劇性、引人注目的開幕儀

式，新船的下水典禮，或航空公司新航線的首航儀式等，都是讓各種服務的刺激性更爲突顯的實例。

6.可維繫一種「公開的」參與。各種公共關係的活動，可以確保組織在各種「群眾」中維持一種持續的、正面的參與。這些「群眾」包括了當地的、媒體的、金融的、員工的，以及相關業者。

■缺點

1.在安排上不容易維持一貫性。要想獲得正面的宣傳，通常是一項「缺乏穩定性」的工作。因爲這些報導完全操之於媒體人員的手中。在時機的控制上，無法像其他的促銷方法擁有同樣的精確度。

2.不易控制。在缺乏控制方面，另一個相關問題是：沒有能力確保報導與陳述的內容，與你希望的完全一致。播報人員可能無法將關鍵性的要素或銷售觀念涵蓋在訊息中，甚至可能會曲解某些用辭及觀念。[6]

第四節　促銷活動

一、店內促銷活動

店內促銷活動是以招來客人和娛樂爲目的而製造出具有話題性且能吸引客人參加的一種促銷方法。餐廳原本是提供食品、飲料的場所，而現在它已脫出昔日的巢臼，具有愈來愈多的功能。

(一)店內促銷的原則

舉辦店內促銷活動，必須掌握幾項原則：

1.第一話題性：舉辦的活動要具有新聞性，能夠產生話題，引起大眾傳播媒介的興趣，從而吸引客人。

2.新潮性：也就是要有現代感，陳腔濫調的花樣，非但不能起到推銷

圖4-4 促銷活動的看板

資料來源：西華大飯店提供

的作用，還可能影響餐廳的聲譽。

3.新奇性、戲劇性：人們普遍有好奇的心理，一個世界最大的漢堡會吸引許多人去觀賞、品嚐；一根世界最長的麵條也具有同樣的推銷效果。

4.即興性和非日常性：既是促銷活動，一般只能在短期內產生效果，否則就毫無話題性、新奇性可言了。

5.單純性：這一原則常常被忽略，有時一件極富創意的促銷活動，卻由於過分地拘泥細節，而變得複雜化，失去了效果。

6.參與性：舉辦的活動應盡量吸引客人參與，歌星駐唱，鋼琴演奏遠不如卡拉OK的參與性高，後者也更能調節氣氛。

(二)店內促銷的方法

下面介紹幾種店內促銷活動的方法：

■組織俱樂部促銷

各種餐廳、酒吧都可以吸引不同的俱樂部成員，酒店是俱樂部活動

的理想場所。餐飲部門一方面可以自己組織一些俱樂部，如常客俱樂部、美食家俱樂部、常駐外商俱樂部等等，讓他們享有一些特別的優惠。另一方面也可以和當地的一些俱樂部、協會聯繫，提供場所，供這些協會活動，如當地的企業家協會、藝術家協會等等。酒店可發給他們會員卡、貴賓卡，享受一些娛樂活動和服務的門票免費優惠、賒帳優惠和優先接待的優惠等等。酒吧還可以免費替他們保管瓶裝酒。酒店透過組織這樣的活動，既可以吸引更多的客人，又可以擴大自己的影響，成爲許多當地新聞的中心，達到間接的推銷作用。

■節日推銷

推銷要把握住各種機會，甚至創造機會吸引客人購買，以增加銷量。各種節日是難得的推銷時機，餐飲部門一般每年都要做自己的推銷計畫，尤其是節日推銷計畫，使節日的推銷活動生動活潑，有創意，取得較好的推銷效果。下面介紹一些主要節日的推銷特點：

1. 春節：這是中國的民族傳統節日。利用這個節日可推銷中國傳統的餃子宴、湯圓宴，特別推廣年糕、餃子等等。同時舉辦守歲、喝春酒、謝神、戲曲表演等活動。

2. 元宵節：農曆正月十五，可在店內店外安排客人看花燈、猜燈謎、舞獅子，參加民族傳統慶祝活動，並特別推銷各式元宵。

3. 中國情人節：中國情人節農曆七月初七，這是一個流傳久遠的民間故事，外國人過慣了自己的情人節，如果我們將「七夕」宣傳一下，印刷一些「七夕」外文故事和鵲橋相會的圖片送給客人，再在餐廳搭座鵲橋，讓男女賓客分別從兩個門進入餐廳，在鵲橋上相會、攝影，再到餐廳享用特別晚餐，這將是別有一番情趣的。

4. 中秋節：月到中秋分外明，這天晚上，可在庭院或室內安排人們焚香拜月，臨軒賞月，增加古箏、吹簫和民樂演奏，推出精美月餅自助餐，品嚐鮮菱、藕餅等時令佳餚。

5. 聖誕節：十二月二十五日，是西方第一大節日，人們著盛裝，互贈禮品，盡情享受節日美餐。在飯店裡，一般都佈置聖誕樹和鹿，有

聖誕老人贈送禮品。這個節日是餐飲部門進行推銷的大好時機,一般都以聖誕自助餐、套餐的形式招徠客人,推出聖誕特選菜餚:火雞、聖誕蛋糕、李子布丁、碎肉餅等,安排各種慶祝活動,唱聖誕歌,舉辦化妝舞會、抽獎活動等。聖誕活動可持續幾天,餐飲部門還可用外賣的形式推銷聖誕餐,擴大銷量。

6. 復活節:復活節期間,可繪製彩蛋出售或贈送,推銷復活節巧克力糖、蛋糕,推廣復活節套餐,舉行木偶戲表演和當地工藝品展銷等活動。

7. 西洋情人節:二月十四日是西洋情人節,這是西方一個較浪漫的節日。餐廳可推出情人節套餐。推銷「心」形高級巧克力,展銷各式情人節糕餅,酒吧也特製情人雞尾酒,一根心形的吸管可增添許多樂趣。

各種節日還相當多,如中國的端午節、重陽節等,西洋的萬聖節、感恩節等,若能好好安排計劃,都可以獲得良好的銷售成績。

■內部宣傳品推銷

在店內餐飲推銷中,使用各種宣傳品、印刷品和小禮品。店內廣告進行推銷是必不可少的,常見的內部宣傳品有:

1. 定期活動節目單:飯店或者餐廳將本周、本月的各種餐飲活動、文娛活動印刷後放在餐廳門口或電梯口、接待櫃台發送,傳遞訊息。上述節日單有兩點要注意,一是印刷質量,要與飯店的等級相一致,不能太差。一是一旦確定了的活動,不能更改和變動。在節目單上一定要寫清時間、地點、飯店或餐廳的電話號碼,印上餐廳的標記,以強化推銷效果。

2. 餐廳門口的告示牌:張貼諸如菜餚特選、特別套餐、節日菜單和增加新的服務項目等。其製作同樣要和餐廳的形象一致,經專業人員之手。另外,文詞要考慮客人的感受。「本店下午十點打烊,明天上午八點再見」比「營業結束」的牌子來得更親切。同樣「本店轉

播世界盃足球賽實況」的告示，遠沒有「歡迎觀賞大銀幕世界盃足球賽實況轉播，餐飲不加價」的推銷效果佳。

3. 菜單的推銷：固定菜單的推銷作用是毋庸置疑的，很難想像沒有菜單客人將如何點菜。除固定菜單外，還有其他類的推銷菜單，如特選菜單、兒童菜單、情侶菜單、中年人菜單等。

4. 帳篷式台卡：用於推銷某種雞尾酒、酒類、甜品等等，印刷比較精美，也應印上店徽、地址、電話號碼等資料。

5. 電梯內的餐飲廣告：電梯的三面通常被用來做餐廳、酒吧和娛樂場所的廣告，這對住店客人是一個很好的推銷方法。

6. 火柴：餐廳每張桌上都可放上印有餐廳名稱、地址、標記、電話等訊息的火柴，送給客人帶出去做宣傳。火柴可設計成各種規格、形狀，不同的餐廳可選擇適合其餐廳風格和格調的火柴。

7. 小禮品推銷：餐廳常常在一些特別的節日和活動時間，甚至在日常經營中送一些小禮品給用餐的客人，這些小禮品要精心設計，根據不同的對象分別贈送，其效果會更為理想。常見的小禮品有：生肖卡、特製的口布、印有餐廳廣告和菜單的摺扇、小盒茶葉、卡通片、巧克力、鮮花、口布套環、精緻的筷子等等。值得注意的是，小禮品要和餐廳的形象、價位相統一，才能取得好的、積極的推銷、宣傳效果。

二、店外促銷活動

(一)外賣促銷活動

外賣是指在飯店的餐飲消費場所之外進行餐飲銷售、服務活動。它是餐飲銷售在外延上的擴大。它不佔用飯店的場地，可以提高銷售量，擴大餐飲營業收入，在旺季可以解決就餐場地不足的問題，在淡季也可增加銷售機會，使生意相對平穩。

■外賣推銷活動的組織

外賣部通常屬於宴會部的一個部門。由宴會部負責推銷和預訂，交

由外賣部落實安排。外賣部擁有專門的外賣貨車和司機、雜工，負責搬運家具、餐具。在外賣車身上，要印上外賣的廣告宣傳，噴漆成醒目的顏色，以引起人們的注意。這本身也是一種促銷的手段。

■ 外賣推銷的對象

1. 外國派駐的使館和領事館等官方機構。這在首都和一些大型口岸城市較多。

2. 外國的商業機構、辦事處。他們頻繁的商業往來會給飯店帶來許多生意，在他們的住所舉辦宴會比較隨便、隱密。

3. 「外資企業」。外國企業大都有周年慶、酬謝員工的活動，自己的店慶、新產品研製成功、單項工程落成等都會舉行一些活動來慶祝。這些企業往往有一定規模，場地條件好，是外賣的好買主。

4. 金融機構。金融機構舉辦的活動也比較多，尤其是銀行的年會等。

5. 政府機構和國營企業。到飯店大吃大喝是一種浪費現象，但如果在本單位舉辦適當規模的酒會、餐會，既花錢少，又可起到聯歡作用。

6. 大學院校。適合於舉辦一些酒會、自助餐等，通常開學、畢業、結業等時候舉行。

7. 有條件的家庭。隨著人民生活水平的提高、住宅條件的改善，家庭外賣筵席在城市地區也同樣有一定的市場。

■ 外賣的推銷方法

外賣同樣要借助於宣傳媒介，包括利用廣告、郵寄宣傳品、人員上門推銷和新聞媒介的宣傳等傳播外賣的訊息。推銷者要做好詳細的本地企業名錄蒐集工作，分類記入檔案，尋找推銷的機會。另外，良好的公共關係、頻繁地與顧客接觸，都會產生推銷的作用。

(二)針對兒童的推銷活動

根據專家統計，兒童是影響就餐決策的重要因素。許多家庭到餐廳就餐常常是因兒童要求的結果。兒童常去的餐廳是快餐店，因為這些餐

廳往往設有專門為兒服務的項目。針對兒童的推銷有以下幾個要點：

1. 提供兒童菜單和兒童分量的餐食和飲料。多給一些對兒童的特別關照，會使家長備感親切而經常光顧。

2. 提供為兒童服務的設施。為兒童在餐廳創造歡樂的氣氛，提供兒童座椅、兒童圍兜、兒童餐具，一視同仁地接待小客人。

3. 贈送兒童小禮物。禮物對兒童的影響很大，要選擇他們喜歡而又與餐廳宣傳密切聯繫的禮品，以起到良好的推銷效果。

4. 娛樂活動。兒童對新奇好玩的東西較感興趣，重視接待兒童的餐廳常常在餐廳一角設有兒童遊戲場，放置一些木馬、積木、翹翹板之類的玩具，還有的專門為兒童安排木偶戲表演、魔術、小丑表演、口技表演等，尤其在周末、周日，這是吸引全家用餐的好方法。兒童節目中常常露面的卡通人物在餐廳露面，對兒童也是一種驚喜的誘惑。另外，餐廳還可以放映卡通片、講故事、利用動物玩具等吸引兒童。這樣做的另一個作用，是兒童盡情玩耍的時候，其父母也可悠閒地享用他們的佳餚。

5. 兒童生日推銷。餐廳可以印製生日菜單進行宣傳，給予一定的優惠。現在兒童生日越來越受家長的重視，飯店通常推銷的生日宴有「寶寶滿月」、「周歲宴會」等等。

6. 抽獎與贈品。常見的做法是發給每位兒童一張動物畫，讓兒童用蠟筆塗上顏色，進行比賽，給獲獎者頒發獎品，增加了兒童的不少樂趣。孩子離開餐廳時，也可送一個印有餐廳名稱的氣球，作為紀念。

7. 贊助兒童事業，樹立餐廳形象。飯店可給孤兒院等兒童慈善機構進行募捐，支持兒童福利事業，樹立企業在公眾中的形象。也可設立獎學金，吸引新聞焦點。贊助兒童繪畫比賽、音樂比賽等也可起到同樣的轟動效應。

註　釋

[1]王昭正譯，《餐旅服務業與觀光行銷》，台北：弘智文化，民89年，p.18。

[2]同註[1]，p.26。

[3]同註[1]，pp.84-95。

[4]同註[1]，pp.202-205。

[5]Christopher W. L. Hart & David A. Troy, "Stratgic Hotel / Motel Marketing" ,*The Educational Institute of America an Hotel and Moetl Association*, 1992, p.175.

[6]同註[1]，p.353。

第五章　菜單設計

第一節　菜單的意義

　　菜單是餐廳為客人提供菜餚種類和菜餚價格的一覽表及說明書。餐廳將自己提供的各種不同口味的食品、飲料等，經過科學組合，排列於紙張上，供光臨餐廳的客人從中進行選擇。它是餐廳與顧客溝通的橋樑，也是餐廳的無聲推銷員，其內容主要包括食品飲料的品種和價格。

　　巴黎的一些餐館則是把所供應的菜餚名稱寫在一塊小牌子上，讓服務人員掛在腰間的皮帶上，用來加強記憶。隨著飲食業的發展。一些較大的餐館則把所供應的菜餚，寫在黑板上，掛在牆上，供顧客閱覽。這種形式的菜單至今許多餐館還在沿用，例如，美國的一些快餐館都是把當天供應的食品名稱寫在一塊黑板上（或類似的牌子上），掛在牆上，以便讓顧客閱覽。

　　後來，隨著時間的推移，歐洲的一些餐館把每天供應的菜餚名稱寫在紙上或卡片上。由於這種形式菜單的出現，引起了一些飯店老闆和顧客的極大興趣，他們感到餐前看菜單可增加食慾，所以吃起來就更加有樂趣，同時，飯店的經營者們還認識到，菜單不單單對招攬顧客有用，而且對餐廳的廚房區域的人員，像廚師、採購等人員都有用，於是就開始編寫菜單。

　　歐洲保存最早的菜單是為宴會和聚餐準備的食品單。它主要用於廚房備餐，一般不給顧客看。法國大革命後，才把從牆上掛的菜單發展成提供給顧客的單獨的菜單。後來在菜單的裝潢和加強菜單的吸引力方面做了很多努力，並且菜單的形式也隨之發生了很大的變化。

　　中國的烹飪歷史較長，很早就已形成各種菜系。但是，據文字記載和目前掌握的資料，我國歷代所出版的有關這類書籍絕大多數是菜譜、食單，主要側重闡述菜餚食品的配料、製作方法、火候以及烹飪時間等。例如像《隨園食單》、《食經》、《譚家菜菜譜》等，都側重於上述幾個方面。

近年來，隨著人民生活水平提高，各地的菜餚種類也越來越豐富，各地的餐館為了經營的需要，也逐漸重視使用菜單。目前各地餐館、速食和飯店餐廳的菜單種類繁多，上面的菜餚品種花樣，據近年不完全統計，全國目前約有各式菜餚一萬多種，真可謂是任何一個國家都不能比擬的「飲食超級大國」。

第二節　菜單內容和種類

一、菜單內容

　　菜單的基本作用是廣告。它的任務就是告訴顧客，餐館或飯店的餐

圖5-1　印象派大師雷諾瓦手繪菜單

此畫是由法國名印象派大師雷諾瓦（Renoir）為Parisian餐廳畫的插畫，藉以換取免費的餐飲。此畫的內容描述一位廚師忙於穿梭在一日的菜單中。
資料來源：高秋英，《餐飲管理——理論與實務》，p.73。

廳能向他們提供菜餚的項目，以及這些菜餚的價格，餐館或飯店餐廳的廚房區域的工作則是根據菜單作原料準備，生產菜餚。所以，設計較好的菜單能使企業與顧客以及廚房區域的工作人員有較好的溝通。根據上述任務，一份菜單應有下列內容：

1.餐廳的名稱。

2.表明菜餚的特點和風味。

3.各種菜餚的項目單。

4.各種菜餚項目的價格。

5.各種菜餚的分別說明。

6.酒單和飲料單。

7.甜點單。

8.地址。

9.電話號碼。

10.營業時間。

一份菜單缺少了其中一項，就不完全，會給顧客帶來不便。例如，菜單上若沒有印營業時間，顧客就不知道幾點是營業時間。要是下次約朋友前來吃飯，就不知道幾點為好（除非問服務員）。一份比較正規的菜單都應有上述內容。

二、菜單種類

菜單可根據經營的特點、季節、就餐習慣等分成各種菜單種類。

1.菜單可根據經營的需要分為：

(1)單點菜單。

(2)套餐菜單。

(3)合用菜單。

(4)自助式菜單。

2.菜單可根據季節的特點分為：

WESTERN SET MENU IX

椰 香 龍 皇 蝦
Lobster and prawns with coconut salad
*****

清 燉 北 菇 湯
Black mushroom essence
*****

香 檳 冷 冰 霜
Champagne sherbet
*****

香 草 烤 羊 鞍
Roast rack of lamb in rosemary, fresh vegetable and rosti potato
*****

焗 鮮 莓 水 果
Gratin of assorted baby fruit and berries
*****

咖 啡 茶 小 點
Coffee, tea
Dom perignon truffles

每 位 NT$1,800 外 加 百 分 之 十 服 務 費
NT$1,800 per person subject to 10% service charge

010597

圖5-2 西式菜單
資料來源：台北凱悅大飯店

中 式 菜 單
BANQUET CHINESE SET MENU

乾 燒 明 皇 蝦

Wok seared king prawns in spicy tomato sauce

白 玉 藏 珍 翅

Shark's fin soup with seafood and winter melon

黑 椒 爆 牛 柳

Sauteed beef fillet with black pepper sauce

蕈 花 扒 時 蔬

Green vegetables with assorted mushrooms

雞 絲 上 湯 麵

Noodle soup with shredded chicken

合 時 鮮 水 果

Seasonal fruits

每 位 NT$1,000 外 加 百 分 之 十 服 務 費

NT$1,000 per person plus 10% service charge

010197(CBS3)

圖5-3 中式菜單
資料來源：台北凱悅大飯店

BUFFET MENU IV
(Meeting Package)

Starters

Carpaccio on wasabi cream	風 和 嫩 牛 肉
Thai seafood salad in pumpkin	海 鮮 南 瓜 盅
Marinated lamb loin and pickled vegetables	泡 菜 拌 羊 柳
Smoked salmon with condiments	燻 挪 威 鮭 魚
Shrimp cocktail with tomatoes and asparagus	露 筍 鮮 蝦 杯

Salads

Chicken tossed with walnut, apple and celery	艷 桃 雞 沙 拉
Squid salad with spicy soya sauce	五 味 花 枝 生
Tomatoes and mozzarella with pesto	醬 茄 起 司 盤
Assorted cold cuts	精 選 冷 肉 盤
Selection of crisp greens with assorted dressings	汁 醬 配 沙 拉

Hot Entrees

Potato and leek soup	香 蒜 薯 蓉 湯
Pan fried chicken breast in crab bisque	蚧 汁 煎 雞 胸
Peppered prawns in lemon cream	檸 香 糊 椒 蝦
Turkey breast with tomato chutney	茄 醬 火 雞 胸
Fish and chips	炸 魚 拌 薯 條

圖5-4 自助餐菜單
資料來源：台北凱悅大飯店

婚 宴 菜 單
GRAND WEDDING MENU II

紅袍繽紛彩雲飛
(紅袍繽紛盤)
Combination of suckling pig, smoked salmon, roasted duck and jelly fish
一 朝 飛 躍 入 龍 門
(醬皇焗龍蝦)
Wok fried lobster with X. O. spicy sauce
碧 玉 金 瑤 同 心 盟
(蒜子瑤柱甫)
Steamed whole conpoy with garlic
巨 鵰 展 翅 沖 雲 霄
(菜膽蟹肉翅)
Shark's fin soup with crabmeat and cabbage
牡 丹 福 報 顯 富 貴
(蠔汁扣皇鮑)
Braised abalone in oyster sauce
寶 光 耀 目 年 有 餘
(清蒸海石斑)
Steamed sea garoupa in scallions
甜 甜 蜜 蜜 迎 新 嫂
(蜜椒嫩牛柳)
Sliced beef with Honey Black Pepper Sauce
玉 潔 冰 清 冠 羣 芳
(白玉藏煮珍)
Stuffed winter melon with assorted mushroom
福 壽 奇 緣 諧 鳳 配
(紅棗燉雞湯)
Double boiled chicken soup with red dates.
點 點 心 意 點 點 情
(竹籠三寶點)
Steamed dim sum in bamboo basket
百 歲 良 緣 天 作 合
(紅蓮湯丸露)
Sweetened red bean with lotus seeds and dumplings
繽 紛 四 果 慶 良 緣
(四色水果盤)
Seasonal fruits

每 桌 NT$20,000 外 加 百 分 之 十 服 務 費
NT$20,000 per table plus 10% service charge

010398(GWII-6)

圖5-5　喜宴菜單
資料來源：台北凱悅大飯店

(1)固定菜單。

(2)更換菜單。

(3)周期菜單。

(4)綜合菜單。

3.菜單可根據就餐時間分爲：

(1)早餐菜單。

(2)午餐菜單。

(3)下午茶菜單。

(4)晚餐菜單。

(5)宵夜菜單。

4.菜單還可根據不同的要求、年齡和宗教信仰分爲：

(1)宴會和聚餐菜單。

(2)節日菜單。

(3)客房用餐菜單。

(4)兒童菜單。

(5)低熱量菜單。

(6)素食菜單。

(7)快餐菜單。

當然還有其它形式的菜單，像外賣（不在餐廳就餐）菜餚食品菜單、病人菜單等。

第三節　菜單的功能

菜單對於餐廳的經營如此重要，就在於菜單反映了餐廳的經營方針，標示著餐廳商品的特色和水準。菜單是溝通消費者與接待者之間的渠道，是菜餚研究的資料。此外，菜單既是一種藝術品，又是一種宣傳品。

一、菜單反映了餐廳的經營方針

餐飲工作包括原料的採購、食品的烹調製作,以及餐廳服務,這些都是以菜單為依據的。一份合適的菜單,是菜單製作人根據餐廳的經營方針,經過認真分析客源和市場需求,方能制訂出來的。菜單一旦制訂成功,該餐廳的經營目標也就確定無疑了。

二、菜單標示著該餐廳商品的特色和水準

餐廳有各自的特色、等級和水準。菜單上的菜餚、飲料之品種、價格和質量,告訴客人本餐廳商品的特色和水準。近來,有的菜單上甚至還詳細地寫上了菜餚的材料、烹飪技藝和服務方式等,以此來表現餐廳的特色,給客人留下了良好和深刻的印象。

三、菜單是溝通消費者與接待者之間的橋樑

消費者根據菜單選購他們所需要的菜餚和飲料,而向客人推薦菜餚

圖5-6　具有特色和水準的餐廳
資料來源:西華大飯店

則是接待者的服務內容之一。消費者和接待者透過菜單開始交談，訊息
得到溝通。這種「推薦」和「接受」的結果，使買賣雙方得以成立。

四、菜單是菜餚研究的資料

菜單可以揭示本餐廳所擁有的客人的嗜好。菜餚研究人員根據客人
訂菜的情況，了解客人的口味、愛好，以及客人對本餐廳餐點的歡迎程
度等，從而不斷改進菜餚和服務質量，使餐廳獲利。[1]

五、菜單既是藝術品又是宣傳品

菜單無疑是餐廳的主要廣告宣傳品，一份精美的菜單可以提高用餐
氣氛，能夠反映餐廳的格調，可以使客人對所列的美味佳餚留下深刻印
象，並可作為一種藝術欣賞品，予以欣賞，甚至留作紀念，引起客人美
好的回憶。

第四節　菜單的設計

一份好的菜單，可使客人一目瞭然菜點的內容、分量、價格、色
澤、營養、吃法等，使人聞得其香，如嚐其味，而在不知不覺中多點了
菜餚，這實際上已取得了餐廳推銷工作第一回合的勝利，可見菜單籌劃
之重要性。

一、菜單設計的基本原則

(一)以客人的需要為導向

1.如前所述，菜單籌劃前，要確立目標市場，了解客人的需要，根據
　客人的口味、喜好設計菜單。菜單要能方便客人閱覽、選擇，要能
　吸引客人，刺激他們的食慾。
2.以本餐廳所具備的條件及要求為依據，設計菜單前應了解本餐廳的

人力、物力和財力，量力而行，同時對自己的知識、技術、市場供
應情況做到胸有成竹，確有把握，以籌劃出適合本餐廳的菜單，確
保獲得較高的銷售額和毛利率。

(二)體現本餐廳的特色、具有競爭力

餐廳首先應根據自己的經營方針來決定提供什麼樣的菜單，是西式
還是中式，是大眾化菜單還是風味菜單。菜單設計者要酌量選擇反映本
店特色的菜餚列於菜單上，進行重點推銷，以揚餐廳之長，加強競爭
力。菜單應具有宣傳性，促使客人慕名而來。成功的菜單往往總是把一
些本餐廳的特色菜或重點推銷菜放在菜單最能引人注目的位置。

(三)要善變，並適應飲食新形勢

設計菜單要靈活，注意各類花色品種的搭配，菜餚要經常更換，推
陳出新，能給客人有新的感覺，還要考慮季節因素，安排時令菜餚，同
時還要顧及客人對營養的要求，顧及節食者和素食客人的營養充足度，
充分考慮到食物對人體健與美的作用。

(四)表現藝術美

菜單設計者要有一定的藝術修養，菜單的形式、色彩、字體、版面
安排都要從藝術的角度去考慮，而且還要方便客人翻閱，簡單明瞭，對
客人有吸引力，使菜單成為餐廳美化的一部分。

二、菜單設計者的條件及職責

餐廳菜單設計一般由餐飲部門的經理和主廚擔任，也可以設置一名
專職菜單設計者。無論如何，菜單設計應具有權威性與責任感，設計者
應具備的條件及職責如下：

1. 廣泛的食物知識。了解食物的製作方法、營養、價值等。
2. 有一定的藝術修養。對於食物色彩的調配，以及外觀、風味、稠
   度、溫度等如何配合適當，都有感性和理性的知識。
3. 有可利用的相關資料，了解顧客的需求，了解廚房的情況。

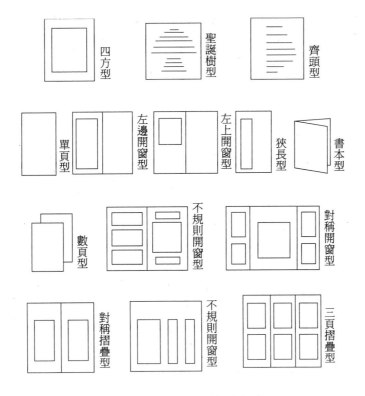

圖5-7　菜單設計的格式參考

資料來源：高秋英，《餐飲服務》，p.92.

4.有創新意識和構思技巧，不斷革新創制新的名菜。

5.要能為顧客著想。設計者不能依根據自己的好惡設計菜單，而要按客人的要求設計。

6.菜單設計者的主要職責如下：

(1)與相關人員（主廚、採購負責人）研究並制訂菜單，按季節新編時令菜單，並進行試菜。

(2)根據管理部門對毛利、菜單等要求，結合行情制訂菜品的標準份量、價格。

(3)與財務部門成本控制人員一起控制食品飲料的成本。

(4)審核每天進貨價格，提出在不影響食物質量的情況下，降低食物成本的意見。

(5)檢查為宴席預訂客戶所設計的宴席菜單。了解客人的需求,提出改進和創新餐點的意見。

(6)透過各種方法,向客人介紹本餐廳的時令、特色菜點,做好新產品的促銷工作。

第五節　菜單的定價及其策略

　　菜單的定價是菜單設計的重要環節。價格是否適當,往往影響市場的需求變化,影響整個餐廳的競爭地位和能力,對餐廳經營利益影響極大。制訂菜餚的定價首先要得出總成本,把該菜餚的所有成本費用逐項加起來,但這實際上往往不容易做到,因為一些費用如餐廳日常間接費用等,是無法分散到每一道菜餚估計的。

一、定價原則

　　訂定菜單價格應遵循以下原則:

(一)價格反映產品的價值

　　菜單上食品飲料的價格是以其價值為主要依據訂定的。其價值包括三部分:一是餐飲食品原料消耗的價值、生產設備、服務設施和家具用品等耗費的價值;二是以工資、獎金等形式支付給勞動者的報酬;三是以稅金和利潤的形式向企業提供的收益。

(二)價格必須適應市場需求,反映客人的滿意程度

　　菜單定價,要能反映產品的價值,還應反映供求關係。價位高的餐廳,其定價可適當高些,因為該餐廳不僅滿足客人對飲食的需要,還給客人一種飲食之外的舒適感。旺季時價格可比淡季時略高一些;地點好的餐廳比地點差的餐廳,其價格也可以略高一些。歷史悠久的、聲譽好的餐廳的價格自然比一般餐廳要高。但價格的訂定必須適應市場的需求能力,價格不合理,定得過高,超過了消費者的承受能力,或「價非所

值」，必然會引起客人的不滿意，降低消費水準，減少消費量。

(三)訂定價格既要相對靈活，又要相對穩定

　　菜單定價應根據供求關係的變化而採用適當的靈活價，如優惠價、季節價、浮動價等。根據市場需求的變化有升有降，調節市場需求，以增加銷售，提高經濟效益。但是菜單價格過於頻繁的變動，會給潛在的消費者帶來心理上的壓力和不穩定感覺，甚至挫傷消費者的購買積極性。因此，菜單定價要有相對的穩定性。這並不是說在三、五年內凍結價格，而是：

　　1.菜單價格不宜變化太頻繁，更不能隨意調價。

　　2.每次調幅不能過大，最好不超過百分之十。

　　3.降低質量的低價出售以維持銷量的方法亦是不足取的。只要保持菜點的高質量並努力促銷，其價格自然能得到客人的認可和接受。

二、定價策略

　　餐廳要獲取利潤的主要方法是提高銷售額，而提高銷售額的關鍵因素之一，就是要有正確的價格策略，一般有三種定價策略：

(一)以成本為中心的定價策略

　　多數餐廳主要是根據成本來確定食品、飲料的銷售價格，這種以成本為中心的定價策略常使用兩種不同的方法：

　　1.成本加成定價法。即按成本再加上一定的百分比來定價，不同餐廳採用不同的百分比。這是最簡單的方法。

　　2.目標收益率定價法。即先訂出一個目標收益率，作為核定價格的標準，根據目標收益率計算出目標利潤率，計算出目標利潤額。在達到預計的銷售量時，能實現預定的收益目標。

　　根據成本制訂的價格，是餐廳必須達到的價格，如果低於這個價格，餐廳經濟效益會受損。另一方面，運用以成本為中心的定價策略，

只考慮成本單方面因素，忽略了市場需求和客人心理，不能全面反映餐廳經營效果。因此這種定價策略是一種最基本的定價策略。

(二)以需求為中心的定價策略

這是根據消費者對商品價值的認識程度和需求程度來決定價格的一種策略，亦有兩種不同方法：

1. 理解價值定價法。餐廳所提供的食品飲料其質量、作用，以及服務、廣告推銷等「非價格因素」，使客人對該餐廳的產品形成一種觀念，根據這種觀念制訂相應的、符合消費者價值觀的價格。
2. 區分需求定價法。餐廳在定價時，按照不同的客人（目標市場）、不同的地點、時間，不同的消費水準、方式來區別定價。這種定價策略容易取得客人的信任，但不容易掌握好。

以需求為中心的定價策略是根據市場需求來制訂的價格。如果說，以成本為中心的定價策略決定了餐廳產品的最低價格，則以需求為中心的定價策略決定了餐廳產品的最高價格。在具體實踐中，根據市場情況，可分別採取以高質量、高價格取勝的高價策略；也可採取以薄利多銷來擴大市場、增加市場占有率的低價策略；以及靈活採用的優惠價格策略，給客人以一定的優惠，來爭取較高的銷售額和宣傳推銷本餐廳的產品。當然，這些策略並不是隨意使用的，而是通過市場調查，根據市場需求決定的。

(三)以競爭為中心的定價策略

這種定價策略以競爭者的售價為參考依據，在制訂菜單價格時，可比競爭對手高一些，也可低於競爭對手。

這種以競爭為中心的定價策略，既有按同行價格決定自己的價格，以得合理的收益且避免風險的定價策略，又有「撈一把就走」的展銷新產品定價策略，還有因自己實力雄厚而採取的「變動成本」定價策略，即只考慮價格不小於原料成本即可，以確立自己在市場上的競爭地位。以競爭為中心的定價策略由於不以成本為出發點，也不考慮消費者的意

見，這種策略往往是臨時性的或在特殊場合下使用的。定價人員必須深入研究市場，充分分析競爭對手，否則，很可能定出不合理的菜單價格。

第六節　菜單的製作

製作菜單是一項技巧與藝術相結合的活動，除了訂定合理的價格外，還要考慮許多其他要求。

一、菜單製作要求

(一)菜單形式多樣化

設計一個好的菜單，要給它秀外慧中的形象。菜單的式樣、顏色等都要和餐廳的等級、氣氛相適應，菜單形式亦應多樣化。例如多數餐廳使用的是桌式菜單，這些菜單印製精美，可平放於桌面，也可將具有畫面、照片的菜單摺成三角形或立體形，立於桌面。這種菜單適合快餐廳和用來特別推銷各種特選菜餚。活頁式的桌式菜單也是常被採用的，活頁式的菜單便於更換，如要調整價格、撤換污頁等，用活頁菜單就方便多了。

懸掛式菜單（包括空吊式或牆壁張貼式）也是一種很好的菜單形式，容易引起客人的注意。在恰當的位置，用良好的材料吊掛或張貼菜單，並配以悅目的彩色線條、花邊，使餐廳環境得以美化。客房內的早餐菜單往往是一種懸掛式的「門把菜單」。[2]

(二)菜單的變化更新

菜單應不斷變化更新，給客人以新的面目、新鮮感覺。季節性無疑是餐廳菜單變換首先考慮的因素。比如，夏季推出較清爽的菜餚，冬季推出火鍋、涮羊肉等。有的餐廳考慮用循環輪換的方法來「變換」菜單，是依某一特定周期所籌劃出的一套菜單，可以循環使用。如以三個

星期為期限，設計出每天不同的菜單，循環使用三、四次。這樣如再加上「周末菜單」、「節日菜單」等，能使餐廳的菜單顯得內容豐富、相當有變化，引起客人的興趣。使用周期性菜單，還簡化了採購，有利於控制庫房儲藏，亦能透過客人意見使菜餚製作技巧得以提高，菜餚質量得到保證。

(三)菜單的廣告和推銷作用

菜單不僅是餐廳的推銷工具，還是很好的宣傳廣告。客人既是餐廳的服務對象，也是義務推銷員。如在菜單上印有本飯店的簡況、地址、電話號碼、服務內容等，則能加深客人對飯店的印象和了解，產生廣告宣傳作用，透過訊息的廣泛傳遞，招徠更多的客人。

點菜菜單的設計還可考慮將本餐廳重點推銷的幾個特殊菜餚放在菜單的開始或末尾，因為這兩個地方往往是客人最容易注目的地方。當然亦可用箭頭、星號或用方框列出本餐廳的重點菜，以引起客人注意，達到向客人推銷的目的。當然，讓餐廳服務員熟悉菜單，並能向客人引薦菜單的菜餚，則是完成菜單設計後的首要工作。

二、設計菜單的注意事項

(一)菜單的封面與裡層圖案均要精美，封面通常印有餐廳名稱及標誌

菜單的尺寸大小要與本餐廳銷售的食品、飲料品種之多少相適應。一般說來，一頁紙上的字與空白應各占50％為佳。字過多會使人眼花瞭亂，前看後忘；空白過多則給人以菜品不夠、選擇餘地少的感覺。不能指望菜單上的每樣菜都很受歡迎，有些菜雖然訂菜人不多，選入菜單的目的是為了增加客人選擇的範圍。

菜單上的菜名一般用中英文對照，以阿拉伯數字排列編號和標明價格。字體要印刷端正，並使客人在餐廳的光線下很容易看清。各類菜的標題字體應與其他字體有區別，既美觀又突出。除非特殊要求，菜單應免用多種外文來表示菜名，所用外文都要根據標準辭典的拼寫法統一規範，各種符號和數字的配合亦應符合文法，防止差錯。

(二)菜餚命名的科學性

　　菜餚命名的科學性是指菜餚的名稱能夠恰如其分地反映菜餚的實質和特性。主要可分幾種：有反映菜餚的原料構成，如「番茄里脊」、「鱔魚豆腐」、「洋蔥豬排」等等，這類命名方法用於主輔料不分，或難分主輔料，但輔料的口味起著重要作用的菜餚，令人看後就清楚這道菜是由什麼原料做出來的。反映菜餚所使用的調品料與調味方法，如「糖醋排骨」、「芥末鴨掌」、「鹽水鴨」等等，這類命名方法常用於調味有特色的菜餚，人們聽後食慾就油然而生。反映菜餚烹調方法，如「軟炸口蘑」、「清蒸鰳魚」、「乾燒明蝦」等等，這類命名方法用於具有烹調特色的饌餚最為適宜，聽了饌餚名稱後，自己動手烹製就有幾分把握了。反映菜餚形色香味方面的特色，如「蝴蝶海參」、「蘭花鴿蛋」反映菜餚的形態；「雪花雞」、「三色蛋」反映菜餚的色澤；「魚香肉絲」、「香酥雞」反映饌餚的風味。這類命名方法一般用於形優、色美、香濃、味醇的菜餚，給人留下的印象久久不忘。反映菜餚的地方特色，如「西湖醋魚」、「成都蛋湯」、「嘉興豆腐」等等，令人聽後就想到該地去品嚐一番，否則心裡多少總有點遺憾。反映菜餚的主輔料和烹調方法，如「芹菜炒牛肉絲」、「蘿蔔絲烘鯽魚」等等，這類命名方法可謂明白無誤、毫不保留地全部呈獻給食用者，即使是門外漢也可十拿九穩地自己烹製。反映饌餚烹製的用器，如「砂鍋豆腐」、「魚丸火鍋」，這類名稱質樸無華，它忠實地告訴食用者，這些菜是用什麼器具烹煮出來的。

(三)菜餚命名的藝術性

　　菜餚命名的藝術性是透過各種修辭手法，不突出或隱去菜餚的具體內容而另立新意。通常採用的方法有：(1)強調菜餚的外觀。例如，孔雀、熊貓是人們心目中的吉祥物，菜餚若能製成孔雀俏麗的雄姿和熊貓逗人的憨態，則必定為眾人所青睞，因此「孔雀開屏」、「熊貓戲竹」等著名工藝菜便應運而生，至於它們為何物，名稱中沒有提及，人們也並不在意，令人折服的是逼真的形態和高超的技藝。(2)強調菜餚獨特的製法。獵奇是人們一種正常的心理現象，利用這一心理特點，有些菜餚的

名稱就極爲特別，如「炒牛奶」、「熟吃活魚」、「糊塗鴨」等等，人們一聞其名就想看個究竟，最好親口嚐一嚐，看看牛奶是怎樣炒的，活魚又怎樣熟吃，鴨子又是怎樣糊塗的。因此這類菜餚對食客具有強烈的吸引力。(3)表示良好祝願。聽到良好的祝願，心裡會產生一種甜美的感受。中國菜餚的許多名稱滿足了人們的這種精神需求。中國菜餚的許多名稱滿足了人們的這種精神需求。如婚宴上的「龍鳳雙球」、「鳳入羅幃」和「相思魚卷」等；爲老人祝壽的有「松鶴延年」、「五子獻壽」等。類似的菜餚名稱還有很多，如「鯉魚躍龍門」、「三元白汁雞」，祝賀人們不斷進步、節節升高，食用之後，連中「三元」（解元、會元、狀元）。(4)賦予詩情畫意。中國悠久的歷史和民間許多美麗的傳說留下了無數動人的故事，遍佈神州大地的名勝古跡吸引了歷代的文人墨客，他們所留下來的著名詩詞讓人反覆吟誦而回味無窮，所有這一切都成了中國饌餚命名的豐富素材，許多富有詩情畫意的饌餚名稱也就脫穎而出，如「霸王別姬」、「遊龍戲鳳」、「柳浪聞鶯」、「推妙望月」、「虹橋贈珠」、「詩禮銀杏」等等，這類菜餚名稱脫俗高雅，富有情趣，足以淨化和陶冶人們的心靈。

中國佳餚的名稱，用詞典雅瑰麗，含意雋永深遠，是科學與藝術的高度結晶，它令人浮想憑翮，使菜餚生色增輝。這些回味無窮的饌餚連同它們的美名一起成爲中國飲文化園地裡一朵朵瑰麗的奇葩。

西式菜名一般以突出主料，反映烹調方法、地方特色、口味特點來取名的，如Fried chicken（烤雞），Swiss steak（瑞士牛排），Sweet sour pork（咕咾肉）；還有寫明切割外形的，如Diced carrot（布丁）；以溫度特徵爲名的，如Hot tomato bouillon（熱番茄牛肉湯）；以食物色彩特徵爲名的，如Black bean soup（黑豆湯）等等。

(四)其他注意事項

設計使用菜單還應注意以下一些問題：

1. 有的餐廳使用的是夾頁式菜單，雖然餐廳菜品經常更換，但只換內頁不換夾子，時間久了，菜單表面骯髒破舊，影響了客人的情緒和

食慾，因為許多客人會從菜單來判斷餐廳菜點的質量。因此，保持菜單的整潔美觀十分重要。

2.菜單上菜點的排列不要按價格的高低來排列，否則客人僅僅根據價格來點菜，這對餐廳的推銷是不利的。如能把本餐廳所重點推銷的菜點放在菜單的首尾，或許是一種有效的方法，因為實驗表明，許多客人點的菜裡總有一個是列在菜單首尾部分的。

3.用照片代替文字，這個效果是相當好的。照片可以刺激購買力，且照片越清晰、越大，刺激力也越大，現在許多高價位餐廳都這麼做，尤其早餐菜單使用彩色照片，在許多餐廳已被證明銷售量得到可觀增加。

4.一份菜單制訂出來後，應經一段時間的試驗銷售，再經調查、分析、研究，才能夠作出是否成功的結論。即使是成功的菜單，還應不斷改進，推陳出新，給客人留下美好和新鮮的印象。

5.籌劃設計菜單關鍵還是要「貨真價實」，而不能只做表面文章、華而不實。菜單設計得再好，但如與菜點的實際內容不符，菜點質量及各方面沒有達到菜單所介紹的那樣，那只會引起客人的不滿而失去客人，這是制訂菜單時要特別注意的。

註　釋

[1]劉蔚萍譯，《專業餐飲服務》，台北：五南圖書出版公司，民79年，p.68。
[2]同註[1]，p.88。

第六章　廚房的規劃與管理

廚房生產管理是餐飲管理的重要組成部分，廚房是飯店向客人提供菜餚的生產部門，廚房生產對餐飲經營至關重要。廚房生產的水準和產品質量，直接關係餐飲的特色和形象。高水準的餐飲生產既反映了餐飲的等級，又可以體現餐飲的特色。廚房生產影響到經營的效益，因為產品的成本和盈利很大程度上受生產的支配，控制生產過程的成本浪費，可以獲得滿意的盈利。良好的管理是廚房生產獲得成功的基本要素，優良產品的提供，不僅僅是優質的原料和高超的技藝所能達到的。有優質原料，有技藝精湛的名廚師，這只是做好生產的基本條件，只有科學的管理才是生產獲得成功的保證。廚房生產管理必須保證隨時滿足客人對菜餚的一切需求，必須及時地提供適質適量的優質產品，必須保持始終如一的產品形象。提供的產品還必須保證衛生安全，並且能獲得最佳的盈利。

第一節　廚房規劃的目標

一個好的規劃工作大體上來說必須能使相關人員擁有最大的方便，其主要目標應為：

1.蒐集所有相關的佈置意見。
2.避免不必要的投資。
3.提供最有效的空間利用。
4.簡化生產過程。
5.安排良好工作動線。
6.提高人員生產效率。
7.控制全部生產品質。
8.確保員工在作業上的環境衛生良好及安全性。

上述幾項目標須由規劃人員與負責管理及有關現場人員一起來搭配合作完成。整個規劃進度應適時地整體配置，規劃過程中所決定的一切

圖6-1　有效的廚房規劃

設計將依蒐集的資料而做，而進行設計前對計劃過程中蒐集的資料應做徹底分析，雖說在規劃的過程中，時間與金錢必然所費不貲，但長期而言卻是重要且必須做的。

　　一般餐飲廚房規劃人員往往忽略了計劃過程的參與而直接進入實務規劃，因為沒有足夠的資料評估，導致一些廚房有充足的設備卻無用武之處，或是開始營運時發現設備不足而必須更換等重大缺失。其實廚房的規劃設計在營運計劃中必須做一個非常謹慎的分析以決定需求量，要考慮到目標、實際大小和經營方式、服務方式、顧客人數、營業時間、菜單設計及內容、未來的需求和趨勢分析，甚至增加產能等問題，也要包括品質的標準維持及整體的財務情況，而設備規劃的需求方面，尤其要注意不要因短期需求購買備用設備。如果規劃人員為未來的需求而在此時即採購設備、那浪費的投資額將難以計算。通常我們到一般廚房內經常看到一些未用到的設備區域，那就是因為規劃人員與實際經營人員的溝通不良所造成的。

一、影響廚房規劃的因素

廚房的內部環境不僅直接影響工作人員的生活、健康狀態，亦會影響到食品原料的儲藏與調理。如果環境不良，易使工作人員產生容易疲勞、抵抗力弱、工作效率減低等不良後果，亦會使食品易受污染。交通部觀光局所訂的廚房面積計算方法，廚房約為供餐場所面積三分之一較為合理。台灣省公共飲食場所衛生管理辦法內所訂的十分之一，則顯得過於擁擠，操作上會有困難。例如，營業場所若為一百坪，廚房只有十坪，那是絕對不可行的。日本對於廚房面積的概算值，則可參考**表6-1**。

由上述敘述所得的結論是[1]：

1. 十分之一的比例僅適用於使用半成品較多的速簡餐廳。
2. 中餐廳廚房面積仍以實際需要為決定原則，否則仍應以三之一比例為考慮。

二、廚房與供膳場所氣流的壓力

當客人進入餐廳時，在外場聞到內場烹飪的味道，是絕對要避免的。若在外場聞到烹飪的味道，則表示外場壓力降低，此時廚房的壓力遠大於外場的壓力，使得氣流由廚房流向外場，顯示廚房排油煙機必定功效不彰，油煙到處飛揚，自然就會聞到烹飪的味道。有這種情況的餐

表6-1 日本對於廚房面積的概算值

廚房種類	A類 廚房面積	B類 衛生設施、辦公室、機電室等 公共設施	C類 條件
學校	0.1m²／兒童（人）	0.03m²~0.04m²／兒童（人）	兒童700~1000人
學校	0.1m²／兒童（人）	0.05m²~0.06m²／兒童（人）	兒童1000人以上
學校	0.4~0.6m²／人	0.1~0.12m²／人	人數700~1000人
醫院	0.8~1.0m²／床	0.27~0.3m²／床	300床以上
小型團膳	0.3m²／人	3.0~4.0m²／從業人員（人）	50~100人
工廠	供需場所1/3~1/4	無其他公共設施	100~200人
一般餐館	供需場所1/3	2~3.0m²／從業人員（人）	
西餐廳	供需場所5/1~1/10	2~3.0m²／從業人員（人）	

廳一定不衛生。

　　對於一個餐廳經營者來說，外場空氣一定是最清潔的，因而若外場一直保持正壓，會有如下的優點：

　　1.當客人進來時，會給予客人一種涼快的感覺。
　　2.由於氣流往室外吹，因而可以防止灰塵、蚊子、蒼蠅等小病媒的入侵。
　　3.降低廚房的溫度。
　　4.調節廚房污濁的空氣。

三、其他基本設施

(一)牆壁和天花板

　　所有食品調理處、用具清潔處和洗手間的牆壁、壓花板、門、窗均應為淺淡色、平滑及易清潔的材料，同時天花板應選擇能通風、能減少油脂、能吸附濕氣的材料。

(二)地板

　　廚房裡（無論是烹飪區、儲藏室、用具清潔室、化妝室、更衣室以及洗滌室）的地板都應以平滑、耐用、無吸附性以及容易洗滌的材料來舖設；烹飪區所的地板尤應注意舖設不易使人滑倒的材質，如混凝土、磨石子、防滑瓷磚、耐用的塑膠、注入塑膠的堅固木頭等。

　　容易受到食品濺液或油滴污染的區域，地板應該使用抗油質材料。此外地板舖設時應注意斜度，以利排水，每公尺的斜度在一點五至兩公分間。

(三)排水

　　排水溝設置位置應距牆壁三公尺，而兩排水溝之間距離為六公尺，排水溝之寬度應在二十公分以上，而深度至少十五公分，水溝底部之傾斜度應在每一百公尺二至四公尺，排水溝底部與溝面連接部分要有五公分半徑的圓弧（R），材質為易洗、不滲水、光滑之材料。同時排水溝應

儘量避免彎曲。溝口應有防止昆蟲、鼠之侵入及食品殘渣流出，排水溝口附近應設置三段不同濾網籠及廢水處理過程，並要有防止逆流設施。開放式水溝要有溝蓋。

(四)採光

要有足夠的照明設備以提供足夠的亮度。所有工作檯面、調理檯面、用具清潔處、洗手區及盥洗室光度應在一百米燭光以上。尤其調理檯面與工作檯面光度應為二百燭光以上，愈高愈好。

(五)通風

要有足夠通風設備，通風排氣口要有防止蟲媒、鼠媒或其他污染物質進入措施。同時通風系統應符合政府規定的需求，當排氣時不會製造噪音及裝設廢氣處理系統。

(六)盥洗室

應有足夠的盥洗設備以敷人們使用，從業人員應有專用的盥洗室。所有的盥洗室均應與調理場所隔離，其化糞池更應距水源二十公尺以上。盥洗室所採用之建材應為不透水、易洗、不納垢之材料，其設計也

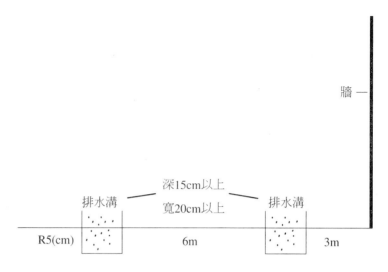

圖6-2 排水溝的相關規定

是很重要的，除必須是沖水式的外，門也應為自動關閉式的，以保持隨時關著的狀態，並應有一切防蟲、鼠進入的措施，以免病媒任意出入，造成污染。最後並應有自來水、洗潔劑、烘手器或擦手紙巾等洗手設備。

(七)洗手設備

洗手設備應充足並置於適當場所，且應使用易洗、不透水、不納垢之材料建造，並備有自來水、洗潔劑、消毒劑、烘手器或擦手設備。

(八)水源

要有固定水源與足夠的供水量及供水設施。凡與食品直接接觸之用水應符合飲用水水質標準。水管應以無毒材質架設，蓄水池（塔、槽）應加蓋且為不透水材質建造。

第二節　廚房佈局與生產流程控制

合理的廚房佈局與優質的食品、高超的烹飪技術在生產中是同等重要的。因為廚房生產的工作流程、生產質量和勞動效率，在很大程度上受佈局所支配。佈局的可行性直接關係員工的工作量和工作方式。這些又影響到員工的工作態度。另外，還關係到部門之間的聯繫和投資費用等。所以餐飲經理必須懂得廚房的規劃佈局，避免生產流程的不合理和資金浪費，保證滿足生產的要求。

一、廚房佈局

廚房佈局就是根據廚房的建築規模、形式、格局、生產流程及各部門的作業關係，確定廚房內各部門的位置，以及設備和設施的分佈。實施佈局，必須對許多因素加以考慮，從而才能達到合理佈局的目的。

(一)影響佈局的因素

1. 廚房的建築格局和大小：即場地的形狀、房間的分隔格局、實用面積的大小。

2. 廚房的生產功能：即廚房的生產形式，是加工廚房還是烹調廚房？是中餐廚房還是西餐廚房？是宴會廚房還是快餐廚房？是生產製作廣東菜還是江浙菜？廚房的生產功能不同，其生產方式也不同，佈局必須與之相適應。

3. 廚房所需的生產設備：即需要佈局的設備有哪些？這些設備的種類、型號、功能、所需能源等情況，決定著擺放的位置和佔據的面積，影響著佈局的基本格局。

4. 公用事業設施的狀況：即電路、瓦斯、其他管道的現狀。佈局必須注意這些設施的狀況，在公用事業設施不方便接入的地區，安裝佈局設備是要很高費用的，所以在佈局時，對事業設備的有效性必須作估計。

5. 法規和政府有關執行部門的要求：如《食品衛生法》對有關食品加工場所的規定，衛生防疫部門、消防安全部門、環保部門提出的要求。

6. 投資費用：即廚房佈局的投資多少，這是一個對佈局標準和範圍有制約的經濟因素，因為它決定了用新設備還是改造現有的設施，決定了重新規劃整個廚房還是僅限於廚房內特定的部門。[2]

(二)廚房佈局的實施目標

為了保證廚房佈局的科學性和合理性，廚房佈局必須由生產者、管理者、設備專家、設計師共同研究決定，並保證達到下列目標：

1. 選擇最佳的投資，實現最大限度的投資收回：如設施費用要保持低開支，可選擇耐用性的材料，可有效地利用能源。

2. 滿足長遠的生產要求：要能從全局考慮，對廚房與餐廳的比例、廚房內部的格局，要根據將來的發展規劃，留有足夠餘地。

3.保障生產流程的順暢合理：生產中的各道加工程序，都應順序流向
　下一道程序，避免回流和交叉。

4.簡化作業程序，提高工作效率：部門和設備的佈局，要方便生產操
　作，避免員工在生產中多餘的行走。

5.要能爲員工提供衛生、安全、舒適的作業場所：符合衛生法規，符
　合勞動保護和安全的要求。

6.設備和設施的佈局，要便於清潔、維修和保養。

7.要使員工容易受到督導管理：如主廚辦公室應能觀察到整個廚房的
　工作情況。同一部門的崗位應佈局在一定範圍內。

8.保證生產不受特殊情況的影響：如選擇使用多種能源，在瓦斯管道
　檢修停氣時，仍然有其他能源代替生產。在一道線路停電時，另一
　道線路能保證照明正常等。

二、廚房的格局設計

　　廚房係烹飪調理生產單位，關於廚房之格局設計，必須根據廚房本
身實際工作負荷量來設計，依其性質與工作量大小作爲決定所需設備種
類、數量之依據，最後才決定擺設位置與地點，以發揮最大工作效率爲
原則。以前老式廚房因爲當時科技不發達，廚房空調系統不佳，致使整
個廚房主要烹飪作業全部匯聚集於中央通風管罩下，或沿廚房牆邊的通
風罩下工作，然而今日這些技術性之障礙與問題均不復存在，因而使得
廚房在規劃設計時更富彈性變化。目前歐美廚房格局設計之樣式雖多，
但主要有四種基本型態：

　1.背對背平行排列。

　2.直線式排列。

　3.L型排列。

　4.面對面平行排列。

　茲分述於下：

(一)背對背平行排列（又稱島嶼式排列）

此型式係將廚房主要烹飪設備以一道小牆分隔爲前後兩部分，其特點係將廚房主要設備作業區集中，僅使用最少通風空調設備即可，最經濟方便，此外它在感覺上能有效控制整個廚房作業程序，並可使廚房有關單位相互支援密切配合。

(二)直線式排列

此型式排列之特點，係將廚房主要設備排列成直線，通常均面對著牆壁排成一列，上面有一長條狀之通風系統罩，與牆面成直角固定著，此型式適於各種大小餐廳之廚房使用，不論肉類、海鮮類之烹飪或煎炒，均適於此型式，操作方便，效率高。

(三)L型排列

此型式廚房之設計係在廚房空間不夠大、不能適用於前面兩種型態時採用。它係將盤碟、蒸氣爐那部分自其他主要烹飪區如冷熱食區等部分挪移成L型，此類格局設計適用於餐桌服務之餐廳。

(四)面對面平行排列

此型式廚房設計係將主要烹調設備面對面橫置整個廚房中間，它將二張工作檯橫置中央，工作檯之間留有往來交通孔道，此處之烹調及供食不依直接作業流程操作，它適用於醫院或工廠公司員工供餐之廚房使用。[3]

第三節　廚房設備的設計

設備設計考慮上除了要顧及業者的希望如持久性、多功能、使用容易、維護簡單及便宜等因素外，尚要兼顧衛生上的要求，如易清洗、不會藏污垢，且可以保護食品不受污染等因素。即是要以法令規章爲原則，並兼顧業者的利益下來設計。

一、基本原則

1. 正常情況及操作下，所有的設備應是持久耐用、抗磨損、抗壓力、抗腐蝕且耐磨擦。
2. 設備應簡單並可有效發揮其功能。同時設備並不一定是固定不動的，只要它能易於清洗與維護，那麼分解、拆卸亦無所謂。
3. 食品接觸的設備表面是平滑的，不能有破損與裂痕，要有良好的維護並隨時保持清潔。
4. 與食品接觸表面接縫處與角落應易於清潔。
5. 與食品接觸面應以無吸附性、無毒、無臭、不會影響食品與清潔劑的材料。
6. 所有與食品接觸面都應是易於清潔和檢查的。
7. 有毒金屬如汞、鉛或是它們的合金類，均會影響食品的安全，絕不可使用，劣質塑膠材料亦相同。
8. 其他不與食品接觸的表面，若易染上污跡，或需經常清洗的設備表面，應該是平滑、不突出、無裂縫、易洗並易維護。

二、安裝與固定

1. 置於桌上或櫃檯上的設備，除了可迅速移開者外，應將其固定在離桌腳至少四吋的高度，以便於清洗。
2. 地面上的設備，除了可以立即移開者外，應把它固定在地板上或裝置在水泥檯上，以避免液體滲出或碎屑落在設備的下面、後面或不易清潔、檢查的空間裡。設備的中間、後面和旁邊都要留有足夠的空間以利清洗。
3. 介於設備與牆壁間的走道或工作空間，不可堵塞，並要有足夠的寬度供工作人員清洗。
4. 固定方法：由於高度、重量等種種因素，某些設備無法按預定計畫來安裝，因此必須明瞭各種固定方法。一般固定方法有下列幾種：

(1)地面固定：當設備無腳架或腳輪時，必須直接裝置於地面或台座上，接觸面四周必須以水泥密封。

(2)水泥底座：有許多設備必須裝置在水泥底座上。這樣可以減少清潔面積。底座高至少兩吋，與地面接觸應為至少1/4吋（26.4mm）的圓弧面。不靠牆或其他邊需超出底座二點五至十公分。設備底下凹陷部分之開口及底座與設備間必須密合，以防止害蟲進入。若有空隙，易成為昆蟲之居所，因此必須用封固劑（樹脂、蠟）將其填封。

(3)懸掛式架設：懸掛式架設是把設備裝設於有支架牆上，此種架設方式必須能防止設備與牆之間聚集水、灰塵和碎片。它最低的部分與地面最少要距離十五公分以上。

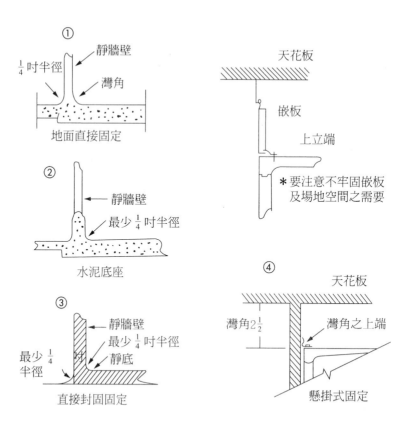

圖6-3　設備安裝固定標準

三、餐具的材質

餐具主要是指食器，食器材質應符合食品衛生管理法的規定，不得有毒，不得易生不良化學作用，或是會危害人體健康。一般食器依據材質上可分為金屬製品、陶瓷製品與塑膠製品等類。

(一)金屬

金屬製的食器優點是熱傳快、易洗、有光澤、可延展。但有些金屬具有毒性，因此在選擇上必須注意。常用的金屬有：

1. 銀：銀器自古以來即被人們喜愛，是一種高貴餐具，具有最佳的導熱性。
2. 銅：銅的導熱性僅次於銀，亦是食器中常用的金屬，它在空氣中容易被熱氧化而生成一層黑色皮膜的氧化銅。若在濕的環境中會產生銅綠，銅綠容易溶解於酸性溶液中而造成食品中毒，所以銅器使用時得注意表面應要有光澤。
3. 鋁：鋁是目前食器中較常用的材質，優點亦是具有良好的導熱性且質輕，缺點是表面容易氧化生成一層氧化膜，而破壞了器皿的外觀。
4. 不鏽鋼：不鏽鋼是近年來才被用來製造餐具的鍋盆。優點是不會生鏽、易洗、易消毒，缺點是費用較鋁高且重量較重。

(二)陶瓷

陶瓷製食器是我國使用最久亦是最普通的一種食器。它的優點是保存性高，且有似玉質的美麗半透明體，可彩繪，保溫性良好。缺點則是易碎，且若是製造上有所疏忽時則易造成有害物質溶出。陶瓷餐具選擇時應以素色為主。

(三)塑膠

塑膠製餐具的優點是不吸水、耐腐蝕、不生鏽、不易破損、著色成型簡單，缺點是有的不耐熱且有有毒物質（甲醛）溶出。常用做為食器

的塑膠有聚苯乙烯、美耐皿與樹脂。

■聚苯乙烯

目前常被使用做為免洗餐具，優點是隔熱性良好、具有金屬似的光澤及良好印刷性，缺點是體積大、質軟、不耐熱、廢棄物處理不易。

■樹脂

樹脂雖有被用來做為餐具，但是此種製品中易發現有甲醛溶出，因此實不適合做為食器材質。

■美耐皿

美耐皿著色容易，不容易褪色，具有陶瓷的質感而較陶瓷輕，且不易破損。它是最常用來做餐具的塑膠材料。美耐皿與樹脂同屬於熱硬化性樹脂，製造原理相似，因此若是製造上不慎，易造成甲醛溶出。甲醛溶出是美耐皿製食器最大缺點，為了避色甲醛溶出，美耐皿製餐具在清洗時宜用化學消毒法來消毒。

四、空調設計

我們要得到健康的生活，必須要讓室內的空氣保持在正常的狀態。為了這個，換氣是最有效果的方法。尤其是在廚房內，因有很多的燃料在使用，產生煙、水蒸氣、熱量、臭味等，使室內的空氣狀況都非常的惡化，因此換氣極為重要。

(一)空調設計主要目的

1.保持正常的室內空氣的組成成分。

2.脫（除）臭。

表6-2　美耐皿製餐具與甲醛溶出量關係

甲醛溶出量 使用日數	0 ppm	1~3.9 ppm	大於4.0 ppm
新品	67.2%	30.4%	3.4%
8日	63.4%	31.6%	5.0%
28日	42.0%	51.2%	6.8%
50日	15.3%	75.0%	9.2%

3.除濕。

4.除塵。

5.使室溫下降。

■二氧化碳（CO_2）

一般空氣中即含有二氧化碳，少量的二氧化碳並不會使人感覺不舒服或是危害人體，但是由於人體的呼吸（4% CO_2）、煮飯或抽煙都會增加空氣中二氧化碳的量，因此二氧化碳可以做為空氣污染的指標。

＊測定

二氧化碳定量是利用比色法來做一簡單定量法。一般所用檢測管可分為A、B兩種。A型檢測管測定範圍在0.1～0.15％。利用抽吸筒抽取定量之空氣檢體（100），將它注入檢測管中，待經過五分鐘後觀察它變色長度，與標準長度作比較，來知悉室內的二氧化碳濃度。

＊評價

一般空氣中即含有0.03％的二氧化碳，當二氧化碳濃度達0.5％以上時對人體有害，一般是希望它的濃度能在0.01％以下，而規定濃度是0.15％。

■氣體流動

氣體流動與通風有著相當大的關係，通風良好卻會造成室內氣體流動。當風速在每秒一公尺時會使室內溫度下降攝氏一度。雖然一般室內人們不易感覺出氣體在流動，實際上適度的風速會使人感到舒適。

＊測定法

一般測定氣體流動是以煙流動速來加以判定，或是利用風速計來測定。這些方法可以用來測定抽風機的換氣量，並且適合用來測定室內氣

表6-3　二氧化碳濃度評價表

名稱 \ 等級	A	B	C	D	E
二氧化碳濃度（％）	<0.07	0.71-0.099	0.10-0.140	0.141-0.199	>0.2

表6-4　氣體流速評價表

季節 \ 等級	A	B	C	D	E
夏	0.4-0.5	0.51-0.74 0.39-0.25	0.75-1.09 0.24-0.10	1.10-1.49 0.09-0.04	>1.50 <0.03
春、秋	0.3-0.4	0.41-0.57 0.29-0.17	0.58-0.82 0.16-0.08	0.83-1.15 0.07-0.03	>1.16 <0.02
冬	0.2-0.3	0.31-0.45 0.19-0.02	0.48-0.65 0.11-0.06	0.66-0.99 0.05-0.02	>1.00 <0.02

體的流速。室內氣體流速可用卡達溫度計及熱線風速計來測定。

＊評價

　　氣體流動的評價會隨季節不同而有所變動，這是因為人體感覺上不同的緣故。夏季的流速要較其他季節為大。

■濕度

　　濕度過高易產生疲勞，濕度過低則會變得非常乾燥，而引起鼻、咽喉等黏膜疼痛，可見濕度過高或過低都會使人們工作效率降低。濕度亦會隨著溫度變動而不同。台灣地處亞熱帶，經年都是高溫多濕的氣候，對於濕度與溫度的控制更應特別注意。

＊測定法

　　濕度大都是利用乾濕球溫度計來加以測定。利用乾濕球溫度（T℃）（室溫）找出室溫（T℃）下飽和蒸氣壓（F），濕球濕度（t℃）找出 t ℃時溫度之蒸氣壓（F），相對濕度（R）等於濕球溫度（t℃）的飽和蒸氣壓（f）除以乾球溫度（T℃）的飽和蒸蒸氣壓。即

$$R = f / F \times 100$$

＊評價

　　濕度評價基準是以人體感覺為基礎，人體最適當的濕度在55～56％間。

表6-5　濕度評價表

濕度 \ 等級	A	B	C	D	E
相對濕度（％）	50-60	61-70 49-42	71-80 41-35	81-90 34-29	>91 <28

表6-6　落塵量評定表（室內）

方法 \ 等級	A	B	C	D	E
計數法（個／ml）	<200	201-499	500-699	700-999	>1000
重量法（mg／m³）	<2	3-4	5-8	9-14	>15

■落塵

大氣中由於空氣污染、風吹塵土等現象，自然就會引起落塵，室內落塵除了上述原因外，尚有打掃、走動或物品移動，或是室內空氣遭受衝擊，這些因素都是生成落塵的主要原因。落塵除了會使人產生不舒服與不清潔感覺外，亦會使食品機械、器具及食品本身遭受污染，有些更會引起人體的過敏。

＊測定

落塵量測定方式有重量法（mg／m³）、計算法（個／ml）及光學法三種。儀器使用上較為麻煩，故在此不加以說明。

＊評定

有關落塵量的評定如**表6-6**。從表中可知個數與重量值並無一致性。尤其是廚房內，落塵數在1,000個／ml以上時重量值已超出3～4mg／m³（室外值）。廚房內落塵應採用計數法為佳。

■溫度

溫度是環境因素中最重要的項目。

＊測定法

廚房內溫度一般是以溫度計（水銀溫度計、酒精溫度計）來測定。

表6-7　溫度評價表

等級\季節	A	B	C	D	E
夏（℃）	25	26-27 24-23	28-29 22-20	30-31 19-18	>32 <17%
春、秋（℃）	22-23	24-25 21-20	26-27 19-18	28 17-16	>29 <15%
冬（℃）	20	21-22 19-17	23 16-15	24 14	>25 <13

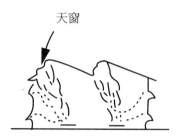

圖6-4　自然換氣

測定時要注意不可受輻射熱直接照射，即不可以放在蒸煮等熱源旁。懸掛於牆壁時亦要注意不可緊貼在牆壁上，以免受到牆壁傳熱的影響。

＊評價

　　廚房內作業最適溫度並非是一成不變的，它會隨著季節不同而有所變動，這是因為人體的體溫會隨季節不同而作適度的調節，此外在不同狀況下，至適溫度亦不相同，如在空腹的時候溫度會偏高，吃飽時溫度就會偏低。一般舒適的溫度如**表6-7**，不過設計時廚房冷暖氣出口溫度大約在16～18℃，供膳場所的冷暖氣出口溫度則在20～23℃之間。

(二)空調設計方式

　　空調設計依照施行區域可分為局部換氣（如排油煙機）及全部換氣（如利用天窗等）兩種。若依照利用換氣方法來分則可分成自然換氣（對流換氣）及機械換氣（強迫換氣）兩種。

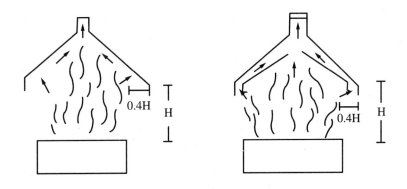

圖6-5　局部換氣

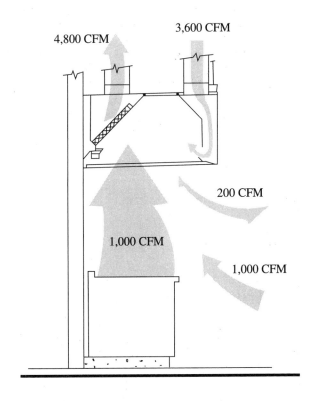

圖6-6　有系統方法創出新鮮空氣

資料來源：John C. Birchfield, *Design and Layour of Foodservice Facilities*, p.205.

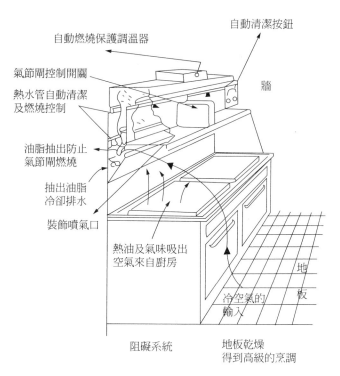

自動清潔按鈕

自動燃燒保護調溫器

氣節閘控制開關

熱水管自動清潔
及燃燒控制

牆

油脂抽出防止
氣節閘燃燒

抽出油脂
冷卻排水

裝飾噴氣口

熱油及氣味吸出
空氣來自廚房

地板

冷空氣的
輸入

阻礙系統

地板乾燥
得到高級的烹調

圖6-7　廚房排油煙設備各部位說明

■自然換氣

　　自然換氣主要是以促進室內空氣循環為目的，它通常是以房屋的門窗、屋頂的天窗作為換氣的孔道，利用室內外溫差所引起氣流達到換氣的目的。此種換氣法是最有效的換氣法，但是門、窗須開放，易使室內受到灰塵沾染，同時亦容易引起害蟲進入，因此最好須有防塵及防止害蟲入侵的措施，如紗窗、紗門。此外尚要注意門窗附近不得有不良污染源或不良氣味，以免隨著換氣而流入室內，反而使室內遭受污染。

■機械換氣

　　當自然換氣無法達到預定的換氣量時，可以利用機械力（例如抽風機、送風機）將室內空氣送出，而將室外空氣吸入，達到換氣的目的。抽風機孔隙相當大易成為害蟲進入的孔道，因此必須要有防止害蟲進入措施，一般是以紗窗為主，然而廚房內油煙非常多，易堵塞窗孔而減少

換氣量，因此紗窗必須經常清洗，或是在抽風機外圍裝置一活動的密閉蓋子，當排氣時蓋子受到風力而向外張開，關閉時隨著重力而將排風氣孔堵塞，達到防止害蟲侵入的目的。

■局部換氣

局部換氣的目的是直接去除室內局部場所內所產生的污染源，防止它擴散而污染了整個場所。調理場所中常見的局部換氣是排油煙機，一般安裝排油煙機必須注意到排油煙罩的寬度與高度，及排油煙機換氣量大小（馬達馬力）。

換氣裝置於設置時仍須注意下列幾點：

1.排氣與吸氣裝置必須要有防止害蟲侵入設施。
2.吸氣口必須遠離污染源。
3.吸氣口必須要能防止風直接吹入。
4.注意吸入氣體溫度的調節。
5.排出的氣體溫度的調節。
6.廚房內排氣要強。
7.注意換氣所引起氣流速度。

第四節　廚房設備設計之考量

設備設計時應符合人體特性，如人體高度（身高、坐高）、手伸直的寬度……等，此種設計的優點是能使工作的效率發揮至最高而花費卻最低。然而人體個體上受到年齡、性別及遺傳因子、營養等因素影響，而有著相當大差異性存在，其中尤以年齡及性別上的不同造成的影響最大，因此在設計上必須注意。

(一)高度

理想烹飪台高度應以實際作業員工高度來設計建造，然而大多數作業先有設施、設備後才有員工，所以無法達到理想高度。不過在設計時

我們可以事先預期此調理台使用者是男或是女，然後依據平均身高來考慮，男性一般較女性高，所以他們所使用的調理台自然要高一點。

上面所述只不過是大約原則，實際上調理台與工作台的長、寬、高，必須與整個廚房作業線、配備相配合，才能發揮它最大功能。

(二)長度與寬度

一個人站立時兩手張開，手能伸張的範圍大約在四十八公分，而軸體為中心在七十一公分左右，所以一個人他所需要的作業面積要一百五十公分，寬五十公分，如果要有傾斜動作，那麼他所能做到的面積則是一百七十公分，寬八十公分。

表6-8　身高與工作台高度

身高	工作台高度
145~160公分	65~75公分
160~165公分	80公分
165~180公分	80~85公分

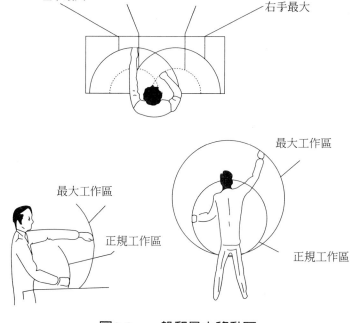

圖6-8　一般和最大移動區

註　釋

[1]John C. Birchfield, *Design and Layout of Foodservice Factilities*.1988, p.88.

[2]同註[1]，p.175.

[3]John F. and Charles A., *Guide to Kitchen Management*. New York: Van Nostrand Reinhold Company. 1985. p.123.

第七章　餐飲原料的採購、驗收、儲存與發放

第一節　餐飲採購之意義

　　採購是現代化餐飲管理中較新的學問及技術，近年來科技發達，餐飲之管理亦隨之科學化，因之管理制度日益受人重視。餐飲業之採購決策乃根據以往之經驗，對於採購技術不斷地改進與發展，以優良的採購政策增加業界之利潤，使不致因為盲目採購而發生鉅大的損失，雖然行業有別，但是對於採購及管理之重要性則始終一致。

　　採購是餐廳餐務作業之始，餐廳之備餐與供食均須仰賴物料之取得，唯有擁有良好品質之物料，才能使餐廳發揮其本身之功能與特色，否則縱然廚師手藝再精良，若無良好採購之搭配，則也難發揮其才華。

一、餐飲採購之定義

　　「採購」一詞可分廣義與狹義兩方面來說，謹分述如下：

(一)狹義的定義

　　早期「採購」定義範圍較今之定義為狹窄，而與「進貨」相當，乃為狹義之解釋。

(二)廣義的定義

　　美國學者亨瑞芝（S. F. Heinritz）在其所著的《採購原理與應用》（*Purchasing Principles and Applications*）一書中，曾對「採購」之定義作更明確的闡釋：「採購者，不僅是取得需要原料與物資之行為及其應負之職責，並包括有關物資及供應來源計劃、安排、決策，以及研究與選擇，以確保正確交貨之追查，及驗收之數量與品質檢驗」。[1]

　　「採購，係指以最低總成本，在需要之時間與地點，以最高效率，獲得最適當數量與品質之物資，並順利及時交由需要單位使用的一種技巧。」

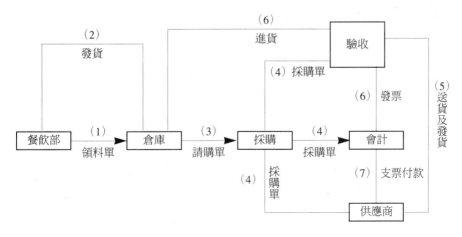

圖7-1 採購流程圖

資料來源：Jack D. Ninemeier, *Planning and Control for Food & Beverage Operations,* p.132.

(三)實質上的定義

採購係指根據餐飲業本身銷售計畫去獲取所需要的食物、原料與設備，以作為備餐、供餐、銷售之用。

二、現代餐飲採購研究之目的

現代餐飲採購研究之主要目的乃在提供採購部門各項資訊，確定採購人員之職責，釐訂標準採購作業程序，以提高餐飲採購效率，降低營運成本，增進營業利潤。謹將現代餐飲採購研究之目的分述於後[2]：

1.提供正確的採購資料。
2.培養採購專業人才，賦予權責。
3.建立健全採購機構，強化採購組織功能。
4.研究採購技巧，提高採購效率。

三、採購之分類

採購工作不但需重視管理，而且不可忽略實務，因此使其充滿複雜性，例如物資採購的範圍、地區、方式的決定等，因適用環境的不同，

得隨時改變運用之方法，茲分述分下：

(一)依採購地區而言

依採購地區可分為下列二種：

1.國內採購（Domestic Procurement or Local Procurement）。
2.國外採購（Foreign Procurement）。

(二)依採購方式而言

依採購方式可分為下列四種：

1.報價採購。
2.招標採購。
3.議價採購。
4.現場估價採購。

四、採購管理之機能

現代化的採購管理、物料的籌供管制及運輸倉儲為餐飲業在生產過程中的三大步驟，其與銷售管理佔同等地位。通常採購管理的主要機能如下：

1.參與厘訂採購政策。
2.採購計劃與預算。
3.採購市場之調查。
4.供應來源之選擇與評價。
5.採購之品質與價格。

採購品質（Quality）的選擇，乃是屬於技術上的要求，採購人員必須充分了解購料之特性與用途，並依本身產品需要以及市場供應情形，提出新的產品原料或代用品之建議。

其次，研究採購價格管理及減低成本方案，並提供商情資料，以檢討一般之協價方法。

另外就是價值分析。購料表面是物料本身，然而再加以分析，則是採購的效用。所謂價值（Value），乃是由物料之品質、價格與效用（Function）相互關係所構成，即：

價值＝品質／價格

建立價值分析的目的，即是使採購作業能得到適當的品質，再設法降低採購的成本。

五、餐飲採購之職業道德

美國採購專家亨瑞芝（S. F. Heinritz）認為買賣雙方彼此應立於公平地位。為建立雙方良好關係，買方應誠心地對待供應商，同時對廠商之報價、設計技術、專利，應予保密，與廠商來往不可厚彼薄此，應一視同仁，平等對待之。此外買方本身應積極提高採購作業水準，培養優秀採購人員，以樹立優良採購製度，藉以建立良好採購道德。[3]

(一)採購人員之職責

從事採購作業人員，其工作的觀念，應以最高之效率和合理之最低總成本來完成任務。採購處理程序，雖因公私組織而異，但其基本職責則無二致。所謂採購人員之基本職責者為：

1.採購人員執行作業時，必須謹慎研究有關之法律命令或公司規章，以作為執行準則。
2.採購人員並須發揮「專門技術」的知識，以充分運用其創造力、想像力及機智，並瞭解其基本作業上有關的一切事項。
3.採購人員對於外界不當行為所加的一切壓力，必須予以排除。
4.採購人員之處事態度，應針對問題，常加改進。

(二)現代採購所需具備之倫理道德觀念

採購作業人員素質的良莠，對採購任務之影響重大，採購部門人員必須有高度的道德標準，否則企業無法獲得久遠的效益。美國學者亨瑞

芝認為買賣雙方應立於公平地位，並強調下列兩點：

1.建立與供應商間之良好關係，買方應誠心地對待供應商。
2.提倡高度的採購道義標準，樹立優良的制度與作風。

根據美國的採購協會（National Association of Purchasing Agents）所提倡之「採購原理與標準書」中，有下列幾項原則，是優秀的採購人員所應共同遵守的：

1.在各種交易中，應顧慮其公司之利益，並信守既定政策的執行。
2.在不傷害組織的尊嚴與責任下，接受同僚之有力勸告及指導。
3.無偏私的採購，使每一元之支出發揮最大的效用，獲得最大價值。
4.努力研究採購物資產製之知識，以建立管理與實用之採購方法。
5.誠實地執行採購工作，揭發各種商業弊端，拒絕接受任何賄賂。
6.對負有正當商業任務之訪問者給予迅速與禮貌的接見。
7.相互間尊重其義務，促進優良的商業實務。
8.避免刻薄的實務。
9.如同行者在履行其職務時發生事故，應向其忠告並協助之。
10.與各從事採購作業之機構、團體及個人，加強聯繫合作，以提高採購之地位及業務之改進發展。[4]

第二節　餐飲採購部的職責

一、餐飲採購部的職責

從現代化企業管理之觀點而言，採購部之主要職責是採購企業所需之一切物料，以及提供有關支援採購之各項服務。易言之，採購部門之主要職責是如何以最適當合理的價格去購置最佳品質之物料，並使這些物品能達到及時供應之要求。為使讀者對餐旅採購組織之職責有更進一

步認識，謹將採購部門之主要職責分述於後：

1.研究市場資訊，瞭解物價。
2.從事市場調查，選擇理想供應商。
3.採購條件與採購合約之簽訂。
4.確保貨源及時供應與服務。
5.採購物料驗收的查證與供應商售貨發票之處理。
6.採購單據憑證之處理。
7.採購預算之編製與價值分析。
8.各種物料及服務適時供應之管制與協調。

二、採購資訊之蒐集和預算

(一)採購市場調查之重要性

　　餐飲事業之本質為服務，易言之，餐飲業是一種服務性事業，其服務之對象為社會大眾，為達此目標，實非運用「低價格，高服務」之原則不可。因此任何餐飲業者為求有效營運，無不汲汲於市場調查，竭盡其所能研究減低採購成本、提高營運利潤之方法，而採購市場調查乃降低採購成本、獲取適當品質之最有效手段。

　　謹將採購市場調查的重要性分析如下[5]：

1.採購市場調查所得資料情報可作為擬訂餐飲採購政策與計畫之參考。
2.可作為餐廳庫存量管理政策之參考。
3.有利於餐飲營運策略之擬定。
4.可瞭解物料供應商目前之經營狀況及未來展望。
5.可獲得最新市場產品訊息，供決策單位參考。

(二)餐飲採購資訊的特性

　　採購市場調查是一項費錢、費時、費力之工作，而其功效並非立竿見影，因此儘管其深具重要性，卻常常為人所忽略或不予重視。事實上

許多採購工作辦不好，大部分均是對餐飲採購市場情況不熟而引起的。因為採購市場調查之範圍甚廣，所須具備之知識十分廣泛，且其市場環境又複雜，所以從事餐飲採購市場之調查工作，推行起來並不簡單，但是為謀求餐廳營運之正常化、效率化，是項工作務必要深入研究才可，否則餐廳營運成本增加，品質及貨源掌握不易，又如何奢言鴻圖大展呢？因而在此特別就餐飲採購市場之特性作深入探討，期使讀者對此複雜抽象之採購市場能建立正確的概念。

■採購市場調查範圍廣泛

餐飲採購品含蓋面甚廣，有魚肉類、蔬菜類、食品罐頭類、調味料、生財器具及日用品等等，舉凡日常生活所需幾乎全包括在內，對於這些物料之調查，有些須全面性調查，有些僅須區域性調查即可。

■採購市場調查需要豐富的專業知識

餐飲採購物料之種類繁多，且均屬專業性之特殊採購，對於其品質與價格之調查原則不同，它除了須具備餐飲實務經驗外，還要有國貿常識才能奏效，它所需要應用之知識十分廣泛，諸如：創新之物料產品性能分析調查，必須有最新科技知識，若對某特定原料之性能規格缺乏了解，極易造成錯誤或不當之採購。

■採購市場錯綜複雜，不易掌握

採購市場本身是個極為複雜的市場，它不但富敏感性，且易受外在環境因素之影響，因此益加微妙難以捉摸，要想了解此市場，若非藉助於完善的市場調查研究，委實難以探其究竟。[6]

(三)餐飲採購預算之編列

■採購預算編訂之原則

近年來餐飲業管理概念，已逐漸重視預算編制，不像以往傳統餐飲業概念，認為採購僅是附屬於銷售或製造計畫，而認為採購是決定餐飲業成敗之要件。其預算編制數額之大小，端視餐飲業本身性質與需要而定，如食品或銷售加工業其採購成本佔生產總成本極大比例，因此採購預算額甚高，不論何項採購預算之編制均為建立標準作業，藉以有效控

制物料，確保原料與成本之平衡，以利餐飲業之經營管理。

■採購預算之功用

1. 採購預算可使採購數量與用料時間完全配合，可達適時供應之目的，不會產生有菜單卻無此道菜可供應之弊端。
2. 可避免因物料短缺而發生臨時高價採購之浪費。
3. 正確之物料採購預算可防止超購、誤購及少購之弊端。
4. 實施採購預算可增進營運效率、控制成本。
5. 採購預算可使企業單位在財務上早作準備，並可供有關部門彙編與核准預算數量之參考。

三、採購數量預算編製之方法

首先必須將所需採購之物料依其本身重要性分類處理，通常可分四大類：

1. 價值較高、價格較貴之物料，其需求數量又有時間性、季節性者，應預先予以估定，並應控制最低與最高存貨量者。
2. 凡物料價值高但不必確定存貨量者。
3. 預算採購數量已確定，但未決定需用時間者。
4. 僅在預算期間內列明採購總金額之其他項目。

一般決定物料採購數量預算之步驟為：

1. 先預估預算期內銷售所需物料數量。
2. 根據預估銷售所需物料數量加上最低與最高存貨量，求出其需求量總數。
3. 再以上述數減去上期期末存量，即為預算期間內之最低與最高採購數量。茲將此計算方法表列於下：

生產需要量＋最高存貨限額－期末存貨＝最高採購限額

生產需要量＋最低存貨限額－期末存貨＝最低採購限額

第三節　餐飲採購之主要任務

一、品質與規範的表示

應注意之因素如下：

(一)品質的特性

採購某項物料，必須瞭解其使用的特質，分析那些是主要條件，那些是次要條件，即能配合實質需要並且能擴大供應來源，此為表現品質特性的基本原則。

(二)市場因素

即以物料來源為討論對象，包含對供應商的選擇與影響供應商的意願，此兩項為表示品質須注意之要素。

(三)經濟性

品質或規範的優劣程度，特製品與標準規格的取捨、包裝、運輸等，都與價格有關係，因此需加以慎重比較以後才做決定。

表7-1　請購單

		需求數量	上次採購記錄										
項目	規格	需求數量	日期	單位	數量	廠商	庫存量	廠商	報價	廠商	報價	廠商	報價

第一次採購之新項目，請加註＊記號

請購部門：＿＿＿＿＿＿　用途：＿＿＿＿＿＿　日期：＿＿＿＿＿＿

(副總經理)：財務課：＿＿＿＿＿　採購部門主管：＿＿＿＿＿　請購單位：＿＿＿＿＿　請購人：＿＿＿

第一聯：倉庫　　第二聯：採購單位　　第三聯：請購單位

(四)技術發展與革新

　　由於技術的發展日新月異，代替品的選擇，發展中的物料，不宜隨便引用或作為規範表示的依據，我們對於各種物料，應隨時注意有關科技的發展與革新，否則便無法跟上時代的潮流。[7]

二、規範與品質之種類

(一)一般規範型態分類

　　1.商標或品牌。
　　2.生產方式。
　　3.規範標準。
　　4.市場等級。
　　5.圖面規範。
　　6.標準樣品。

(二)一般品質條件分類

　　1.依照樣品為準之品質。
　　2.依照規範為準之品質。
　　3.依照標準品為準之品質。
　　4.依照廠牌為準之品質。
　　5.規格標準化（Specification Standardization）。近代企業為提高事物之質量或方法而製訂了其基準，此基準即所謂的標準（Standard）。我們利用科學的方法將此標準加以研究而成為有系統之標準，稱為標準化（Standardization）。

三、餐飲採購供應來源之選擇

　　供應來源的選擇，不但要注意供應物料的品質與成本，而且對供需雙方是否能團結合作，在非常情況下是否能夠提供特別的支援，不是單純地以賺錢為主要目的等，都是選擇供應來源所必須要考慮的主要因

素。

選擇供應來源應注意事項如下：

1. 由於地利之便，如果品質沒有問題，本地之供應來源（Local Sources）應列優先。

2. 為避免限於一種來源採購，因人為或天災因素（如罷工、火災等）而無法如期交貨，以致使生產中斷，必須對供應來源作一家或多家的選擇。

3. 忠誠度因素的選擇，如果是信用不佳之供應商，即使價格低廉，亦不予考慮。

4. 互惠條件的選擇。由於公司政策的要求，有時因其向本公司購買產品，所以基於互惠的原則，必須研究公司政策而作互惠的採購選擇。

5. 指定廠牌之選擇。設計部門在規範上往往指定使用之品牌而成為一種限制性之採購，此種限制採購是否有確切之理由，必須加以調查而後決定。

6. 利益相互衝突的因素。由於現代企業競爭相當激烈，如果供應商屬於本企業之競爭廠商，我們在選擇供應來源時，必須事先衡量得失而加以考慮。

四、影響採購價格之因素

採購價格因受各種因素之影響而造成高低不同。在國內採購方面，商情資料、時間與地區等關係尚易加以預測與控制，而國外採購則因世界各地市場之供需關係，以及其他如規格、運輸、保險等之影響，所以其價格之變動很大，現將一般影響採購價格之因素列述如下：

(一)物料之規格

各國之工業水準不同，因此在相同之規格情況下，其功能可能不盡相同，所以其價格就有差異。

(二)採購數量

採購數量不但要考慮買方的經濟力量,亦應考慮賣方的經濟生產量,因為採購數量的多寡,往往影響價格之高低。

(三)季節性之變動

例如農產品,如果能利用生產旺季採購,則價格必然合理,而且易獲較佳品質。

(四)交貨的期限

採購時對交貨期限的急緩會影響可供應廠商之參考或承售意願,因而對價格亦會有影響。

(五)付款條件

對部分供應商如事先提供預付款則會降價供應,又如以分期付款方式採購機器設備,因其加上了利息,所以一般比現購價格為高。

(六)供應地區

如果是國外採購,因採購國之遠近而使運費有很大之差距,因此貨價亦不同。

(七)供需關係

市場供需數量與價格相互關聯,此乃經濟理論基礎,此外景氣或循環變動、通貨膨脹或緊縮等都會影響物價之高低。

(八)包裝情形

物料之包裝用貨櫃裝運者與用散裝船裝運者不同,所以物價成本亦會受影響。

五、餐飲採購之方式與合約

近代工商業日益發達,採購方式之使用亦趨於複雜。通常採購方式之使用,須視採購機構規模之大小、需要物資之性質、數量之多寡、使用之緩急,以及市場供需情況如何而決定。大抵餐飲業採購方式之抉

擇，一般依採購性質可分類為：使用情況、數量的大小、時間的急緩、物資的性能、市場行情、供應來源情況、採購地區。

(一)報價採購

目前一般餐飲業之採購方式雖然很多，不過其中以報價採購較廣為人們所使用，此種採購方法乃最簡易之交易方式，因此較普遍。在此特別將報價採購之意義與種類，深入淺出力之探討，最後再介紹報價之一般原則。

報價採購之責任與約束力，端視合約內容而定。由於合約內容不同，報價採購之種類亦異。一般而言，報價種類雖多，但主要可分二大類，即確定報價與條件式報價等二種。其他尚有還報價、聯合報價、更新報價等等。茲分述於後：

■報價（Firm Offer）

所謂「確定報價」，係指在某特定期限內才有效的報價。易言之，此種報價係指在有效期內，賣方所提價格為買方所接受，此種交易行為即告成立，若是逾期對方不寄發接受通知，此買賣交易行為即不存在，但是若對方（買方）在接受此報價時，尚附有條件者，則原有「確定報價」即告失效，但是卻成為一種新的合約。確定報價目前是國際貿易中最普遍的一種報價。

■報價的一般原則

報價乃是今天商場上交易最普遍且最常用的一種採購方式，目前各地廠商所採用之報價單名稱不一，計有Quotation、Estimate、Preformed Invoice、Offer Sheet等四種，但其內容與報價原則卻大同小異。茲將目前一般報價原則分述於後：

1. 報價單上可附帶任何條件，這些附帶條件之重要性與主要項目一樣，常見之附帶條件如「本報價單有效時間至2002年12月有效」、「本報價單僅限該批貨售完為止有效」等等。

2. 買方對於報價單內容一旦同意接受，則事後不得將它退回或毀約。易言之，報價單所列附帶條件經接受後則不得撤回，此乃國際貿易

之慣例。

3.報價單之效期，須以報價送達對方所在地時始生效，並不是以報價人之報價日期為基準。

4.報價之後尚未被買方接受時，賣方可撤回其報價。

5.報價單若超過報價規定接受期限，則此報價即自動消失其效力，但若未規定時限，在相當期限內買方仍未發出接受函，此報價仍失效。

6.報價若係電報內容誤傳，報價人不負此項錯誤之責。[8]

(二)招標採購

■招標採購之意義

所謂「招標」又稱「公開競標」，它是現行採購方法常見之一種。這是一種按規定的條件，由賣方投報價格，並擇期公開當眾開標，公開比價，以符合規定之最低價者得標之一種買賣契約行為。此類型之採購具有自由公平競爭之優點，可以使買者以合理之價格購得理想物料，並可杜絕徇私、防止弊端，不過手續較繁雜費時，對於緊急採購與特殊規格之貨品無法適用。

■招標採購之程序

公開招標採購，必須按照規定作業程序來進行，一般而言，招標採購之程可分下列四大步驟，即發標、開標、決標、合約等四階段。茲分述於後：

＊發標（Invitation lssuing）

發標之前須對採購物品之內容，依其名稱、規格、數量及條件等詳加審查，若認為沒有缺失或疑問，則開始製發標單、刊登公告，並開始準備發售標單。

＊開標（Open Bids）

開標之前須先做好事前準備工作，如準備開標場地、出售標單，然後再將廠商所投之標單啟封，審查廠商資格，若沒問題再予以開標。

＊決標（Award）

開標之後，須對報價單所列各項規格、條款詳加審查是否合乎規定，再舉行決標會議公佈決標單，並發出通知。

＊合約（Contract）

決標通知一經發出，此項買賣即告成立，再依招標規定辦理書面合約之簽訂工作，合約一經簽署，招標採購即告完成。

■招標採購之技術

在整個招標採購之過程中，最重要的是標單之訂定，理想之標單必須具備三原則，即具體化、標準化、合理化等三項基本原則，否則整個標購工作將弊端叢生，前功盡棄。因此如何擬訂出一份理想標單，的確是標購作業中不可忽視的一項重要基礎工作。一份理想的標單，至少須具備下列幾項特質：

1. 能夠釐訂適當的標購方式，不要指定廠牌開標。
2. 規格要明確，對於主要規格開列須明確，次要規格則可稍富彈性。
3. 所列條款務必具體、明確、合理，可以公平比較。
4. 投標須知及合約標準條款，能隨同標單發出，內容訂得合情合理。
5. 標單格式合理，發標程序制度化、有效率。

(三)議價採購

餐飲業所需之物料貨品種類繁雜，規格不一，有時須作緊急採購以應急，由於種種因素之關係，餐飲業者均較主張議價採購，因而在此就議價採購之意義與優劣點先作詳盡分析，再根據議價作業之程序逐項探討，希望讀者研讀之後，可對議價採購有正確之認識。

■議價採購之意義

議價採購係針對某項採購物品，以不公開方式與廠商個別進行洽購並議訂價格之一種採購方法。

■議價採購之優缺點

為使讀者對議價採購方式有更進一步之了解，在此就其優缺點分述於下：

＊優點方面

1.議價採購最適於緊急採購，它可及時取得迫切需要之物品。

2.議價採購較之其他採購方式更易於獲取適宜之價格。

3.對於特殊規格之採購品，議價採購最適宜，且能確保採購品質。

4.可選擇理想供應商，提高服務品質與交貨安全。

5.有利於政策性或互惠條件之運用。

＊缺點方面

1.議價採購是以不公開方式進行磋商議價，容易讓採購人員有舞弊機會。

2.秘密議價違反企業公平、自由競爭之原則，易造成壟斷價格，妨礙工商業進步。

3.獨家議價易造成廠商哄抬價格之弊端。

4.議價採購之構成要件。

(四)現場估價採購

買賣雙方當面估價之採購方式，其方法是自數家供應商取得估價單，然後雙方面洽其中的內容，一直到雙方認為滿意時才簽訂買賣合約。此種方式因有品質、服務及交貨期等問題，所以買方不一定向價格最便宜之供應商採購，但一般都已經事先做好品質調查，認為沒有問題的供應商才向其索取估價單，所以如果交貨期及服務等沒有問題時，大部分都向價格較便宜之供應商訂購。

■買賣雙方當面估價採購方式之優點

1.因為蒐集各供應商的估價單在一起比價的關係，所以是僅次於投標方式可獲得單價便宜的方式。尤其在不景氣時，採用此方式在價格上就會很便宜。

2.可以省略供應商之估價手續及為了估價所需種種資料的準備，手續上比其他方式簡單，因之各種費用可以減少。

3.比投標方式在單價折衝上較有彈性，因此品質、交貨期、服務等之掌握較有可能。

■買賣雙方面當面估價採購方式之缺點及其對策

1.景氣良好時供應商有許多的訂單，所以其單價常有偏高之傾向，因此需適當地選擇情報來源，以便選擇較多的同業或公司，而尋求便宜的供應來源。

2.估價之前，同業供應商常事先商議而協定價格，而將估價提高，或常將買方的決定予以玩弄、要花樣等。要防止這些則不應有委任供應商之事，而且分析估價所需之必要資料要齊全，同時採購人員需有正確價格知識，如果判斷估價有異常的情形，則應考慮再從其他公司索取估價單以便加以檢討。

(五)餐飲採購合約

一般買賣交易所訂定之合約，大都視採購物質之性質及其方式而訂立不同之條款，通常採購合約之種類如下[9]：

■以交貨時間分類

1.定期合約（Established Term Contracts）。
2.長期供應合約（Continuing Supply Contracts）。

■以買賣價格分類

1.固定價格合約（Fixed Price Contracts）。
2.浮動價格合約（Floating Price Contracts）。

■以成立方式分類

1.書面合約。
2.非書面合約。

■以銷售方式分類

1.經銷合約。
2.承攬合約。
3.代理合約。

第四節　驗收作業

　　驗收（Receiving）工作是項十分重要的業務，物料採購之後，必須經過驗收才可入庫。驗收工作必須迅速、切實，但不可為爭取時效或因某種原因而草草驗收了事，必須注意所付出之代價與進貨品質是否符合，及物料規格是否合乎當時採購要求。一位良好的驗收員必須具備各項物料專業常識及良好職業道德，對所有購進之物料詳加檢驗，看其品質、數量是否合規定。必要時可利用儀器來檢查，不可僅以肉眼查驗，務使採購品表裡合一。驗收工作完成後，必須將驗收結果填入事先印製好的報告表上，整個驗收作業始告完成。

一、驗收之意義與種類

(一)驗收之意義

　　所謂驗收，是指檢查或試驗後，認為合格而收受。檢查之合格與否，則需以驗收標準之確立，以及驗收方法之訂定為依據，以決定是否驗收。所謂的驗收標準，其一是以物料好壞為標準，其二是在驗收檢查時的試驗標準。前者常有限制，可能因人而異，所以並不具體；後者則就抽樣鬆緊方法之不同而言，有時或以供應商信用可靠，不經檢驗即可通過。因此，驗收只是一種手段，而不是目的，無論如何，驗收必須要考慮到時間與經濟等經濟原則，並經雙方妥為協定後，才能收到效果。

(二)驗收的種類

採購物料之驗收，大體上來說可分下列四大類：

■權責來分

1. 自行檢驗：係由買方自行負責檢驗工作，大部分國內採購物資均以此方式爲之。
2. 委託檢驗：由於距離太遠或本身缺乏該項專業知識，而委託公證行或某專門檢驗機構代行之。如國外採購或特殊規格採購適用之。
3. 工廠檢驗合格證明：係由製造工廠出具檢驗合格證明書。

■以時間來區分

1. 報價時之樣品檢驗。
2. 製造過程之抽樣來驗。
3. 正式交貨之進貨檢驗。

■以地區分

1. 產地檢驗：於物料製造或生產場地就地檢驗。
2. 交貨地檢驗：交貨地點有買方使用地點與指定賣方交貨地點二種，依合約規定而定。

■以數量來分

1. 全部檢驗：一般較特殊之精密產品均以此法行之，又名百分之百的檢驗法。
2. 抽樣檢驗：係就每批產品中挑選具有代表性之少數產品爲樣品來加以檢驗。[10]

二、驗收的基本原則

採購的最終目的，在於確保交貨的安全，能否達到此一要求，端視檢驗工作是否完善。若忽略此點，則一切採購成果便落空，所以從事採

表7-2　驗收報告單

驗收報告單									
來源： 編號：						訂貨日期： 收貨日期：			

物品名稱	數量		規格 廠牌	重量	單位	單價	總價	備註	驗收員簽字
	訂貨	實收							

第一聯：會計部　　　　　　　　　　第三聯：採購部
第二聯：驗收部　　　　　　　　　　第四聯：倉庫（廚房）

購者，應明瞭整個採購的任務及責任，方能確實做好檢驗的工作。茲就實務觀點，列舉在驗收時所應注意的基本原則：

(一)訂定標準化規格

規格之訂定，涉及專門技術。通常由需用單位提出，要以經濟實用及能夠普遍供應者為原則，切勿要求過嚴。所以在訂定規格時，要考慮到供應商的供應能力，又須顧及交貨後是否可以檢驗，否則，一切文字上的拘束，易流於形式。但規定亦勿過寬鬆，致使劣貨冒充，影響使用。總之，要使規格之釐訂與審查走向合理化、標準化的途徑，如此，驗收工作才能有合理的標準可循。

(二)招標單及合約條款應確切訂明

規格雖屬技術範疇，但是招標時乃列作審查之要件，蓋其涉及品質優劣與價格高低，自不得有絲毫含混，故在招標單上須作詳盡明確的訂定，必要時並應附詳圖說明，以免售方發生誤會。至於買賣完成後，於合約內亦應加以明白訂明，使交貨驗收時不致因內容含混而引起糾紛。

(三)設置健全的驗收組織，以專責成

有專設單位，方能設計出一套完善的採購驗收制度，同時對專業驗收人員施以高度的訓練，使其具有良好操守，以及豐富的知識與經驗，然後嚴密監督考核，以發揮驗收應有的功用。

(四)採購與驗收工作必須明白劃分

近代採購工作講究分工合作。直接採購人員不得主持驗收的工作，以發揮內部牽制作用。再細分之，則驗收與收料人員之職能，亦宜加以劃分。一般用料品質與性能，由驗收者負責，其形狀、數量可以目視；由簡單度量衡儀器標示之規範，則由收料人員負責。各依職責行使，以達預期效用。

(五)講求效率

無論在國內或國外採購，驗收工作應力求迅速確實，儘量減少售方不必要的麻煩，不可只求近利，忽略後患，廠商必須了解，一切費用與風險，全部估算在購價之內。

三、驗收之準備工作

驗收工作的準備十分重要。通常合約載明承售商必須在某月某日前交貨，並須於交貨前若干日，先將交貨清單送交購方，以便購方先作準備工作，這包括了預備存儲倉位及驗收工作。到貨接運入倉及應該怎樣陳列於倉庫內，以便逐件驗收，需用何種度量衡器具，應否邀請專家協助檢驗，以及邀請有關部門會同驗收等，均應事先安排妥當，屆期到場辦理。承受商如有延期交貨或因事實上需要變更交貨地點等，亦應先函告購方。茲約略敘述驗收部門對一般驗收工作應行準備的事項於下：

(一)預定交貨驗收時間

採購合約應訂明期限，包括：製造過程所需預備操作時間，供應物資交貨日期，特殊器材技術驗收時所需時間，或採分期交貨之排定時間。同時，如果發生延長交貨者，其延長交貨時間，亦應事先預計，以

便妥為配合。

(二)交貨驗收地點

交貨驗收的地點，通常依合約的指定地點為之。若預定交貨地點因故不能使用，必須移轉至他處辦理驗收工作時，亦應事先通知檢驗部門。

(三)交貨驗收數量

檢驗部門依合約所訂數量加以點收。

(四)交貨時應辦理手續

每次交貨時由訂約商列具清單一式若干份，在交貨當天或交貨前若干天送主辦驗收單位，同時在清單上註明交付物品的名稱、數量、商標編號、毛重量、淨重量，以及運輸工具之牌照號碼、班次、日期及其他尚需註明事項，以作準備驗收工作之用。同時，採購合約的統一號碼、分區號碼、合約簽訂日期及通知交貨日期等，亦應註明於該清單上，以供參考。

交貨的包裝費、雜費以及送達地點之交貨運費、進口港工捐，均由訂約商負擔。卸貨費、拆包費及堆積費，則由採購機構負擔。合約另有定者，從其規定。如果所交的貨未經核對，或未履行有關應負擔之費用，得一併列入拒絕驗收品項目中。在交貨現場，驗收機構應該核對交來貨物的種類及數量，並鑑定一切因為運輸及搬運上的損害，核對結果，並即編具報告，詳細加註於清單上。

(五)簽約廠商的責任

訂約商對交貨有兩項責任：

1. 交貨前之責任：應負責至所交物品全部交貨完畢為止。在收貨人倉庫儲藏期間發生缺少或損害，而係屬於不可預防偶然發生事項或屬於採購機構的過失者，訂約商可不負賠償之責。
2. 交貨後之責任：一般處理方法有異，視其實際情形及協議而定。

(六)驗收職責

一般而言，國內供應物資的驗收工作，都由買賣雙方會同辦理，以昭公允。如有爭執，則提付仲裁。國外採購因涉及國際貿易，通常皆委託公證行辦理。至於涉及理化、生物的性能或品質問題，則抽樣送請專門化驗機構，憑其檢驗報告書作為判定的依據。如果買賣雙方或一方具有化驗能力者，則經雙方同意後，亦可由雙方共同或一方化驗之。

■實際驗收工作時間

驗收的時間，視實際需要而定，一般以儘速儘善為準，不可拖延太久，妨礙使用時效，或竟遭致物議，皆有不宜，故應明確規定驗收工作時間。

■拒絕收貨之貨品處理

凡不合規定的貨品，應一律拒絕接受。合約規定准許換貨重交者，待交妥合格品後再予發還，應該依合約規定辦理。

(七)驗收證明書

買方在到貨驗收之後，應給售方驗收證明書。如因交貨不符而拒收，須詳細載明原因，以便洽辦其他手續。上項驗收結果，並應在約定期間內通知賣方。

四、驗收之方法

驗收工作之準備十分重要，通常合約均載明供應商必須於某年某月某日前交貨，並須於交貨前若干日，先將交貨清單送交買方，以利買方準備驗收工作，如安排儲藏空間及擬定驗收作業流程等，均須事先安排妥當，屆時驗收工作始能順利進利。

(一)一般驗收

所謂一般驗收，又可稱為目視驗收，凡物品可以一般用的度量衡器具依照合約規定之數量予以秤量或點數。

(二)技術的驗收

凡物質非一般目視所能鑑定者,須由各專門技術人員特備的儀器作技術上的鑑定,稱之為技術的驗收。

(三)試驗

所謂試驗,是指通常物資除以一般驗收外,如有特殊規格之物料,必須做技術上之試驗,或須專家複驗方能決定。

(四)抽樣檢驗法

凡物資數量龐大者,無法逐一檢驗,或某些物品一經拆封試用即不能復原者,均應採取抽樣檢驗法辦理。[11]

第五節　倉儲作業

餐廳倉儲的主要目的就是要保存足夠的食品原料及各項餐飲用品,以備不時之需,並予有效保管與維護,以減少物料因腐敗或遭偷竊所受之損失降至最低程度,此乃倉儲的基本意義。本節將分別就倉儲之意義、倉儲設施、各種食物之儲藏方法,以及倉儲作業須知等細目,分別詳細介紹,深信讀者在研讀之後,對於倉庫管理及各類食品之儲存方法將有基本的概念,對於以後餐飲管理工作將可觸類旁通,進而奠定成功之基石。

一、倉儲之意義

所謂「倉儲」,就是將各項物料依其本身性質之不同,分別予以妥善儲存於倉庫中,以保存足夠物料以供銷售,並可在某項食品物料最低價時,予以適時購入儲存,藉以降低生產成本。此外妥善之儲存更可使餐飲物料用品免於不必要的損失,因此今天任何一家餐廳或旅館均有相當完備的倉儲設施。本節特別就倉儲之意義,深入淺出為各位詳加闡釋,

期使大家能建立正確倉儲管理之概念。

現代倉庫管理的目的如下：

1. 有效保管並維護物料庫存之安全，使其不受任何損害，這是倉庫管理最主要的目的。為達此目的，因此倉庫設計必須要注意防火、防潮、防盜等措施，並加強盤存檢查，以防短缺、腐敗之發生。
2. 倉庫良好的服務作業，可協助產銷業務。
3. 倉庫應有適當空間，以利物品搬運進出，儲藏物架之設計須注意人體工程力學，切勿太高。
4. 提供實際物料配合採購作業。
5. 有些物料如在儲存期間發生品質變化，可隨時提供作為下次採購改進之參考。
6. 有效發揮物料庫存管制之功能，以減少生產成本。
7. 縮短儲存期，可減低資金凍結，減少殘呆料之損失。
8. 改善倉儲空間，加速存貨率週轉，以促進投資報酬之提高。

二、中央倉儲的意義

近代大規模連鎖經營之餐廳，為求大量採購與集中儲存，對於倉儲作業均逐漸走向中央集權的管理方式，如物料中心之設置即是一例，因為材料集中儲存管理較之分散管理為優。茲將其優點分述於後[12]：

1. 大量儲存，節省空間。
2. 集中作業，可減少分散工作之重複，並減少用人，有利分工。
3. 便於集中檢驗及庫存之控制。
4. 物料儲存集中，可以互通有無。
5. 監督方便，可增進管理效率，且便於興革。

不過中央集權式倉儲管理往往因為儲存物太多，或是設置地點不方便，造成許多不便，而影響生產效率。所以在倉庫管理之措施上，應考慮各餐廳本身營業性質、銷售量大小，以及儲存物特性，來決定是否採

用集中化，絕不可誤以爲中央集權式倉庫即爲現代倉儲管理之萬靈丹，設置與否，端視各餐廳本身實際需要而定。

三、倉儲地區之條件

倉儲之主要目的是爲了儲存適當數量的食品物料，以供餐廳銷售營運之用，並可藉以有效保管維護物料，以減少不必要之損失。所以倉儲地區之規劃，首先應該考慮其建倉庫之目的與用途，其次考慮應該設置於何處，最後再選擇適當理想之倉儲設備，如儲存物架、冷凍冷藏設備等問題。

(一)倉庫設計之基本原則

1. 首先確定建倉庫之目的與用途，分別作不同之設計，並估計其預期之效果。
2. 選擇倉庫場地，必須先排除各種不利因素，配合將來發展之設計。
3. 適當地設計倉庫之佈置與排列。
4. 必須考慮到儲存物料之種類與數量。
5. 注意物料之進出與搬運作業。
6. 考慮使用單位之需求，並加妥善存放。
7. 考慮物料在倉庫內之動向與機械化之配合。

(二)倉儲地區應具備之基本條件

1. 能夠供給有效組織化的空間。
2. 能顧慮到盤存數量的變化與需要彈性。
3. 便於材料之收發、儲存與控制。
4. 減少倉儲費用。
5. 能依儲存品之性質予以適當分類，以利盤存。
6. 能考慮儲存之作業流程，如採先進先出法。
7. 能適應新型機械設備之操作。

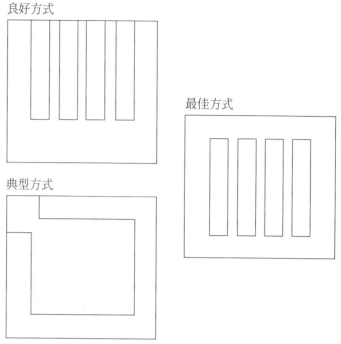

良好方式

最佳方式

典型方式

圖7-2　倉儲位置設計圖

資料來源：Douglas C. Keister, *Food and Beverage Control*. 1977. p.239. Reprinter by Permission of Prentice-Hall, Inc. Engle-wood Ciffs. N. J.

(三)適當的儲存方式

適當的儲存方式可分爲三種：

1.分類式。

2.索引式。

3.混合式。

四、倉儲設施之選擇

現代化倉儲設施種類很多，但具有代表性的不外乎乾貨儲藏庫及日用補給品儲藏庫。茲分述如下：

(一)乾貨儲藏庫

乾貨儲藏庫設計原則如下：

1.儲藏庫必須要具備防範老鼠、蟑螂、蒼蠅等的設施。

2.廚房之水管或蒸氣管線路應避免穿越此區域，若是無法避免，則必須施以絕緣處理，務使該管路不漏水及散熱。

3.高度以四呎至七呎之間為標準。

4.儲藏庫須設有各式存放棚架，如不鏽鋼架或網架。所有儲存物品不可直接放置地板上。各種存物架之底層距地面至少八吋高。

5.儲藏庫面積之大小，乃視各餐廳採購政策、餐廳菜單，以及物品運送補給時間等因素來作決定。

6.儲藏量最好以四天至一週為標準庫存量，因倉庫太大或庫存量過多，不僅造成浪費，且易形成資金閒置與增加管理困難。根據統計分析，每月每倉庫耗損費用約為儲藏物品總值的0.5％，包含利息、運費、食品損失等項目在內。

(二)日用補給品儲藏庫

目前各旅館或獨立餐廳對於文具、清潔用品、餐具、飾物之需求量相當大，通常基於安全與衛生之觀點，將這些日用補給品另設置一儲藏庫加以分類儲存，以免一時疏忽誤用肥皂粉、清潔劑、殺蟲劑或其他酷似食品之化學藥劑。同時將食物與日用物品分開保存，也可預防因化學藥品之反應導致食品變質。

日用補給品儲藏庫之面積，最少要四十平方呎，最大面積則必須視餐廳供食數量多寡而定，即每百份餐食需一平方呎之儲藏面積，不過這僅供參考而已，大部分仍須視實際業務需要與所需日用品款式而定。舉例來說，若是那種餐點外帶餐廳（Take-out Restaurant）或汽車餐廳（Drive-in Restaurant），則所需紙質材料數量較諸其他類型服務之餐廳要消耗得多，當然此類餐廳之補給品倉庫所需面積必須要更大一些了。

五、食物的儲存方法

餐廳食品儲存的主要目的就是要保存足夠數量，以備不時之需，並予有效保存，以便將食物腐敗所受的損失降至最低程度。因此儲藏室應

有足夠的空間，以便利作業，且室中要有良好的通風設備，隨時保持乾淨。食品原料極易受微生物、氧氣、溫度、水份等因素而變質或腐敗，因此餐廳大都備有冰庫與冰箱，使食物原料能保持近乎天然或調製時之原有風味。依照食物的冷藏規定，凍結冷藏最低於攝氏五度之冷凍食物，冷卻冷藏在攝氏五～十五度，以不引起食物凍傷失鮮，隨著食物的冷藏溫度而異，另外要注意魚、肉、牛奶等易腐敗的食物，不要混在一起擺置，隔離冷凍不得超過必要的時間。

1.冷藏食物預防冷氣外洩。
2.煮熟的食品或高溫之食品必須冷卻後才可冷藏。
3.水份多的或味道濃郁的食品，需用塑膠袋綑包或容器蓋好。
4.食品存取速度須快，避免冷氣外洩。
5.冰庫冷箱定期清洗和保養。
6.冷凍過之食品，不宜再凍結儲存。

食物之儲存，必須依其性質分別儲存，茲將各類食品儲存方法介紹於後：

(一)肉類儲存法

肉和內臟應清洗，瀝乾水份，裝於清潔塑膠袋內，放在凍結層內，但也不要儲放太久。若要碎肉應將整塊肉清洗瀝乾後再絞，視需要分裝於清潔塑膠袋內，放在凍結層，若置於冷藏層，其時間最好不要超過二十四小時，解凍過之食品，不宜再凍結儲存。

(二)魚類儲存法

魚除去鱗鰓及內臟，沖洗清潔，瀝乾水份，以清潔塑膠袋套好，放入冷藏庫結層內，但不宜儲放太久。

(三)乳製品之儲存

罐裝奶粉、煉乳和保久乳類，應存於陰涼、乾燥、無日光或其他光源直接照射的地方。

表7-3　幾種常用的解凍方法

解凍方法	時間	備註
冰箱之冷藏室	6小時	時間充裕時用之，以低溫慢速解凍。
室溫	40~60分	視當天氣溫而異。
自來水	10分	時間不充裕時用之，但必須用密封包裝一起放入水中，以防風味及養份流失。
加熱解凍	5分	用熱油、蒸氣或熱湯加熱冷凍食品，非常快速，若想解凍、煮熱一次完成，則加熱的時間要延長些。
微波烤箱	2分	按不同機型的說明進行解凍。

表7-4　食物冷藏及冷凍之安全期

保存期限　食品種類	開封前		開封後	
	溫度	期間	溫度	期間
乳製品				
牛奶	7℃以下	約7日	7℃以下	1-2日
人造奶油	7℃以下	6個月	7℃以下	2週內
奶油	7℃以下	6個月	7℃以下	2週內
乾酪	7℃以下	約1年	7℃以下	儘早使用
鐵罐裝嬰兒奶粉	室溫	約1年半	—	3週
冰淇淋製品	-25℃	—	—	儘早食用
火腿香腸類				
里肌火腿、蓬萊火腿	3-5℃	30日以內	7℃以下	7日以內
成型火腿	3-5℃	25日以內	7℃以下	5日以內
香腸（西式）	3-5℃	20日以內	7℃以下	5日以內
切片火腿（真空包裝）	3-5℃	20日以內	7℃以下	5日以內
培根	3-5℃	90日以內	—	—
水產加工品				
魚肉香腸、火腿（高溫殺菌製品、PH調製品、水活性調製品）	室溫	90日以內	7℃以下	7日以內
魚糕（真空包裝）	7℃以下	15日以內	7℃以下	7日以內
魚糕（簡易包裝）	7℃以下	7日以內	7℃以下	3日以內
冷凍食品				
魚貝類	-18℃以下	6-12個月	—	—
肉類		6-12個月		
蔬菜類		6-12個月		
水果		6-12個月		
加工食品		6個月		

1.發酵乳、調味乳和乳酪類，應儲存於冰箱冷藏室中，溫度在5℃以下。

2.冰淇淋類：應儲存於冰箱冷凍庫中，溫度在－18℃以下。

3.乳製品極易腐敗，因此應儘快飲用，如瓶裝乳品最好一次用完。

(四)蔬果類及穀物類之儲存

■蔬果類

先除去敗葉、灰塵或外皮污物，保持乾淨，用紙袋或多孔的塑膠袋套好，放在冰箱下層或陰涼處，趁新鮮食之，儲存愈久，營養損失愈多，冷藏溫度5℃～7℃。

冷凍蔬菜可按包裝上的說明使用，不用時儲存於冰箱，已解凍者，不可再凍。水果去果皮或切開後，應立即食用，若發現品質不良，應即停用。水果打汁後所含維生素易被氧化，應儘快飲用。

■穀物類儲存方法

1.放在密閉、乾燥容器內，並置於陰涼處。

2.勿存放太久或置於潮溼之處，以免蟲害及發霉。

3.去除薯類表面塵土及污物，用紙袋或多孔的塑膠帶套好，放在陰涼處。

(五)蛋、豆類儲存

1.蛋類：擦拭外殼污物，鈍端向上存於冰箱蛋架上。

2.豆類：乾豆類略清理保存，青豆類應清洗後瀝乾，放在清潔的乾燥容器內。

3.豆腐、豆干類：用冷開水清洗後瀝乾，放入冰箱下層冷藏，並應儘早用完。

(六)油脂類之儲存法

1.置放陰涼處，勿受熱光照射。

2.開封使用後，應將瓶蓋蓋好，以防昆蟲或異物進入，並應儘快用

完。

3.不要儲存太久,若發現變質,即停止使用。

(七)罐頭食品之儲存法

1.存放在乾燥陰涼的通風處,但不要儲存太久。

2.要歸類儲存,先購入者先使用。

3.時常擦拭。因其外表若灰塵太多、濕氣太重,易生鏽或腐敗。

4.不可儲存於冷凍庫中。因冷凍庫內－18℃的強冷會將食物凍結成海綿狀,如此一來質地會改變。

(八)醃製品之儲存法

1.儲放在乾燥通風的陰涼處或冰箱內,但不要儲存太久,應儘快用完。

2.開封後,如發現變色、變味或組織改變者,應即停用。

3.先購入者置於上層,方便取用,同時也避免蟲蟻、蟑螂、老鼠咬咀。

(九)飲料之儲存法

1.儲放在乾燥通風的陰涼處或冰箱內,不要受潮及陽光照射。

2.不要儲存太多及太久,按照保存期限,先後使用。

3.拆封後儘快用完,若發現品質不良,即停使用。

4.無論是新鮮果汁或罐裝果汁,打開後儘快一次用完,未能用完時,應予加蓋,存於冰箱中,以減少氧化損失。

(十)酒類儲存要領

1.放置於陰涼處。

2.勿使陽光照射。

3.密封箱裝勿常搬動。

4.儘量避免震盪而使酒類喪失原味。

5.標籤瓶蓋保持完好（標籤向上或向下）。

6.不可與特殊氣味併存。

啤酒是唯一愈新鮮愈好的酒類，購入後不可久藏，在室內約可保持三個月不變質，保存最佳溫度為6℃～10℃。此外，啤酒存放冰箱冰涼後，應待要飲用時再取出，不可在回溫後再放入冰箱，反覆如此，啤酒易發生混濁或沉澱現象。

六、倉儲作業須知

目前一般餐廳為儲存、保管足夠食品物料以供銷售，因此均設有冷凍及各項儲存設備，但仍有食物因儲存不當或倉儲作業之缺失而造成重大損失，因此此處將一般倉儲作業應注意事項分述於後，俾供大家參考，以防爾後不必要的浪費，並藉以降低營運成本，提高營業利潤。

(一)食品儲藏不當之原因

1.不適當的溫度。

2.儲藏的時間不適當，不作輪流調用。如把食物大量的堆存，當需要時由外面逐漸取用，因此使某些物品因堆存數月以致變質不能使用。

3.儲藏時堆塞過緊，空氣不流通，致使物品損壞。

4.儲藏食物時未作適當的分類。有些食品本身氣味外洩，若與其他食物堆放在一起，易使其他食物變質。

5.缺乏清潔措施，致使食物損壞。

6.儲存時間的延誤。食物購進後，應即時將易腐爛之食物分別予以冷藏或冷凍。如有魚肉、蔬菜、罐頭食品等，應先處理魚肉，其次蔬菜，最後罐頭食品，以免延誤時間，致使食物損壞。[13]

(二)倉儲作業原則

1.專人負責：負責場所整頓、清潔及貨品出入日期、數量之登記。

2.貨品分類：貨品應分類存放並記錄，常用物品應置於明顯且方便取用之處，易造成污染之物品（如油脂、醬油）應放於低處。

3.舖設棧皮與放物架：食品、原料不可直接置於地上，放物架應採用金屬製造。

4.通風良好：倉儲內應有良好的通風，以防止庫內溫度過高，因此最好能裝設溫度計。

5.有良好採光，並有完善措施以防病媒侵入。

6.定期清理，確保清潔。

7.應設置貨品儲存位置平面點與卡片，並記錄出入庫貨品的品名、數量及日期。

8.貨品存放時應排列整齊，不可過擠。

第六節　發放管理

　　現代企業經營管理之餐廳，為求有效控制生產成本，所有採購入庫之物料，如食品、原料、日用品及各類乾貨，均依物料本身性質，分別儲存於冷凍冷藏庫、乾貨儲藏室或日用品存放室，凡物料出庫，必須依規定提出物料申請單，由各單位主管簽章，並根據庫房負責人簽章之出庫傳票出庫，每天分類統計，記載於存品帳內，每日清點核對庫存量，以確實掌握物品之發放，藉以作為餐廳成本控制之資料。

一、發放之意義

　　餐飲成本控制之基本作業主要有四大步驟，即採購、驗收、儲存與發放。為求有效控制生產成本，增進營運利潤，必須切實有效來推動此四大基本作業。此四大基本作業表面上是各自獨立，但事實上彼此間卻是息息相關的。吾人深知，由於物料之發放，始造成庫存量之需求，復因庫存量之有無，而影響到是否須採購與驗收。所以說採購、驗收、儲存、發放此四項作業，事實上是整體的循環，其中任一環節之缺失，均

將影響到整個餐飲產銷之成敗,前三者已如前面所述,此處僅就發放作業之意義與重要性來探討。

(一)發放之意義

庫藏作業之功能乃在使物料得以妥善保管,防止損耗與流失。至於發放之意義有二:積極方面係在使庫藏品能依產銷運作需求,適時適量地迅速供應,以提高餐飲生產力;消極方面是在管制庫存量,防止庫藏品之浮濫提領或盜領,使物料進出得以有效管制,進而建立良好成本制概念。

(二)發放之重要性

倉儲發放管理,近年來備受餐飲業者所重視,究其原因不外乎有下列幾點:

■可防範庫存品之流失與浪費

庫藏與發放乃一體之兩面,表面上其性質迥異,但實質上其作用是相同的,均係為妥善保護庫藏品免於無謂浪費,完備倉儲發放作業可完全管制庫存,免於浮濫領用之缺失。

■可防範庫存品之損壞或敗壞

倉儲發放作業,一般均係採先進先出(First In First Out)之存貨轉換法,以便先購物品先發放使用,以免庫藏時間過久而造成損壞。

■有效控制庫存量,減少生產成本

發放管理能確實控制庫存量,使庫存品保持基本存量,不但可避免累積過久而陳舊腐敗之弊,更可避免公司大量資金之閒置。

■有利於了解餐廳各有關部門之生產效率與工作概況

餐飲管理部可從物料進出帳卡中來了解各單位對庫存品領用。

二、發放作業須知

餐廳設置倉儲區之目的,係為有效管制物料用品之進出,且對於可能發生流弊之原因,事先加以妥善防範,以減少浪費與耗損。健全的發放作業不但可提高餐飲銷售能力,更可減低直接成本,增進營運收入。

反之，若發放作業處理不當，不但物無法盡其用，貨也難暢其流，結果不但造成生財器皿折舊率加遽惡化，且庫藏品也將因而大量流失浪費，即使餐廳銷售業績再好，終將虧損累累。因此特別就餐廳發放作業必須注意事項，分別敘述於後，期使大家對倉儲管理能建立正確理念，進而培養良好倉儲管理能力，以因應將來工作之需。

(一)庫存品發放作業流程

　　庫存品發放作業須依一定程序辦理，茲將其發放作業流程列表於後[14]：

■申請單之填寫

　　由使用單位人員提出所需提領之物料申請單，依規定格式詳細填寫並簽名。

■單位主管簽章

　　申請單由申請人填妥後，須先送所屬單位主管簽章核可。

■倉儲主管簽章

　　申請單位主管簽章後，再將此申請單送交倉儲單位主管審核無誤後，轉交倉庫管理員如數核發。

表7-5　物料領用單

領料單						
領用部門：				月　　日　NO.		
品名	規格	單位	數量		金額	
			請領數	實發數	單價	小計
合計						
備註						

領料人：　　　　　　　主廚／部門主管　　　　　倉庫保管員：

■物料發放

　　倉儲管理員根據核可之物料申請單開立出庫憑證，如數發貨。

■庫存表之填寫

　　倉庫管理員根據出貨憑單，每日統計並填寫庫存日報表，且於每月定期或不定期盤存，並製作月報表呈核。

(二)倉庫管理員簽出庫憑證

1.申請單
2.物料發放
3.申請單位主管
4.統計
5.倉庫部主管

三、發放作業應注意事項

　　餐廳庫房為求有效管理物料進出帳目之確實，以確實掌握餐廳財物用品與物料管理，在發放作業時，必須注意下列幾點：

1.由使用單位如廚房、餐廳、酒吧等，提出出庫領料單。

2.各負責主管簽名或蓋章之出庫傳票發出，無簽蓋之申請不能發出，領用手續要求齊全，使帳目清楚。

3.發出程序應迅速簡化，以達餐飲業快速生產銷售之特性。

4.發交廚房之物料，只發每日的需要量，尤其是較昂貴的食物原料更須如此。

5.乾貨存庫量，以五天至十天為標準。

6.每日應分別依各單位提領的物料分類統計。

7.月終時應依據當月之領料申請實施倉庫盤存清點，亦可不定期實施盤存清點，以杜絕浪費等流弊。

註　釋

[1]Stuart F. Heinritz, *Managing an Integrated Purchasing Process*, p.2.

[2]葉彬著，《採購學》，台北：中華企管管理叢書，65年8月增訂三版，p.5。

[3]G. Jay Anyon, *Managing an Integrated Purchasing Prices*, p.2. 許成著，《採購與物料管理》，69年4月初版，pp.7-10.

[4]Wilber B. England, *Procurement Principles and Cases*, p.1.

[5]Stuart F. Heinritz, *Purchasing Principles and Applications*, p.12.

[6]葉彬著，《企業採購》，台北：中華企管管理叢書，65年10月再版，pp.5-7。

[7]Stuart F. Hein Ritz, *Purcasing Principles and Applications*, p.355.

[8]中央信託局購料處，國內外採購訂定底價準則第六條。

[9]葉彬著，《企業採購》，台北：中華企管管理叢書，65年10月再版，pp.349-362.

[10]G. Jay Anyon, *Managing an Integrated Purchasing Process*, p.102.

[11]Stuart F. Hein Ritz, *Purchasing Principies and Applications*, pp.135-160. 葉彬著，《企業採購》，台北：中華企管管理叢書，65年10月再版，pp.104-105。

[12]United States Postal Service, *Procurement and Supple Handbook*, Section 6, p.6.

[13]張子建，《企業管理》，自行出版，民八十年，p.356。

[14]同註[13]，p.362。

第八章　餐飲的製備

菜餚以其悅目的色澤、誘人的香氣、可口的滋味和美好的形態而吸引顧客，為我國爭得「烹飪王國」的榮譽。中國菜之所以備受世人的青睞，是因為中國烹飪具有一系列獨特的傳統技藝，其中最主要的是：原料多樣，選料認真；刀工精細，技藝高超；拼配巧妙，造型美觀；注重火候，控制得當；調料豐富，講究調味；美食美器，相得益彰。

第一節　選料在烹飪中的意義

　　中國優越的自然條件為各種動、植物的繁衍生息提供了良好的環境，生產出無數的物質財富，為烹飪提供了廣泛的烹飪原料。植物性原料除了陸生的糧食、蔬菜、瓜果外，還有許多海生原料；動物性原料除了馴養的畜禽類提供的各種肉類、乳品、蛋品外，還有眾多的水產品。

　　上述各類原料都有許多不同的品種，它們的營養成分、組織結構以及色香味相差很大，即使是同一品種，因產地、生產季節和生產技術不

圖8-1　色澤悅目、香氣誘人的菜餚

資料來源：凱悅大飯店

同，其性質也不完全一樣，因此在烹飪中如何根據菜餚的特點選擇適宜的原料具有重要意義。[1]

一、有利於形成菜餚良好的色香味和特殊風味

質地優良的原料才能烹製出美味佳餚，如果原料選擇不當，品質再好，也難以烹調出形佳色豔、香濃味美的食物，因此在烹製之前必須對原料進行認真的選擇。烹飪中除了對主料嚴格選擇外，對佐料的選擇也很認真。對原料進行嚴格選擇，是烹製上乘菜餚的重要條件。主要原因是：

1. 不同原料具有不同的組織結構和質量特點，只有選料得當，才能形成菜餚的特殊風格。
2. 烹飪原料的部位不同，其質地也有較大差別。根據菜餚的特點和烹調方法，準確選擇適宜部位，才能滿足菜餚的質量。
3. 絕大多數菜餚是由多種原料拼配烹製出來的，只有對每一種原料精心選擇，才能提高菜餚的整體質量。如果說拼配是烹飪中的藝術和科學，而選料就是拼配的先決條件。許多名菜餚經廚師精心設計，主、輔料經過認真選擇和合理拼配，成菜後就顯得色豔、香濃、味足、形美。如「翡翠蝦仁」，精選優質蝦仁和嫩黃瓜，清炒後蝦仁白裡透紅，黃瓜翠綠，色調和諧，清香淡雅，鮮嫩可口，回味綿長。

二、有利於提高食物的營養價值

菜餚的功能一是果腹，二是享受。形優色美、風味別具的菜點，對進食者也是一種藝術和精神享受。根據現代營養學的觀點，人類飲食的意義，不僅是果腹與享受，而且要為人體提供足夠的熱能和全面營養素。

營養上主張合理膳食，或稱平衡膳食。這種膳食首先要滿足進食者對熱能和各種營養素的需要量；其次是各種營養素之間要保持一種生理

上的平衡，這種平衡包括：作為熱能來源的蛋白質、醣類和脂類三者之間的平衡，蛋白質中八種必需氨基酸之間的平衡，飽和脂肪酸和不飽和脂肪酸之間的平衡，可消化的碳水化合物和食物纖維之間的平衡，酸性食物和鹼性食物之間的平衡，以及動物性食物和植物性食物之間的平衡等等。

在烹飪中進行認宜選料和科學搭配，不僅有利於提高菜餚的感官品質，而且有利於提高整個膳食的營養價值。

第二節　刀工對烹飪的作用

刀工是中國烹飪傳統技藝中的一絕，其精細之程度、技藝之高超，聞名中外，刀工對菜餚的烹熟、入味、美感及原料的拼配等，都具有重要的作用。

一、有利於熱量的傳遞

食物在烹製過程中，由生到熟全依賴於熱量的傳遞，食物吸收足夠的熱量後，本身的溫度就能上升到一定的程度，從而達到殺菌、成熟、變色、形成香氣和滋味等一系列變化。

炒和炖是兩種不同的烹製方法，炒用熱油旺火，加熱時間短，經刀工處理後的原料導熱速度應快，才能縮短加熱時間，因此必須把原料切成表面積較大的片、絲、丁，使之容易導熱，炒出來的菜餚才能鮮嫩可口；炖以水為傳熱介質，使用小火長時加熱，原料經刀工處理後，不論其形狀如何，其體積都可以大一些，不能像炒切得那樣薄，原料體積大，熱量向原料內部傳遞的速度雖然較慢，但因為加熱時間長，傳熱量的總和也就大，因此原料內部也能吸收足夠的熱量，使其溫度升高到所需的程度，達到殺菌、成熟，形成良好的色、香、味、形。

二、有利於原料烹製入味

原料在烹飪過程中，滋味的形成是多方面的，調味品向原料內部擴散是其中一個重要方面。

調味品擴散的速度快，原料就容易入味，反之就難以入味。在烹飪中為了加速原料入味，對於加熱時間短的烹調方法，如溜、爆、炒等，原料在進行刀工處理時，就應切薄一些，並採用適宜的刀法，增大原料的表面積，以加快調味品的擴散速度，使之在成熟時也能入味。對於加熱時間長的烹調方法，如燜、煨、燒時，原料就應切大一些、厚一些，調味品向原料中心擴散的速度雖然較慢，但由於加熱時間長，擴散量為擴散速度與擴散時間的乘積，所以調味品總的擴散量是足夠的，成熟後原料同樣能夠入味。

質傳遞與熱傳遞具有類似的規律，凡是能促進熱傳遞的措施，必然也能促進質傳遞，所以對原料進行適當的刀工處理，既能加速原料的成熟，又能加快原料的入味。

三、有利於菜餚整齊美觀和拼配造型

菜餚的形態，整齊美觀，絢麗多彩，多是通過刀工技藝表現出來的，廚師根據原料特點和烹飪方法的要求，把原料切成各種各樣的形狀，無論是片、丁、絲、條，還是塊、粒、末、茸，都能做到大小一致、粗細相同、厚薄均勻，這不僅有利於原料在烹飪中成熟和入味，而且成菜後形態美觀，催人食慾。

一些普通原料，一經名廚刀工美化，就能成為美麗的藝術品，蘿蔔傾刻之間就能雕琢成鮮艷的菊花、月季花或大麗花；以幾種不同色彩的蘿蔔為主要原料，還可以雕刻出「躍馬奔騰」的雄姿，令人讚不絕口，尤其是把刀工技藝和拼配造型相結合，巧妙運用各種熟料和可食生料，就能製作出栩栩如生的鳥、獸、蟲、魚、花、草等藝術拼盤，形象逼真，令人嘆為觀止。

第三節 火候的實質與掌握

火候是菜餚烹調成功與否的關鍵之一，《呂氏春秋》〈本味篇〉曾這樣闡述火候在烹飪中的作用：「五味三材，九沸九變，火爲之紀，時疾時徐，減腥去臊除羶，必以其勝，無失其理。」指出原料在加熱過程中，發生許多變化，只要用火得當，就可以使原料變爲可口的食物。

在烹飪中掌握好火候，概括起來有如下意義：提高食物的食用品質和消化率；保證食物的衛生安全性；形成良好的色、香、味、形。火候是烹飪學一個重要課題，它涉及面很廣，在此從傳熱學角度闡述火候的實質和有關火候掌握的幾個問題。

一、火候的實質

食物原料在烹飪過程中，因受熱溫度升高，引起一系列物理變化與化學變化，使其色、香、味、形呈現出一定的狀態。火候恰到好處時，食物就呈現出最佳狀態。北宋詩人蘇東坡在總結燒肉經驗時寫道：「慢著火，少著水，火候足時它自美。」說的就是這個意思。

火候與下面三個環節的控制緊密相關：一是熱源在單位時間內產生熱量的大小和用火時間的長短；二是傳熱介質所達到的溫度和在單位時間內向食物原料所提供熱量的多少；三是原料溫度升高的速度和所達到的溫度。而火候的最終判斷是食物所呈現的感官品質是否達到最佳狀態。[2]

上述三個環節分別由熱源，傳熱介質和食物通過一定的表現形式（外觀現象或內在品質）呈現出來，它與熱源的種類、傳熱介質的種類、食物原料及烹調方法密切相關，因此，人們通常認爲，火候就是根據不同原料的性質和形態，不同的烹調方法和口味要求，對火力大小和用火時間進行控制與調節，以獲得菜餚由生變熟所需要的適當溫度，達到色、香、味、形俱佳的效果。

二、火候的掌握

火候的掌握實質上是控制傳熱量的大小，包括：調整火力的大小，控制加熱時間的長短，改變傳熱系統熱阻的大小，如選擇厚薄適宜的炊具、使用不同的傳熱介質以及翻勺技術等等。

根據火候的實質及其影響因素，掌握火候要注意如下幾個問題：

(一)根據原料的性質和大小

多數菜餚所使用的原料往往不只一種，不同原料其化學組成不同，物理性質也不一樣，有老、嫩、軟、硬之分，因此導溫系數有大有小。如果同一菜餚的不同原料，入鍋不分先後，火力不分大小，必然導致菜餚生熟不均，老嫩不一。只有採用不同的火力和加熱時間，才能做出上乘的菜餚。對於體積小而薄的原料，採用旺火短時間加熱，就可使其溫度升高到成熟的程度；對於體積大而厚的原料，由於熱量從表面傳至中心所需的時間長，則必須採用小火和長時間加熱。

(二)根據傳熱介質的種類和烹調方法

原料烹製時可使用不同的傳熱介質，烹製方法更是多種多樣。烹飪原料、傳熱介質和烹調方法三者之間的恰當組合，就可以製作出無數的美味佳餚，但是都離不開恰當的火候，而中心問題還是熱量傳遞的控制。以水為傳熱介質，水與原料之間熱量的傳遞屬於對流傳熱，其傳熱量與它們之間的溫差、接觸面積及對流傳熱系數成正比。

以油為傳熱介質，因油的種類多、沸點高，可以達到的油溫範圍寬。因此食物原料傳熱量的多少主要取決於油溫的高低。在單位時間裡，油溫高者向原料提供的熱量多，原料溫度升高快，成熟也快。不同烹製方法對火候的要求，固然隨著原料、傳熱介質和對製品的不同要求而千變萬化，但總的說來，採用炸、烹、爆、炒、溜、涮等烹製方法，要求菜餚香、鮮、脆、嫩，加熱時間應短，否則原料失水太多，蛋白質變性嚴重，其質量要求就難以達到，所以要採用旺火加熱，在短時間裡提供大量的熱量，使原料迅速升溫成熟。採用燜、燒、煮、烤等烹製方

法，要求菜餚酥爛入味，需要較長的加熱時間，就應該採用較弱的火力。

(三)根據食物原料在烹飪中的變化

火候是否恰到好處，取決於食物原料所發生的物理、化學變化是否達到最佳的程度，這一過程可根據食物原料在烹製過程中所產生的各種現象及其變化進行判斷，因此經驗豐富的廚師透過觀察原料的變化就能準確地掌握火候，如炒裡脊片應旺火速成，才能做到質感鮮嫩，當肉片入鍋劃油時，一旦觀察到原料由血紅色變為灰白色時，就應及時倒入漏勺，避免繼續受熱，才能保持肉片中足夠的水分，產生鮮嫩的質感。

第四節　調味的原理及擴散的關係

講究調味是中國烹飪傳統技藝的一大特色，它是造成我國菜系眾多，風味迥異，並在國際上久享盛譽的重要因素之一。

一、調味的基本原理

呈味物質、味感和心理作用非常微妙。利用味感和心理作用的複雜關係，把兩種或兩種以上的基本口味經過適當的配合，就能形成許許多多的複合味，這在調味中得到廣泛的運用。

我國調料十分豐富，據不完全統計，有五百種左右，這在世界上十分罕見。除了鹹、甜、酸、辣、香、鮮、苦等基本味調味品外，還有大量的複合味調味品，如酸甜味、甜鹹味、鮮鹹味、香辣味、魚香味等。我國的調味品花樣多，味道好，特別是有些經過發酵製成的調味品，呈香呈味物質極多，除了改善、豐富口味外，還使菜餚增色、增香。

菜餚滋味的形成是由多種因素決定的，包括：原料本身所含呈香呈味物質的種類和數量；原料在烹飪中因發生物理、化學變化所產的風味物質；原料在烹飪過程中水分的變化；調味品的原料內部的擴散量及相

互間的作用等等。因此，影響菜餚風味的主要因素是：

(一)原料的種類和新鮮度

因為不同原料所含的呈味物質不同，並且其含量隨著新鮮度的不同而變化。如果原料新鮮度下降，美味成分就會減少，怪味、異味就會增加，所以要注意烹飪原料的保鮮工作。

(二)調味品的種類、用量和調味技術

因為不同調味品含有不同的呈味物質，其用量的多少及調味技術，不僅影響調味品的風味與原料本味的配合，而且影響調味物質向原料內部的擴散量。

(三)烹製過程中火候的掌握及菜餚的溫度

原料和調料在烹調過程中，不同呈味物質因擴散、滲透而相互交融，並產生美味，而擴散與滲透量均受溫度和時間的制約，所以火候掌握準確就能達到最佳效果。

(四)刀工的處理技術

由於原料刀工處理能改變其厚度及表面積，所以直接影響熱量和風味物在食物原料內部的傳遞過程，從而影響原料的入味。調味的基本原理是根據原料的性質和烹調方法，合理使用一種或多種調味品，運用刀工處理技術和火候的掌握，使原料和調味品的風味調和融合，以達到除去異味、增進香氣和美味的目的。

二、調味與擴散

廚師能夠根據不同原料、不同方法、不同口味要求，採用細膩的分階段調味，調料的用量、比例均恰到好處，投料的時間和次序也極為考究，因此菜餚的口味變化無窮，各有妙處。這種出色的調味技術把擴散的基本原理靈活地運用在調味的實踐中。

(一)調味品的用量

調味品的用量影響原料表面與內部呈味物質的濃度差，因此必須依據不同的情況投入適量的調味品。對於新鮮原料，如雞、瘦肉，本身就有可口的滋味，調味品就不宜加入太多，不然原料裡擴散了大量的調味品，調味品的滋味就會掩蓋原料本身的美味。而有些原料本身無顯著味道，如海參、魚翅等，為了增進其滋味，就必須加入足量的提鮮增香的調料，以增大調味物質向原料擴散。像豆腐、粉皮、蘿蔔等滋味清淡的原料，若在加熱時適當加入一些蔥、薑、鮮湯或醬油等調料，就可使其滋味明顯改進。

(二)調味品投放的溫度和順序

根據原料的特點和烹調方法，調味一般可分為加熱前調味、加熱中調味和加熱後調味三個階段。調料中呈味物質向原料的擴散速度與溫度及時間成正比，加熱前調味由於溫度較低，呈味物質擴散速度慢，某些原料就需要進行較長時間的醃製，才能保證其足夠的擴散量。在加熱中調味，由於溫度高，呈味物質擴散速度快，原料下鍋後，要在適當的時候根據菜餚的口味要求，加入數量準確的調味品，它往往就決定了菜餚的味道，像涮、蒸、炸等烹製方法，在加熱中無法調味，調味就必須在加熱後趁熱進行，以提高呈味物質的擴散速度，即使加熱前已進行調味的，加熱後也可加些輔助調料，以彌補加熱前調味的不足。

(三)翻炒技術

在烹製過程中，由於溫度高，擴散速度快，要注意原料與調料的均勻接觸或混合，烹調中的翻、炒、攪、拌等操作，固然一方面是為了控制傳熱量，防止原料某一部分過熱，保證熱量均勻地向烹飪原料的各個面擴散，一方面也避免某些部位的味道過濃而某些部位過淡的不均勻現象。

食品在製作加工的整個過程中，運用各種調味品和調味手段，在原料加熱前、加熱過程中或加熱後影響原料，或不需加熱調味後直接食用的原料，能否做到定味準確，五味調和百味香，歷來是衡量廚師水準的

重要指標。

第五節　中餐烹飪方法

　　中國菜之所以深受世人青睞，是因為中國烹飪具有一系列獨特的傳統技藝，其烹調方法十分複雜而多樣化，可略述如下：

一、炸、溜、爆、炒、烹（使用多油烹調法）

(一)炸
　　這是用足量的油入鍋加熱，然後把材料投入，藉油的熱力炸酥的烹調法。又可分為五種：

■清炸

　　將材料醃浸調味汁之後，不沾外皮直接炸。

■乾炸

　　將材料醃浸調味汁之後，撲上麵粉或麵包粉後再油炸。

■軟炸

　　將材料醃浸調味汁之後，沾滿混和蛋、水、太白粉而成的外皮再油炸。

■高麗炸

　　將蛋白打散，打起泡泡後加麵粉、太白粉等做外皮，油的溫度要比中火稍弱些，炸成又白又酥。

■酥炸

　　在外皮中加酵母粉或油，沾材料下油炸。

(二)溜
　　將炸、炒、煎、蒸過之後的材料澆上另製的調味汁，並以太白粉勾芡的烹調法。又可分為下列六種：

■糖醋、醋溜

同屬甘醋勾芡。醋溜的酸味似乎比較濃。

■糖溜

加酒釀或米酒的勾芡。

■醬汁

以醬油或豆醬調味的勾芡。

■茄汁

以番茄或番茄醬調味的勾芡。

■白汁

只用鹽調味的白而透明、極其高雅的勾芡。

■奶汁、奶油

以牛奶、煉乳做成白色的勾芡。

(三)爆

將材料投進十分熱的油或湯裡面,剎時間炒熟的烹調法。又可分為下列三種:

■油爆

使用比材料稍多的油,充分加熱後把材料入油炸,以漏杓撈起。

■醬爆

用油爆的手法,以豆醬拌炒。

■湯爆

把材料投進沸騰的開水中隨即撈起。

(四)炒

所謂炒,是將食物倒入熱油中攪拌至熟的烹調法,又可分為下列五種:

■生炒

材料不加醃浸即下鍋炒。

■清炒

先加醃浸,拌麵粉或太白粉後下鍋炒。

■滑炒

　　先加醃浸，下油炸一下然後再炒，炒起後較鮮嫩。

■熱炒

　　先煮或蒸，待材料熟透，切絲或切片後再炒。

■乾炒

　　將材料沾上麵粉或太白粉下鍋炒。

(五)烹

　　烹，通常是將掛糊過的材料或未掛糊過的小型材料，用強火熱油炸成金黃色後，立刻將鍋中的油濾出，再加調味料，翻炒數次即成。

二、汆、涮、熬、燴（煮水或湯）

(一)汆

　　將湯或水用強火煮沸，將材料放進去，再加調味品，不勾芡，煮開後從鍋中取出。

(二)涮

　　是將水放入鍋中，沸騰後將切薄的材料以極短的時間燙過，沾上調味料，一邊涮一邊吃的烹飪方法。

(三)熬（油炒、湯煮）

　　先在鍋中加油，熱火，將主材料放入炒，再將湯及調味品放進鍋中，用弱火煮。

(四)燴

　　燴的菜餚大部分是將小塊的材料混合，用湯汁及調味品做成的略有湯汁菜。

三、燉、煨

(一)燉

　　將材料放入熱水中，除去腥味，然後放入陶器或瓷器大碗中，加入調味料及湯，用桑皮紙密封，放入有水鍋中，用強火使外鍋中的水不斷煮沸，約三小時即成（密封後用溫火煮）。

　　一般是將材料用油加工成半製品後，加少量湯及若干調味品，蓋緊鍋蓋，以微火煮成柔軟。

(二)煨

　　使用爐灶的餘熱（微火）長時間烹煮直至材料柔軟為止。

四、煮、燒、扒

(一)煮

　　煮是將材料放進多量的水或湯的鍋中，先用強火煮沸，然後用弱火煮。

(二)燒

　　先用大火，沸騰後改用文火慢慢煮的烹調法（不過在煮魚貝類時不得煮得太過火，否則會收縮、發硬，須特別留意）。又可分為下列五種：

■紅燒

　　將材料預先炒或炸，然後加醬油以文火慢慢煮。

■白燒

　　用足量的高湯加鹽煮的烹調法。

■乾燒

　　將炒過一陣的材料以少許煮汁一直煮到乾為止。

■糟燒

　　加酒釀一起煮的烹調法。

■蔥燒

與紅燒類似，多放些蔥煮成香噴噴的菜。

(三)扒

先將蔥及薑以鍋炒之，燴鍋之後，加上整齊排列好的材料及其他調味料，再加汁，以弱火煮之，最後勾芡出鍋。

五、蒸

是把材料放進蒸籠加蓋，把蒸籠放在燒開的水的鍋上，藉水蒸氣把食物熱熟。又可分為下列五種：

(一)清蒸

將新鮮材料撒上鹽、胡椒，加蔥、薑一起蒸。

(二)乾蒸

不醃浸調味品，也不調味，蒸熟後再調味。

(三)粉蒸

先加以醃浸調味汁、撲上粉，才入蒸籠蒸熟。

(四)酒蒸

灑上酒之後才蒸。

(五)扣蒸

先加以醃浸，油炸過之後再蒸。

六、煎、煸、貼

(一)煎

煎，用弱火熱鍋後，在鍋底均勻灑上少量的油，將處理或扁平的材料放入，先煎一面，再翻轉煎另一面，兩面呈金黃色後即成。

(二)煽

煽，是將掛糊過的材料，先用少量油及弱火煎到兩面呈金黃色，加調味料及少量湯汁，再用溫火煮乾即成。

(三)貼

將食材貼在大鍋，只煎一面，煎成香脆，保持柔嫩。

七、烤、鹽、煨烤、燻

(一)烤

是把肉或其他材料吊在烤爐中，藉從四面的熱幅射作用，把食物炙熟的方法。

(二)鹽

鹽，是將生的或半生的材料鹽漬、陰乾，用薄紙包裹，埋入炒熱的鹽中加熱的一種烹調方法。

(三)煨烤

先將材料鹽漬，再用豬網油、荷葉包住表面，用黏土密封，緊緊包好之後放入火中烤熟。

(四)燻

將材料放入調味料中，一定時間後放入燻鍋中，以燻料燃燒所生的煙燻製。

八、滷、醬、拌、醃、燴

(一)滷

滷，是先作滷汁，將材料放入滷汁中，用微火慢慢煮，使滷汁滲入，材料軟嫩。

(二)醬

材料鹽漬後，再漬在醬油或豆瓣醬中，而醬汁用微火熬乾。

(三)拌

把調味汁澆在材料上的烹調法。多用於前菜，由於這些是冷的菜，又名涼拌。

(四)醃

將肉、蔬菜等加鹽、醬油、豆醬、砂糖等浸漬。

(五)燴

將切成絲、條、塊的材料，在沸水中輕煮或用溫油快炸過後瀝乾，乘熱和調味料拌合，等調味料滲入即成。

九、拔絲、掛霜、蜜汁

(一)拔絲

將糖放入鍋中加熱溶解成有黏性的糖，然後和材料拌和，做成拉絲似的一種甜菜。

(二)掛霜

掛霜是將材料切成塊、片或丸狀，先油炸，沾糖掛霜。

(三)蜜汁

將糖少量用油炒溶解，放入主材料，熬至主材料熬熱、糖變濃即成。

第六節　西餐烹飪方法

一、清燙（Blanching）

清燙可用來保持蔬菜的青翠顏色。適合清燙的食物包括馬鈴薯、蔬菜、肉類。

二、滾煮（Boiling）

滾煮是一種使用燒到沸騰的液體，淹蓋過食物材料煮至熟的烹飪方法。適合滾煮的食物材料有馬鈴薯、新鮮蔬菜、肉類、白米飯、義大利通心粉。

三、蒸（Steaming）

蒸是一種利用煮水至沸騰而生出的水蒸氣來加熱食物材料至熟的方法。適合蒸的食物材料有蔬菜、馬鈴薯、白米飯、肉類、家禽。

四、慢煮（Poaching）

烹飪方法中，煮魚與家禽類時，採用少量的高湯，只淹到食物一半高而已，稱之慢煮。適宜慢煮的食物材料有魚和家禽、蛋、香腸、麵、乳酪。

五、油炸（Frying）

利用足夠完全淹蓋過食物的油量，加熱至高溫，然後放食物進入熱油中去炸至熟透的烹飪方法。適合油炸的食物材料有馬鈴薯、魚和海鮮、肉、雞、蔬菜、甜餅。

六、煎炒（Savteing）

　　煎炒是一種只用少許的油，在平底鍋中加熱後，再將材料放入鍋中加熱至熟的烹飪方法。適合煎炒的食物材料有家禽的肉塊、小魚塊、肉塊、馬鈴薯、豆子。

七、烤（Grilling）

　　烤是一種不用油，平底鍋加熱後，僅在平底鍋撒一層薄鹽，然後直接把食物材料放入鍋中乾燒的方法。適合烤的食物材料包括小塊片肉、魚塊、蝦、家禽、牛排。

八、焗（Graining）

　　焗是一種用很高的溫度來烤，以便在菜餚上面烤出一層焦黃的方法。適合焗的食物材料有魚、家禽、馬鈴薯、蔬菜、乳酪。

九、烘（Baking）

　　烘焙是一種利用烤箱以密封的乾熱空氣來烤熟食物的方法。適合烘焙的食物材料包括馬鈴薯、派和蛋糕。

十、烤（Roasting）

　　爐烤在西餐烹飪中是極為重要的基本方法。適合烤的食物材料包括肉、魚、家禽、馬鈴薯。

十一、燉（Braising）

　　燉的烹飪法最適用於肉質較硬、必須長時間加熱才能軟化的材料。適合燉的食物材料有紅肉（如羊肉、小牛肉）、大魚（如鮭魚）、豆類。

十二、燴（Stewing）

　　燴是指將食物材料切小塊後，放進蓋過食物材料的作料中，用小火

加蓋慢煮至熟爛的方法。適合燴的食物材料包括小塊肉類、水果、菇類、番茄。

第七節　咖啡的種類與煮泡法

飲料區分成「酒精性飲料」及「非酒精性飲料」二種。其中各式進口酒、國產酒及雞尾酒等都是屬於酒精性飲料；而咖啡、茶、果汁等則屬於非酒精性飲料。

一、咖啡的起源

咖啡的由來一直有著一個很有趣的傳說。傳說在六世紀時，阿拉伯人在依索比亞草原牧羊，有一天，發現羊兒在吃了一種野生的紅色果實後，突然變得很興奮，又蹦又跳的，引起了阿拉伯人的注意，而這個紅色的果實就是今天的咖啡果實。

歷史上最早介紹並記載咖啡的文獻，是在西元九八○至一○三八年間，由阿拉伯哲學家阿比沙納所著。在西元一四七○至一四七五年間，由於回教聖地麥加的當地居民都有喝咖啡的習慣，因此影響了前往朝聖的各國回教徒，這些回教徒將咖啡帶回自己的國家，使得咖啡在土耳其、敘利亞、埃及等國逐漸流傳開來。而全世界第一家咖啡專門店則是在西元一五四四年的伊斯坦堡誕生，這也是現代咖啡廳的先驅。之後，在西元一六一七年，咖啡傳到了義大利，接著傳入英國、法國、德國等國家。

二、咖啡的品種

咖啡是一種喜愛高溫潮濕的熱帶性植物，適合栽種在南、北回歸線之間的地區，因此我們又將這個區域稱為「咖啡帶」。一般來說，咖啡大多是栽種在山坡地上，而咖啡從播種、成長到開始可以結果，約需要四至五年的時間，而從開花到果實成熟則約需要六至八個月的時間。由於

咖啡果實成熟時的顏色是鮮紅色，而且形狀與櫻桃相似，所以又被稱為「咖啡櫻桃」。

目前咖啡的品種有阿拉比卡（Arabica）、羅布斯塔（Robusta）及利比利卡（Liberica）等三種。

(一)阿拉比卡

由於阿拉比卡品種的咖啡比較能夠適應不同的土壤與氣候，而且咖啡豆不論是在香味或品質上都比其他二個品種優秀，所以不但歷史最悠久，同時也是三品種中栽培量最大的，產量也高居全球產量的百分之八十。主要的栽培地區有巴西、哥倫比亞、瓜地馬拉、衣索比亞、牙買加等地。

(二)羅布斯塔

大多栽種在印尼、爪哇島等熱帶地區，羅布斯塔頗能耐乾旱及蟲害，但咖啡豆的品質較差，大多是用來製造即溶咖啡。

(三)利比利卡

利比利卡因為很容易得到病蟲害，所以產量很少，而且豆子的口味也太酸，因此大多只供研究使用。

三、咖啡豆的種類

由於栽培環境的緯度、氣候及土壤等因素的不同，使得咖啡豆的風味產生了不同的變化，一般常見的咖啡豆種類有：

(一)藍山

藍山咖啡是咖啡豆中的極品，所沖泡出的咖啡香醇滑口，口感非常的細緻。主要生產在牙買加的高山上，由於產量有限，因此價格比其他咖啡豆昂貴。而藍山咖啡豆的主要特徵是豆子比其他種類的咖啡豆要大。

(二)曼特寧

曼特寧咖啡的風味香濃,口感苦醇,但是不帶酸味。由於口味很強,很適合單品飲用,同時也是調配綜合咖啡的理想種類。主要產於印尼、蘇門答臘等地。

(三)摩卡

摩卡咖啡的風味獨特,甘酸中帶有巧克力的味道,適合單品飲用,也是調配綜合咖啡的理想種類。目前以葉門所生產的摩卡咖啡品質最好,其次則是衣索比亞的摩卡。

(四)牙買加

牙買加咖啡僅次於藍山咖啡,風味清香優雅,口感醇厚,甘中帶酸,味道獨樹一格。

(五)哥倫比亞

哥倫比亞咖啡香醇厚實,帶點微酸但是勁道十足,並有奇特的地瓜皮風味,品質與香味穩定,因此可用來調配綜合咖啡或加強其他咖啡的香味。

(六)巴西聖多斯

巴西聖多斯咖啡香味溫和,口感略微甘苦,屬於中性咖啡豆,是調配綜合咖啡不可缺少的咖啡豆種類。

(七)瓜地馬拉

瓜地馬拉咖啡芳香甘醇,口味微酸,屬於中性咖啡豆。與哥倫比亞咖啡的風味極為相似,也是調配綜合咖啡的理想的咖啡豆種類。

(八)綜合咖啡

綜合咖啡主要是指二種以上的咖啡豆,依照一定的比例混合而成的咖啡豆。由於綜合咖啡可擷取不同咖啡豆的特點於一身,因此,經過精心調配的咖啡豆也可以沖泡出品質極佳的咖啡。

表8-1　咖啡豆的種類、特性及火候控制表

品名	產地		特性說明					火候
	國家	洲	酸	甘	苦	醇	香	
藍山	牙買加（西印度群島）	中美洲	弱	強		強	強	大
牙買加	牙買加	中美洲	中	中	中	強	中	中小
哥倫比亞	哥倫比亞	南美洲	中	中		強	中	中
摩卡	衣索匹亞	非洲	強	中		強	強	中
曼特寧	印尼（蘇門答臘）	亞洲			強	強	強	大
瓜地馬拉	瓜地馬拉	中美洲	中	中		中	中	中
巴西聖多斯	巴西	南美洲		弱	弱		弱	中小
克里曼佳羅	坦尚尼亞	非洲	強		弱	中	強	中
爪哇	印尼	亞洲			強		弱	中
象牙海岸	象牙海岸	非洲			強		弱	中
尼加拉瓜	尼加拉瓜	中美洲	中	中		中	弱	中
哥斯大黎加	哥斯大黎加	中美洲	中	弱		中	弱	大
厄瓜多爾	厄瓜多爾	南美洲		弱	弱	弱	弱	小

四、咖啡的煮泡法

　　一般餐廳或咖啡專賣店最常使用的咖啡煮泡法可分爲虹吸式、過濾式及蒸氣加壓式等三種煮泡方式。

(一)虹吸式

　　虹吸式煮泡法主要是利用蒸氣壓力造成虹吸作用來煮泡咖啡。由於它可以依據不同咖啡豆的熟度及研磨的粗細來控制煮咖啡的時間，還可以控制咖啡的口感與色澤，因此是三種沖泡方式中最需具備專業技巧的煮泡方式。

■煮泡器具

　　虹吸式煮泡設備包括了玻璃製的過濾壺及蒸餾壺、過濾器、酒精燈及攪拌棒。而器具規格可分爲沖一杯、三杯或五杯等三種。

■操作方法

　　主要操作程序如下：

　　1.先將過濾器裝置在過濾壺中，並將過濾器上的彈簧鉤鉤牢在過濾壺

上。

2.蒸餾壺中注入適量的水。

3.點燃酒精燈開始煮水。

4.將研磨好的咖啡粉倒入過濾壺中，再輕輕地插入蒸餾壺中，但不要扣緊。

5.當水煮沸後，就將過濾壺與蒸餾壺相互扣緊，扣緊後就會產生虹吸作用，使蒸餾壺中的水往上升，升到過濾壺中與咖啡粉混合。

6.適時使用攪拌棒輕輕地攪拌，讓水與咖啡粉充分混合。

7.約四十至五十秒鐘後，將酒精燈移開熄火。

8.酒精燈移開後，蒸餾壺的壓力降低，過濾壺中的咖啡液就會經過過濾器回流到蒸餾壺中，咖啡液回流完畢後，就是香濃美味的咖啡。

(二)過濾式

過濾式咖啡主要是利用濾紙或濾網來過濾咖啡液。而根據所使用的器具又可分為「日式過濾咖啡」與「美式過濾咖啡」兩種。

■日式過濾咖啡

日式過濾咖啡主要是用水壺直接將水沖進咖啡粉中，經過濾紙過濾後所得到的咖啡，所以又稱做沖泡式咖啡。

＊沖泡器具

器具漏斗型上杯座（座底有三個小洞）、咖啡壺、濾紙及水壺。所使用的濾紙有101、102及103等三種型號，可配合不同大小的上杯座使用。

＊操作方法

主要操作程序如下[3]：

1.先將濾紙放入上杯座中，並用水略微弄濕，讓濾紙固定。

2.將研磨好的咖啡粉倒入上杯座中。

3.將上杯座與咖啡壺結合擺妥。

4.用水壺直接將沸水由外往內以畫圈圈的方式澆入，務必讓所有的咖啡粉都能與沸水接觸。

5.咖啡液經由濾紙由上杯座下的小洞滴入咖啡壺中，滴入完畢即可飲

圖8-2　咖啡機

用。

■美式過濾咖啡

　　美式過濾式咖啡主要是利用電動咖啡機自動沖泡過濾而成。機器又可分為家庭用及營業用兩種。但不論是哪一種機器,它的操作原理是相同的。由於美式過濾咖啡可以事先沖泡保溫備用,而且操作簡單方便,因此頗受一般大眾的喜愛。

*煮泡器具

　　歐式電動咖啡機一台。咖啡機有自動煮水、自動沖泡過濾及保溫等功能,並附有裝盛咖啡液的咖啡壺。機器所使用的過濾裝置大多是可以重複使用的濾網。

*操作方式

　　主要操作程序如下:

1.在盛水器中注入適量的用水。

2.將咖啡豆研磨成粉,倒入濾網中。

3.將蓋子蓋上,開啓電源,機器便開始煮水。

4.當水沸騰後,會自動滴入濾網中,與咖啡粉混合後,再滴入咖啡壺

內。

＊注意事項

1.煮好的咖啡由於處在保溫的狀態下，因此不宜放置太久，否則咖啡
會變質、變酸。

2.不宜使用太深培的咖啡豆，否則在保溫的過程中會使咖啡產生焦苦
味。

(三)蒸氣加壓式

蒸氣加壓式咖啡主要是利用蒸氣加壓的原理，讓熱水經過咖啡粉後
再噴至壺中形成咖啡液。由於這種方式所煮出來的咖啡濃度較高，因此
又被稱濃縮式咖啡，就是一般大眾所熟知的expresso咖啡。

■煮泡器具

蒸氣咖啡壺一套。主要包括了上壺、下壺、漏斗杯等三大部分，此
外還附有一個墊片，墊片主要是用來壓實咖啡粉。

■操作方式

主要操作程序如下：

1.先在下壺中注入適量的用水。

2.再將研磨好的咖啡粉倒入漏斗杯中，並用墊片確實壓緊後，放進下
壺中。

3.將上、下二壺確實拴緊。

4.整組咖啡壺移到熱源上加熱，當下壺的水煮沸時，蒸氣會先經過咖
啡粉後再衝到上壺，並噴出咖啡液。

5.當上壺開始有蒸氣溢出時，表示咖啡已煮泡完成。

第八節　茶的種類

從唐代陸羽所著的《茶經》就可以看出中國人對飲茶的講究。茶樹

主要是生長在溫暖潮濕的亞熱帶地區或熱帶高緯度地區，一般多栽種在山坡地上，主要分布的地區包括中國、日本、印尼、印度、土耳其、阿根廷、斯里蘭卡及肯亞等地。

一、茶的種類

茶葉的種類主要可依據茶葉的發酵程度區分為不發酵茶、半發酵茶及全發酵茶等三種。這三種茶不論在製造過程、茶葉外觀及茶湯口感都各具特色，如**表8-2**所示。

表8-2　主要茶葉識別表

類別		發酵程度	茶名	外型	湯色	香氣	滋味	特性	沖泡溫度
不發酵	綠茶	0	龍井	劍片狀（綠色帶白毫）	黃綠色	菜香	具活性、甘味、鮮味。	主要品嚐茶的新鮮口感，維他命C含量豐富。	70℃
半發酵	烏龍茶（或青茶）	15%	清茶	自然彎曲（深綠色）	金黃色	花香	活潑刺激，清新爽口。	入口清香飄逸，偏重於口鼻之感受。	85℃
		20%	茉莉花茶	細（碎）條狀（黃綠色）	蜜黃色	茉莉花香	花香撲鼻，茶味不損。	以花香烘托茶味，易為一般人接受。	80℃
		30%	凍頂茶	半球狀捲曲（綠色）	金黃至褐色	花香	口感甘醇，香氣、喉韻兼具。	由偏於口、鼻之感受，轉為香味、喉韻並重。	95℃
		40%	鐵觀音	球狀捲曲（綠中帶褐）	褐色	果實香	甘滑厚重，略帶果酸味。	口味濃郁持重，有厚重老成的氣質。	95℃
		70%	白毫烏龍	自然彎曲（白、紅、黃三色相間）	琥珀色	熟果香	口感甘潤，具收斂性。	外形、湯色皆美，飲之溫潤優雅，有「東方美人」之稱。	85℃
全發酵	紅茶	100%	紅茶	細（碎）條狀（黑褐色）	朱紅色	麥芽糖香	加工後新生口味極多。	品味隨和，冷飲、熱飲、調味、純飲皆可。	90℃

(一)不發酵茶

就是在茶葉的製造過程中不經發酵步驟的茶葉。我們所熟知的綠茶、龍井茶、碧螺春等都是屬於不發酵茶。不發酵茶的茶湯呈黃綠色，同時茶湯散發著自然的清香。不發酵茶的主要製造步驟有三：

■殺菁

將剛採摘下來的新鮮茶葉，也就是茶菁，利用高溫炒熟或蒸熟的過程就叫做「殺菁」。殺菁的主要作用是在破壞茶葉中的酵素，讓茶葉中止發酵，除此之外還可以達到減少茶葉的含水量、去除茶菁的生味、軟化茶葉組織以利揉捻的進行等功能。

■揉捻

將殺菁後的茶葉送進揉捻機中，利用機器的力量讓茶葉轉動，互相摩擦搓揉。揉捻的主要作用是在破壞茶葉的組織細胞，讓汁液沾附在茶葉表面，讓茶葉在沖泡時容易泡出味道，其次則是可以讓茶葉捲曲成條狀或搓揉成球狀，減少茶葉的體積，以方便包裝、儲存及運送。

■乾燥

再次利用高溫處理，以徹底破壞殘留在茶葉中的酵素，讓茶葉的品質固定。同時，再次的高溫處理，還可使茶葉中的水分含量再降低，讓茶葉更加收縮結實，成為茶乾的狀態，更有利於長時間的保存。

(二)半發酵茶

半發酵茶是指在茶葉殺菁前，加入萎凋及發酵的步驟。由於剛採摘下來的茶菁，茶葉細胞中含有高達75～85%的水分，經過萎凋的過程，能讓茶菁中的水分大量蒸發，而在萎凋過程中由於需要不斷地攪動茶葉，會使葉子間產生摩擦，造成部分細胞的破損，使茶葉細胞中的成分與空氣接觸，而產生氧化作用，這就是所謂的發酵。半發酵茶則是在茶葉發酵程度還未到達100%時就進行殺菁的步驟。由於半發酵茶的製作方法頗為複雜，因此能夠製造出較高級的茶葉，這也是中國製茶中最具特色的茶品種類。半發酵茶依發酵程度又可大致區分成輕發酵茶、中發酵茶及重發酵茶等三種。一般我們熟知的凍頂茶、包種茶是屬於輕發酵

圖8-3 精緻的茶具

資料來源：西華大飯店

茶；鐵觀音則是中發酵茶；白毫烏龍則是重發酵茶。

(三)全發酵茶

全發酵茶則是指茶葉在萎凋後不經殺菁的步驟，而直接揉捻、發酵及乾燥。由於茶菁的發酵程度高達90％以上，因此茶湯較沒有澀味，反而是溫潤滑口，並且有麥芽香。全發酵茶也很適合用來製成加味茶。紅茶則是全發酵茶的代表茶品。

二、茶葉的選購

茶葉品質的好壞直接影響了茶湯的風味，因此在選購茶葉時，應謹慎挑選。一般選購茶葉時我們可從下列三方面來判斷茶葉的好壞。

(一)茶葉的外形

從茶葉的外形我們可以判斷出茶葉的好壞。

1.葉形是否完整、結實且顏色光亮。
2.茶葉中沒有太多的雜質、茶梗及黃葉。
3.新鮮的茶葉乾燥度必須足夠，因此我們可以用手搓揉茶葉，如果可以輕易揉碎且搓揉時聲音清脆，就是新鮮的茶葉。
4.聞聞茶葉的茶香，如果聞到焦味、菁臭味或其他異味，都是不好的茶葉。

(二)試泡

通常茶行都會提供茶具替顧客試泡想購買的茶葉或促銷店內的茶葉。而試泡時茶湯所散發出來的香味、色澤及品茗時的口感，都是判斷茶葉好壞與否的依據。

1.茶湯的香氣是否清新怡人，如果具有明顯的花香或果香更佳。
2.茶湯的色澤必須清澈明亮，不可混濁灰暗。
3.茶湯入口滑順，喝完後口齒留香，喉頭甘潤。
4.聞香杯中的香氣如果能久滯不散就是佳品。

(三)觀葉底

葉底指的就是沖泡過的茶葉。而觀葉底就是從觀察沖泡開的茶葉來判斷茶葉的好壞。

1.觀看葉底是否完整。
2.觀看葉底的顏色是否新鮮，如龍井葉底應該是青翠的淡綠色。
3.葉底是否柔嫩並具有韌性，是否不易被搓破。

選購茶葉時，只要能確實掌握住上述的三個重點，就一定能夠挑選出自己喜愛的好茶葉。

第九節　冷飲的類別與調製

台灣位於亞熱帶地區，因此夏季的氣溫通常偏高，而且在一年之中占有較長的時間。為了消除酷夏的炎熱，不論是各式冰涼的包裝飲料或是自製的清涼飲品，都廣受一般大眾的喜愛。本節將就目前市場中的飲料種類及自製飲品的調製方法加以介紹說明。

目前市場上的飲料種類繁多，除了在口味上做變化之外，近年來，受到國民生活水準的提高，國民對身體健康的日益重視，使得飲料也逐漸以「健康」為主要的改變訴求，紛紛以健康飲料的觀念重新定位飲料

的角色。而目前市場中的飲料大致可分為下列幾類：

一、碳酸飲料

碳酸飲料的主要特色是將二氧化碳氣體與不同的香料、水分、糖漿及色素結合在一起所形成的氣泡式飲料。由於冰涼的碳酸飲料飲用時口感十足，因此很受年輕朋友的喜愛。較為一般大眾所熟知的碳酸飲料有可樂、汽水、沙士及西打等。

二、果蔬汁飲料

果蔬汁飲料主要是以水果及蔬菜類植物等為製造時的原料。由於台灣地處亞熱帶，很適合各類蔬果的生長，再加上台灣傑出的農業技術，使得蔬果的產量極為豐富，目前國內果蔬汁的製造原料有高達七成是自行生產的蔬果，只有二成左右是進口原料。而果蔬汁飲料又可分為二類：

1. 以濃縮果汁為主原料，經過稀釋後再包裝銷售的飲料，主要產品有柳橙汁、葡萄汁及檸檬汁等。
2. 以新鮮水果直接榨取原汁為主原料，主要產品有芒果汁、番茄汁、蘆筍汁及綜合果汁等。

由於水果與蔬菜含有豐富的維他命及礦物質，因此自然健康的形象早已深植人心，而這也使得果蔬汁飲料能很輕易地獲得消費大眾的認同，尤其是純度高的果蔬汁飲料，更是為一般大眾所喜愛。

三、乳品飲料

乳品飲料的營養價值極高，它除了含有維他命及礦物質外，更含有豐富的蛋白質、脂肪及鈣質等營養成分。這使得乳品飲料逐漸從飲料的身分蛻變成營養食品的角色，同時也被一般大眾認為是攝取營養元素的來源之一。而業者也從早期的純鮮乳與調味乳，配合營養健康觀念，研究發展出廣受婦女喜愛的低脂乳品及發酵乳等新產品。乳品飲料與一般飲料除了前面所提到的差異外，它的保存期限較短且極為重視新鮮度的

表8-3　飲料分類一覽表

項目	飲料分類	代表性產品		
1	碳酸飲料	汽水：白汽水、各種口味汽水		
		沙士		
		可樂		
		西打		
2	果蔬汁飲料	果菜汁、柳橙汁、芭樂汁、蘆筍汁、葡萄柚汁、蘋果汁等		
3	乳品飲料	鮮乳：全脂鮮乳、低脂鮮乳等		
		調味乳：蘋果調味乳、巧克力調味乳、咖啡調味乳、麥芽調味乳等		
		發酵乳	稀釋發酵乳：養樂多、多采多姿等	
			優酪乳	
			固狀發酵乳：優格等	
4	機能性飲料	纖維飲料、Oligo寡糖飲料、維他命C飲料、β胡蘿蔔素飲料、鐵鈣鎂飲料及運動飲料等		
5	茶類飲料	中式茶類飲料：烏龍茶、綠茶及麥茶等		
		西式茶類飲料：紅茶、奶茶及果茶等		
6	咖啡飲料	調合式咖啡		
		單品咖啡：藍山、曼特寧等		
7	包裝飲用水	礦泉水、蒸餾水、冰川水		

資料來源：《台灣地區飲料產業五年展望報告》，環球經濟社。蕭玉倩，《餐飲概論》，台北：揚智文化，頁210。

特性，也和一般飲料有很大的不同。

四、機能性飲料

　　機能性飲料除了滿足消費者「解渴」與「好喝」的需求外，更以能為消費者補充營養、消除疲勞、恢復精神體力或幫助消化等為號召，來提高飲料的附加價值。目前市場中的機能性飲料可依它們所強調的特色分為：

(一)有益消化型飲料

　　有益消化型飲料在產品中的主要添加物有二種。一是以添加人工合成纖維素，增加消費者對纖維素的攝取，來達到幫助消化的目的。另一種則是添加可使大腸內幫助消化的Bufidus菌活性化的Oligo寡糖，來達到促進消化的目的。

(二)營養補充型飲料

現代人由於生活忙碌，因此造成飲食不正常、營養攝取不均衡。為了滿足消費者對特定營養素的需求，業者開始在飲料中添加不同的元素，最常見的有維他命C、β胡蘿蔔素、鐵、鈣、鎂等礦物質。

(三)提神、恢復體力型飲料

這類型飲料主要是強調在飲用後能在短時間內達到提神醒腦、恢復體力的效果。常見的添加物有人參、靈芝、DHA必需脂肪酸等。

(四)運動飲料

運動飲料除了強調能在活動過後達到解渴的效果外，並以能迅速補充因流汗所流失的水分及平衡體內的電解質為訴求，使它在運動休閒日受重視的今天，已成為一般大眾在活動筋骨之後首先會想到的解渴飲料。

五、茶類飲料

中國人自古即養成的喝茶習慣，使得茶類飲料的推出能迅速在各類飲料中竄紅。由於傳統的「喝茶」是以熱飲為主，在炎熱的夏季裡並不十分適合飲用，而茶類飲料則是另類地提供了可在夏天飲用的冰涼茶飲，這也就成為它受歡迎的主要原因，再加上喝茶不分四季，因此使得茶類飲料能快速地成長。目前市場中的茶類飲料又有中西式之分：

1. 中式的茶類飲料：主要以烏龍茶、綠茶及麥茶為代表。
2. 西式的茶類飲料：主要是以檸檬茶、花茶、果茶、紅茶及奶茶等為代表。

六、咖啡飲料

咖啡飲料的主要原料是咖啡豆及咖啡粉，因此在原料的取得上必須完全仰賴進口。咖啡飲料除了注重口味的道地外，對於品牌風格的建立及包裝的設計均較其他飲料來得重視，而這都是受到了咖啡飲料的消費

者對品牌忠誠度較高的影響所致。目前市場中的咖啡飲料可分為：

1. 口味較甜的傳統式調合咖啡。
2. 風味較濃醇的單品咖啡飲料，例如藍山、曼特寧等。

七、包裝飲用水

台灣由於工業發達，環境污染嚴重，進而影響到飲用水的品質，消費者為了健康且希望能喝得安心，因此對於無污染的礦泉水、冰川水及蒸餾水等產生了消費的需求，使得包裝飲用水的市場成長快速，也被業者視為是一個極具潛力的市場。

八、純鮮果汁

台灣四季如春，水果的產量及種類都很豐富，因此以新鮮水果為材料的果汁，再加入適量的糖水或蜂蜜後，即可成為清涼可口又富含維他命C的營養飲料。目前市場中較受歡迎的純鮮果汁有葡萄柚汁、檸檬汁、柳橙汁、西瓜汁、胡蘿蔔汁等，以下則簡述個別的調製方法：

(一)葡萄柚汁

先將葡萄柚榨汁，再加入適量的糖水或蜂蜜及少許的鹽攪拌均勻，讓葡萄柚汁可展現適當的甜度，加入冰塊後即可飲用。

(二)檸檬汁

先將檸檬榨汁，與水以1：1的比例稀釋後，再加入適量的糖水或蜂蜜，充分攪拌加入冰塊即可飲用。

(三)柳橙汁

由於柳橙的甜度較葡萄柚及檸檬高，因此可以不必加入糖水或蜂蜜，直接榨汁後即可飲用。

(四)西瓜汁

西瓜的水分含量極高，但在製作清涼果汁時，由於必須加入碎冰

屑，所以甜度會被稀釋，因此可以在製作時加入適量的砂糖，以維持它的甜度。

(五)胡蘿蔔汁

胡蘿蔔是營養價值極高的果菜類，由於它具有養顏美容及降低血壓的功能，因此頗受健康飲食者的喜愛，但由於胡蘿蔔本身具有一種特殊的果腥味，因此在原汁中通常會加入少許的檸檬汁加以調味，而適量的糖水或蜂蜜也是必要的。

(六)混合果汁

主要是將兩種以上不同的飲料加以混合調製而成的飲料。例如近來頗受歡迎的以鮮奶與各類水果調製而成的飲料，或是兩種以上不同果汁混合而成的飲料，都屬於混合果汁。混合果汁製作時的比例較隨興，可以依據自己喜愛的口味任意搭配。

(七)木瓜牛奶

先將木瓜乾淨，去皮去子後，直接投入果汁機中，再加入適量的牛奶、砂糖及碎冰屑，混合攪拌即可。

(八)綜合果汁

主要是以當季的各類水果各取適當的分量，再加上蜂蜜或糖水及碎冰屑，直接放入果汁機內攪拌而成。最常使用的水果有西瓜、鳳梨、蘋果、水梨、香蕉、葡萄、芭樂等。

(九)特製果汁

特製果汁所使用的材料，並不完全是以新鮮的果汁來調製，而且除了主角果汁外，其他的配料種類也較繁多，同時製作時各種材料的混合比例必須固定一致，才能調製出理想的特製果汁。而特製果汁一般使用的原料大致可分成三種[4]：

■原汁類

以新鮮的水果直接壓榨而成，通常是以比較不受季節影響的水果為

主，例如檸檬汁、柳橙汁等。

■濃縮汁類

需要加水稀釋後才可使用，通常是因為原料較不易取得，或為了使用上的方便，才以濃縮的方式事先製備儲存起來，例如百香果濃縮汁、薄荷濃縮液等。

■稀釋果汁類

主要是指可以直接飲用不需要經過稀釋的果汁類，例如市售包裝的柳橙汁、蘋果汁等。

第十節　酒類的製備

一、國產酒

在這部分我們所介紹的國產酒是以台灣所製造生產的酒類為主。而我們將依據酒的製造方法來介紹國產酒。[5]

(一)釀造酒

■紹興酒

紹興酒原來是生產於浙江省紹興縣，主要原料有糯米、米麴與麥麴。製造過程是讓原料先糖化後再以低溫發酵而成，酒精濃度約在16%至17%之間。一般我們所說的「陳紹」，其實就是指儲藏五年以上的陳年紹興酒。

■花雕酒

花雕酒是紹興酒的一種，由於製造的原料是精選的糯米、麥麴及液體麴，而且釀造時對品質進行嚴格的控制，再加上釀製完成後，還需先裝入陶甕中經長期儲存熟成後，再裝瓶出售。因此花雕酒具有溫醇香郁、酒色澄黃清澈的特性，為紹興酒類中的高級品。酒精濃度約為17%。

■白葡萄酒

　　白葡萄酒主要是以省產釀酒專用的金香葡萄純原汁為原料釀製而成，酒精濃度約為13％。由於白葡萄酒含有豐富的維生素、礦物質及葡萄糖等營養成分，而且酒質溫醇、香氣清新，冰涼後飲用風味絕佳，因此廣受一般大眾的喜愛。

■紅葡萄酒

　　紅葡萄酒主要是以黑后葡萄為釀製原料，在釀造時則是連皮一起糖化發酵，並將發酵完成的酒放入橡木桶中約一年的時間，等熟成後再裝瓶出售。酒精濃度約為10％。

■台灣啤酒

　　台灣啤酒主要是以大麥芽和啤酒花為原料，經過糖化、低溫發酵、殺菌後完成，酒精濃度約為3.5％。如果沒有經過殺菌處理的則稱為生啤酒。生啤酒應儲存在3℃的環境下，如果長時間處於超過7℃的環境中，會讓生啤酒二次發酵，使得生啤酒變質。

　　由於啤酒中含有豐富的蛋白質及維生素，並具有淡雅的麥香，冰涼後飲用具有生津解渴的功能，因此被視為酷夏中的消暑聖品，深受社會人士的喜愛。

(二)蒸餾酒

■高粱酒

　　高粱酒原是我國北方特產的蒸餾酒，主要原料為高粱與小麥，並以高粱為命名的依據。製造方法是採用獨特的固態發酵與蒸餾製造，而蒸餾後所得到的酒還必須裝入甕中熟成，以改進酒的品質，酒精濃度約為60％。目前聞名中外的金門高粱，是金門酒廠所生產的高粱酒，由於金門的氣候、土壤與水質很適合高粱的生長，因此所生產的高粱酒品質優異，深受國內外人士的喜愛。

■大麴酒

　　大麴酒也是我國特有的蒸餾酒之一，主要原料是高粱與小麥。也是採用固態發酵與蒸餾法製造，蒸餾後所得到的酒也要裝甕熟成，酒精濃

度約為50％。由於酒質穩定且愈陳愈香愈醇，為烈酒中的上品。

■白蘭地

白蘭地的主要原料為金香及奈加拉白葡萄。製酒過程包括低溫發酵及二次蒸餾，最後再裝入橡木桶中熟成，酒精濃度約為41％。目前省產白蘭地中，除了有熟成時間長短之分外，另外還有台灣特產的凍頂白蘭地，它最大的特色是在製成的酒中加入凍頂烏龍茶浸泡，屬於再製酒的一種，酒精濃度為25％。

■蘭姆酒

蘭姆酒的主要原料為甘蔗。製造時是讓甘蔗糖化發酵，經過蒸餾後再裝入橡木桶中熟成。酒精濃度約為42％。

■米酒

米酒是以蓬萊糙米為主要原料，並添加精製酒精調製而成，為台灣最大眾化的蒸餾酒，也是中餐烹飪中不可或缺的料理酒，酒精濃度約為22％。

■米酒頭

米酒頭也是以蓬萊糙米為主要原料，但不添加精製酒精，並利用兩次蒸餾來提高酒精濃度，是中國傳統的蒸餾酒，酒精濃度約為35％。

(三)再製酒

■竹葉青

竹葉青主要是以高粱酒浸泡天然的竹葉及多種天然辛香料所製成，酒色呈天然淡綠色，酒精濃度約為45％。

■參茸酒

參茸酒則是以精選的鹿茸、黨參及多種天然辛香料，經由高粱酒的浸泡而成。目前為台灣最受歡迎的再製酒，酒精濃度約為30％。

■玫瑰露酒

玫瑰露酒是以高粱酒與玫瑰香精及甘油調製而成的一種再製酒，由於具有淡淡的玫瑰芳香，因此成為我國名酒之一，酒精濃度約為45％。

■龍鳳酒

龍鳳酒是以米酒浸泡黨參及多種天然香料所製成的再製酒。不但含有豐富的維他命、礦物質、胺基酸,而且還具有補血益氣的功效。酒精濃度約為35%。

■烏梅酒

烏梅酒是以新鮮的青梅、李、茶葉、精製酒精及糖為原料混合調製而成。製造過程主要是先將梅、李、茶葉浸泡在酒精中,萃取特殊的風味及色澤,酒精濃度約為16.5%。適宜冰涼後飲用,也可以用來調製雞尾酒。

二、進口酒

進口酒的種類繁多,較具知名度的酒類生產國有法國、德國、義大利、奧地利、西班牙、葡萄牙、希臘、瑞士、匈牙利、智利、澳洲、美國等國家,其中又以歐洲國家居多。以下我們將以酒的製造方法為分類依據,介紹洋酒的種類。

(一)釀造酒

■啤酒

啤酒的好壞與發酵時所使用的酵母菌有很大的關係,而酵母菌的種類又相當的多。目前世界聞名的啤酒生產國——德國,它所擁有的啤酒酵母菌配方最多,尤其是德國慕尼黑啤酒,更是啤酒中的上品。緊追在德國之後的則是位居亞洲的日本,日本以它一貫積極專注的精神,努力發掘與研發,因此使得它所生產的啤酒在世界中也具有良好的口碑。目前台灣市場上最為一般大眾所熟知的啤酒品牌有海尼根啤酒、美樂啤酒、可樂那啤酒、麒麟啤酒（Kirin）、三寶樂啤酒（Sapporo）及朝日啤酒（Asahi）等。

■葡萄酒

葡萄酒主要是以新鮮的葡萄為原料所釀製而成的酒,但是在洋酒中,葡萄酒又可依據製造過程的不同,分成一般葡萄酒、氣泡葡萄酒、

圖8-4　葡萄酒的儲存

強化酒精葡萄酒及混合葡萄酒等四種。

1. 一般葡萄酒：一般葡萄酒就是指不會起泡的葡萄酒。它的製造過程就是將葡萄先榨出葡萄原汁後，加入酵母菌來發酵，讓葡萄汁中的糖分分解成二氧化碳及酒精，然後讓二氧化碳的氣泡跑掉，留下酒精成分，就成為一般葡萄酒。酒精濃度約為9％至17％。這種葡萄酒又可依據製造時所使用的葡萄及釀成後酒的色澤而分成紅酒、白酒及玫瑰紅酒等三種。

(1) 紅葡萄酒：主要是將紅葡萄榨汁，釀造時連同果皮及枝葉一起放入發酵，讓果皮中的色素滲入酒內，使釀造而成的葡萄酒呈現出紫紅色、深紅色等色澤。果皮及枝葉中所含有的單寧酸，則會使得酒味略帶澀味及辣味，而且熟成所需要的時間也因此比白酒長，約為五至六年。紅酒可以長時間存放。

(2)白葡萄酒：一般多是以白葡萄榨汁釀造，但也可以將紅葡萄去皮榨汁後來釀造。由於發酵時純粹是以葡萄汁來發酵，不加入果皮及枝葉，因此酒中所含的單寧酸較少，而酒的顏色則爲無色透明或是青色、淡黃色、金黃色等色澤。熟成時間約爲二至五年。白酒不宜久存，應趁早飲用。

(3)玫瑰紅酒：玫瑰紅酒的製造方式有下列三種：

．將紅葡萄連同果皮一起發酵，當酒呈現出淡淡的紅色時，就將果皮去除，再繼續發酵。

．將釀造好的紅酒與白酒按照一定的比例混合發酵。

．將紅葡萄連皮與白葡萄一起發酵。

2.氣泡葡萄酒：氣泡葡萄酒中以法國香檳區所生產的「香檳酒」最具知名度，而且也只有該區所生產的氣泡葡萄酒可以稱爲香檳酒，其他地區所生產的就只能稱爲氣泡葡萄酒。氣泡葡萄酒所使用的原料與一般葡萄酒相同，唯一不同的地方是氣泡葡萄酒需經過二次發酵的程序。經過第一次發酵後，再加入糖與酵母，然後就裝瓶、封口，儲存在低溫的地窖中至少二年，讓酒在低溫中產生第二次發酵，而第二次發酵所產生的二氧化碳就是氣泡葡萄酒氣泡的來源。酒精濃度約爲9％至14％。

3.酒精強化葡萄酒：就是在葡萄酒的發酵過程中，在適當的時間加入白蘭地，讓發酵中止，如此不但可以保存葡萄中的糖分，增加甜味，更可以提高酒精濃度達14％至24％。最有名的酒精強化葡萄酒是西班牙的「雪莉」酒與葡萄牙的「波特」酒。

4.混合葡萄酒：就是在葡萄酒中添加香料、藥草、植物根、色素等浸泡調製而成。例如義大利的苦艾酒，就是將藥草與基納樹皮浸在酒中所製成。

(二)蒸餾酒

蒸餾酒由於酒精濃度高，因此一般人也將它稱爲烈酒。洋酒中的蒸餾酒有威士忌（Whisky）、白蘭地（Brandy）、伏特加（Vodka）、龍舌蘭

（Tequila）及蘭姆酒（Rum）等五種。

■威士忌

　　威士忌主要是將玉米、大麥、小麥及裸麥搗碎，經過發酵及蒸餾後，再放入橡木桶中醞藏而成。而威士忌品質的好壞則與醞藏時間有很大的關係，醞藏的時間愈久，威士忌的口感與香醇愈濃厚。一般來說威士忌的酒精濃度約在40％至45％之間。

　　生產威士忌的國家很多，但以蘇格蘭、愛爾蘭、加拿大及美國波本等四個地區最具知名度。

■白蘭地

　　白蘭地主要是以水果的汁液或果肉發酵蒸餾而成，而且至少要在橡木桶中儲存二年才能算熟成。使用的水果原料有葡萄、櫻桃、蘋果、梨子等。其中，如果是以葡萄為原料所製成的白蘭地，可以直接以「白蘭地」為名稱，如果是以其他的水果為原料，則會在白蘭地前加上水果的名稱，以作為區別，例如櫻桃白蘭地（Cherry Brandy）。

■伏特加

　　伏特加是一種沒有任何芳香及味道的高濃度蒸餾酒，因此它很適合與其他的酒類、果汁或飲料做搭配調和。伏特加的主要原料是馬鈴薯與其他多種的穀類，經過搗碎、發酵、蒸餾而成。它與威士忌不同的地方在於威士忌為了保存穀物的風味，因此蒸餾出的酒液酒精濃度較低，而伏特加除了酒精濃度較高外，為了去除穀物原有的風味，必須再做進一步的加工處理。

■龍舌蘭

　　龍舌蘭主要是以龍舌蘭植物為原料。龍舌蘭的主要產地在墨西哥，而龍舌蘭用來釀酒的部位是類似鳳梨的果實。主要的製造過程是先將果實蒸煮壓榨出汁液後，再放入桶內發酵，當汁液的酒精濃度達到40％時，就開始進行蒸餾的步驟。龍舌蘭酒需要經過三次的蒸餾，酒精濃度才會達到45％。除此之外，墨西哥政府規定，龍舌蘭酒必須含有50％以上的藍色龍舌蘭蒸餾酒才可被稱為塔吉拉（Tequila）。

■蘭姆酒

蘭姆酒主要是以甘蔗為釀造原料，經過發酵蒸餾，再儲存於橡木桶中熟成。而依據它儲存時間所造成酒液色澤的差異，可區分為白色蘭姆及深色蘭姆二種。

1.白色蘭姆（White Rum）：僅在橡木桶中儲存一年的時間，因此酒色較淡。以古巴、波多黎各、牙買加所生產的白色蘭姆最有名。

2.深色蘭姆（Dark Rum）：除了在橡木桶中儲存的時間較長外，還添加了焦糖，因此不但色澤呈現較深的金黃色，同時味道也比較濃厚。以牙買加所生產的深色、辛辣蘭姆最有名。

(三)再製酒

■琴酒

琴酒（Gin）主要是以杜松莓、白芷根、檸檬皮、甘草精及杏仁等香料與穀類的蒸餾酒一起再蒸餾而成。因為杜松莓是其中不可或缺的重要材料，因此琴酒又稱為杜松子酒。由於琴酒具有獨特的芳香，因此成為調製雞尾酒中最常被使用的基酒。

■甜酒

甜酒主要是指酒精濃度高並具有甜味的烈酒而言，又可稱為利口酒。它主要是以白蘭地、威士忌、蘭姆、琴酒或其他蒸餾酒為基礎，再混合水果、植物、花卉、藥材或其他天然香料，並添加糖分，經過過濾、浸泡及蒸餾而成。由於甜酒所具有的特殊香甜風味，使得它成為廣受大眾喜愛的餐後飲用酒。

第十一節　雞尾酒的調製

雞尾酒（Cocktail）是指兩種或兩種以上的酒，搭配果汁或其他飲料所混合調製而成的一種含有酒精成分的飲料。由於它可以依據個人的喜好與口味，做多樣化的調製，而且製作方法簡單，再加上酒精濃度高的

基酒在經過調製後，會被稀釋沖淡，因此雞尾酒就成為一種較中性的飲料，不但廣受一般大眾的喜愛，更成為宴會中常見的飲品。本節則將介紹調製雞尾酒的器具、調製的原則與方法及服務方式。

一、調製原則

雞尾酒通常是由下列三種原料調製混合而成：

1. 基酒：通常是酒精濃度高的烈酒，主要有威士忌、白蘭地、伏特加、龍舌蘭、蘭姆酒及琴酒等六種。
2. 甜性配料：如糖漿、細砂糖或甜酒。
3. 酸性配料：如各式果汁、苦精或其他的配料。

雞尾酒的調製方法雖然是將基酒與配料混合，但調製時的基本原則一定要切記，那就是基酒是主角，而配料只是增加風味的配角，不可以發生喧賓奪主的情形，讓配料的味道蓋過了基酒的味道，因此調製時的比例控制是很重要的。

二、調製方法與裝飾

雞尾酒的調製方法大致可分為直接調製法、攪拌法、搖動法、漂浮法等四種。

(一)直接調製法

就是不使用調酒器或調酒杯，而直接將材料依序倒入酒杯中的調製方法。材料分量的控制可以利用量杯、酒瓶上所裝的倒酒嘴或是依靠酒吧人員純熟的技術與豐富的經驗，以正確地掌握酒流出的時間等方法來控制分量。材料加入的先後序為：冰塊、苦酒、果汁、蛋、比重較輕的酒、比重較重的酒。

(二)攪拌法

攪拌法所使用到的器具有調酒杯、過濾器、吧匙等。而它主要的調製步驟為：

1.先在調酒杯中放入三至五個冰塊。

2.倒入基酒。

3.加入相關配料。

4.用吧匙以畫圓的方式攪拌五至六回。

5.將過濾器放在調酒杯口，用食指按壓住，慢慢讓酒流出，倒入酒杯中。

(三)搖動法

搖動法主要是利用調酒器大幅度來回搖動所產生的力量，讓較濃稠的配料，如蛋、牛奶、糖漿、濃縮果汁等，能趁此充分與基酒混合的一種調製方法。主要的調製步驟為：

1.先在調酒器的杯身中放入三至五個冰塊。

2.倒入基酒。

3.加入相關配料。

4.將調酒器的過濾器與杯蓋部分依序組合完成。

5.用雙手或單手做上下左右的搖動，六至八回。

6.將蓋子打開，讓酒經由過濾器倒入酒杯中。

(四)漂浮法

漂浮法主要是利用各種酒類不同的比重，讓酒沿著調酒棒緩緩地流入酒杯中，使雞尾酒在酒杯中產生層次分明的視覺效果，例如三色酒、七色酒就是利用這種方法調製而成的。而酒的比重的判斷，則是以酒的酒精濃度來判別，酒精濃度愈高比重愈輕為原則。

(五)裝飾

調製完成的雞尾酒，不是倒入酒杯中就算完成，酒杯的選用與杯口的裝飾對雞尾酒來說，也是很重要的。它就好比人們對衣服的選擇一樣，精心的選擇與搭配，可以讓雞尾酒更有質感，並可以提升它的附加價值，讓顧客不僅在味覺及嗅覺上獲得滿足，更可以獲得視覺上的享受。較常見的裝飾材料有櫻桃、橄欖、檸檬、鳳梨、柳丁等水果及薄荷

葉等。製作時必須注意，裝飾材料的顏色及形狀要能與雞尾酒和諧地搭配，不能過於突兀。因此，調酒對吧檯人員而言，是一種藝術的呈現。

註　釋

[1]Bruce H. Axler, *Food and Beverage Service*, 1990. John Wiley and Sons Inc., U.S.A. p.186.

[2]Sylvia Meyer, Edy Schmid & Christel Spuhler, *Professional Table Service*, 1990. VNR, New York. U.S.A. p.226.

[3]蕭玉倩,《餐飲概論》, 台北:揚智文化, 民88年, pp.210-222。

[4]同註[3], pp.225-230。

[5]同註[3], pp.235-245。

第九章　餐飲衛生與安全

餐飲衛生是餐飲經營第一條需要遵守的準則。餐飲衛生就是餐飲在選擇、生產、銷售的全部過程，都確保餐飲處在安全的完美狀態。爲了保證餐飲的這種安全性，採購的食品必須未受污染，不帶致病菌，食品必須在衛生許可的條件下儲藏，餐飲的製作設備必須清潔，生產人員身體必須健康，生產過程必須符合衛生標準，銷售中要時刻防止污染，安全可靠地提供給客人。因此，一切接觸食品的有關人員和管理者，在食品生產中必須自始至終遵循衛生準則，並承擔各自的職責。

第一節　餐飲衛生的重要性

餐飲衛生是保護客人安全的根本保證。餐飲服務的對象是客人，在經營中餐飲衛生要比獲取利潤更重要，食品的安全衛生，不僅對提高產品質量、樹立餐飲信譽有直接關係，而更重要的是對保障客人健康和幸福起決定作用。客人光顧你的餐飲，是爲了獲得衛生安全、營養豐富、可口滿意的食品，如果食品在加工製作中，生產人員不遵循餐飲衛生的規則操作，提供給客人的是不安全的產品，那麼很可能會引起客人嚴重的疾病，甚至死亡，所以餐飲衛生是直接影響客人健康的關鍵問題，保持食品衛生如同保護客人的生命一樣重要。

餐飲衛生關係餐飲經營的成敗。餐飲管理者必須明白，食品不衛生會使經營受到嚴重的損害。若有食物中毒事件的發生，客人就會對你的餐飲完全失去信任，從而使你的經營形象和信譽完全喪失，同時還可能承擔許多不必要的經濟損失，甚至還要擔負民事和刑事責任。另外，調查表明，客人對餐飲衛生非常重視，客人光顧餐飲時所考慮的重要因素中，放在第一位的是衛生安全，其次才是環境和風味，因此良好的衛生可以吸引客人。爲使你的餐飲經營獲得成功，必須要爲客人提供安全可靠、有益健康的食品，要把衛生放在經營的首位來考慮。

第二節　餐飲衛生的控制

餐飲衛生控制是從採購開始，經過生產過程到銷售爲止的全面控制。廚房生產中的餐飲衛生是由下列因素決定的：

1. 生產環境、設備和工具的衛生。
2. 原料的衛生。
3. 製作過程的衛生。
4. 生產人員的衛生。

因此管理者必須對這四個方面的衛生加以控制。

一、廚房環境的衛生控制

廚房是製作餐飲產品的場所，各種設備和工具都有可能接觸食品，衛生不良既影響員工健康，又會使食品受到污染。環境衛生除了建築設計必須符合餐飲衛生要求，購買設備時考慮易清洗、不易積垢外，最重要的是始終保持清潔乾淨。要達到這樣的目標，就要持之以恆地做好場地、設備和工具的衛生，就應該根據廚房的規模和設備情況，實行衛生責任制，不論何處、何物都有人負責清潔工作，並按規定實行衛生清掃。其次應制訂衛生標準，保證清潔工作的質量。另外對員工應加強衛生教育，養成衛生的工作習慣，不管在何時、何處，無論涉及廚房中何物，隨時保持清潔應成爲操作的規則。廚房管理者既要作出表率，更要有計劃地實施檢查，確保衛生目標的達成。

二、原料的衛生控制

原料的衛生程度決定了產品的衛生質量，因此，廚房在正式取用原料時，要認眞加以鑑定，罐頭食品如果已膨起、有異味或汁液混濁不清，就不應使用；高蛋白食品有異味或表面粘滑不應再用；果蔬類食品

圖9-1　保持廚房環境的衛生是餐飲經營最重要的守則之一

如已腐爛也不應使用。對不能作出感官判斷而有所懷疑的食品，可送衛生防疫部門鑑定，再確定是否取用。對盛放變質食品的一切器皿應立即清洗消毒。

三、生產過程的衛生控制

　　加工中對凍結食品的解凍，一是要用正確的方法，二是要迅速解凍，儘量縮短解凍時間，三是解凍中不可受到污染，各類食品應分別解凍，不可混合一起進行解凍。流水解凍水時溫應控制在攝氏二十二度以下進行。自然解凍的溫度應控制在攝氏八度左右。烹調解凍是既方便又安全的做法。已解凍的食品應及時加工，不能再凍結。加工中食品的清洗，要確保乾淨、安全、無異物，並放置於衛生清潔處，避免任何污染和意想不到的雜物掉入。罐頭的取用，開啓時首先應清潔表面，再用專用開啓刀打開，切忌使用其他工具，避免金屬或玻璃碎屑掉入，破碎的玻璃罐頭不能取用。對蛋、貝類的加工去殼，不能使表面的污物沾染內容物。容易腐壞的食品加工，加工時間要儘量縮短，大批量加工應逐步分批從冷藏庫中取出，以免最後加工的食品在自然環境中放久而降低質

量。加工的環境溫度不能過高，以免食品在加工中變質，加工後的成品應及時冷藏。

配製食品，盛器要清潔並且是專用的，切忌用餐具作爲生料配菜盤。配製後不能及時烹調的要立即冷藏，需要時再取出，切不可將配製後的半成品放置在廚房高溫環境中。配製要儘量接近烹調時間。

烹調加熱食品，要充分殺菌，殺菌重要的是要考慮原料內部達到的安全溫度，盛裝時餐具要潔淨，切忌使用工作抹布擦抹。

冷菜生產的衛生控制，首先在佈局、設備、用具方面應同生菜製作分開。其次，切配食品應使用專用的刀、砧墩和抹布，切忌生熟交叉使用，這些用具要定期進行消毒。操作時要儘量簡化製作手法。裝盤不可過早，裝盤後不能立即上桌的應用保鮮紙封閉，並要進行冷藏。生產中的剩餘產品應及時收藏，並且儘早用掉。

四、生產人員的衛生控制

廚房生產人員接觸食品是日常工作的需要，因此生產人員的健康和衛生就十分重要。廚房生產人員在就業前必須通過身體檢查。生產人員不得帶傳染性的疾病進行工作，爲保證餐飲衛生應嚴格實行這個規則。

工作人員應保持整潔，穿戴的工作衣帽髒後應及時更換，飯店要創造這樣的條件。頭髮要整潔，髮式要簡單方便，戴上工作帽後要能完全掩蓋，避免工作時有髮飾、頭皮屑或頭髮掉落食品中。

烹飪製作是一項手工操作，手部的清潔是最重要的。工作中隨時保持手的乾淨，不得把工作服當擦手巾，以免手被工作裙污染，操作中儘量使用工具，減少手與食品的直接接觸，必要時應戴清潔消毒手套。手指不得蓄留長指甲、塗指甲油及配戴首飾，指甲修剪長度應短於手指前端。對此不僅要有明確規定，而且應定期檢查，使其成爲一種工作慣例。

另外，任何個人不得在生產區吸煙、嚼口香糖，不得對著菜餚說話，不得坐工作台，以免污染食品。

第三節　廚房安全

　　廚房的不安全來自兩個方面：食物中毒和生產事故。餐飲經理要充分認識到這兩個方面不安全的嚴重性和危害性，要清楚自己的責任，同時還必須明白，廚房的安全並非只是管理人員重視就能有效的，必須使廚房全體員工都認識到安全的必要，有安全意識，共同負責，才能達到安全的目的。

一、食物中毒的預防

　　廚房安全最重要的是防止食物中毒對餐飲經營有極大的危害性，因此，是值得餐飲部經理時時加以重視的問題。根據國外和國內中毒事件的資料說明，食物中毒以其種類來看，以微生物造成的最多，發生的原因多是對食物處理不當所造成，其中以冷卻不當爲主要致病原因。從場所來看，大部分發生在飲食業，主要是衛生條件差，生產沒有良好的衛生規範。從事故發生的時間看，大部分在夏秋季節，原因是氣溫高易使微生物繁殖生長，造成食物變質。從原料的品種看，主要是魚、肉類、家禽、蛋品和乳品等高蛋白食物，因爲這些食物最容易滋生微生物。所以這些都應作爲預防食物中毒的重點。

　　食物中毒是由於食用了有毒食物而引起的中毒性疾病。食物之所以有毒、致病、造成不安全的原因有：

　　1.食物受細菌污染，細菌產生的毒素致病。這種類型的食物中毒是由於細菌在食物上繁殖，並產生有毒的排泄物，致病的原因不是細菌本身，而是排泄物毒素。對此必須有清楚的認識，因爲食物中細菌產生毒素後，該食物就完全失去了安全性，即使烹調加熱殺死了細菌，但並不能破壞毒素而使失去活性，毒素仍然存在。這種毒素通常又不能透過味覺、嗅覺或色澤鑑別出來，因此採取嚐嚐味道、試

試看有沒有壞的辦法是無效的，不可能辨別食物是否安全。

2.食物受細菌污染，食物中的細菌致病。這種類型的食物中毒，是由於細菌在食物上大量繁殖，當食用了含有對人體有害的細菌就會引起中毒。

3.有毒化學物質污染食物，並達到能引起中毒的劑量。

4.食物本身含有毒素。

當了解了食物中毒的原因後，最重要的是對食物如何加以安全控制，怎樣防止食物中毒的發生，故將食物中毒的預防概述如後。

二、細菌性食物中毒的預防

實際可行的細菌性食物中毒防止方法有：

1.嚴格選擇原料，並在低溫下運輸、儲藏。

2.烹調中調溫殺菌。

3.創造衛生環境，防止病菌污染食品。

(一)防止沙門氏菌的污染及中毒

沙門氏菌生長在人和動物的腸道內，故病原菌的媒介食品通常是雞、火雞、豬肉、牛肉、牛乳和蛋等。受污染的食品引起中毒的原因，是由於冷藏不適當，或在廚房工作台上交叉污染，最常發生在餐飲業，預防的措施是：

1.生產員作定期的健康檢查和保持個人衛生，並避免帶菌者工作。

2.保持加工場所的衛生，防止動物、鼠類、蠅蚊、昆蟲侵入廚房。

3.杜絕熟食長時間放置在室溫下，應及時冷卻保藏。

4.對雞、蛋類的餐飲加工應防止帶菌污染。

(二)防止副溶血性弧菌的污染及中毒

本菌又稱致病性嗜鹽菌，廣泛分佈於海水中，病原菌的媒介食品是海產品。中毒發生期以六至八月最多。預防措施是：

1.利用冷凍和冷藏阻止增殖。攝氏十度時則生長緩慢,而攝氏五至八度時可抑制生長。

2.加熱殺菌徹底。通常攝氏六十度十分鐘即可。

3.盛裝海產品的盛器必須洗滌乾淨,以免間接污染。

4.不生食海產品。

(三)防止葡萄球菌的污染及中毒

葡萄球菌本身沒有毒害,主要是產生的排泄物有毒。本菌主要來源是鼻炎和咽喉炎的分泌物。本菌耐高溫,攝氏一百度三十鐘煮沸都不會破壞。預防措施是:

1.有感冒、受傷及咽喉炎、鼻炎的人員不能參與食品製作。

2.食品應及時冷藏,因為攝氏七度以下本菌就不能繁殖及產生毒素。

(四)防止肉毒桿菌的污染及中毒

本菌主要是隨泥土或動物糞便污染食品,它的生長繁殖需有氧條件。通常引起中毒的食品有肉類罐頭、臭豆腐、臘肉等,高溫可殺死此菌。預防的措施是:

1.劣質罐頭要充分加熱後再食用。

2.食品應冷藏,因本菌攝氏十度以下很難繁殖。

3.在肉製品及魚製品中加入食鹽或硝酸鹽有抑菌作用。

4.防止受土壤及動物糞便的污染。

(五)防止黃麴毒素污染及中毒

黃麴毒素是黃麴菌的代謝產物,具有致癌性。預防措施是:

1.花生、大豆、大米等應儲藏於低溫乾燥處,以免高溫潮濕而發霉,使食品產生毒素。

2.以上幾種發霉的食品不能食用。

三、化學性食物中毒的預防

1.從可靠的供應單位採購食品。

2.化學物質要遠離食品處安全存放，並由專人保管。

3.不使用有毒物質的食品器具、容器、包裝材料。如使用銅、鋅、汞、錫、鉛等器具，盛裝酸性液體食品或腐蝕性食品，其盛器金屬成分易溶入食品中。塑料包裝材料應選用聚乙烯、聚丙烯材料製成的製品。

4.廚房使用化學殺蟲劑要謹慎安全，並由專人負責。

5.廚房清掃時，化學清潔劑的使用必須遠離食品。

6.各種水果、蔬菜要洗滌乾淨，以進一步消除殺蟲劑殘留。

7.食品添加劑的使用，應嚴格執行國家規定的品種、用量及使用範圍。

四、有毒食物中毒的預防

1.毒蕈含有毒素而且種類很多，所以餐飲中只可食用證明無毒的蕈類，可疑蕈類不得食用。

2.白果的食用要加熱成熟，少食，切不可生食。

3.馬鈴薯發芽和發青部位有葵素毒素，加工時應去除乾淨。

4.苦杏仁、黑斑甘薯、鮮黃花菜、未醃透的醃菜不能使用。

5.秋扁豆、四季豆烹調要加熱徹底，不可生脆。木薯不宜生食。

五、操作安全

廚房是一個食品的生產場所，生產所使用的各種刀具、銳器、熱源、電動設備等，在操作時如不採取安全防範措施，隨時可能造成事故。因此，管理者必須了解廚房中常見的幾類事故，知道事故的防範措施，從而加強安全工作。

(一)割傷

割傷主要是由於使用刀具和電動設備不當引起。其預防措施如下:

1.使用刀具方面

要求廚師用刀操作時要集中注意力,按正確的方法使用刀具,並隨時保時砧墩的乾淨和不滑膩。操作時不得持刀比手畫腳,攜刀時不得刀口向人。放置時不得將刀放在工作台邊上,以免掉落砸到腳,一旦發現刀具掉下不要隨手去接。禁止拿著刀具進行打鬧。清洗時要求分別清洗,切勿將刀具浸在放滿水的池中。刀具要妥善保管,不能隨意放置。

2.使用機械設備方面

要求懂得設備的操作方法才可使用。使用時要小心從事。如使用絞肉機,必須使用專用的填料器推壓食品。在清洗設備時,要求先切斷電源再清洗。清潔銳利部位要謹慎,擦拭時要將布摺疊到一定的厚度,從刀口中間部位向外擦。

另外,破碎的玻璃器具和陶瓷器具要及時處理,並要用掃帚清掃,不得用手撿。

(二)跌傷

跌跤引起的生命威脅僅次於交通事放,廚房裡跌跤又比其他事故為多,因此必須特別注意。採取的預防措施有:

要求地面始終保持清潔和乾燥,油、湯、水灑地後要立即洗掉,尤其在爐灶作業區。廚師的工作鞋要是具有防滑性能的廚師鞋,不得穿薄底鞋、已磨損鞋、高跟鞋,以及拖鞋、涼鞋。穿鞋的腳不得外露,鞋帶要繫緊。廚房行走的路線要明確,避免交叉,禁止在廚房裡跑跳。

廚房內的地面不得有障礙物。發現地面舖面磚塊鬆動,要立即修理。在高處取物時,要使用結實的梯子,並小心使用。

(三)扭傷

扭傷通常是引起廚房事故的又一原因,多數是因為搬運超負荷的物品和搬運方法不正確引起。

教會員工正確搬運物品的方法是最關鍵的預防措施。要求員工在搬

運重物前，先要把腳站穩，並保持背挺直，不得向前或向側面彎曲，從地面取物要彎曲膝蓋，搬起時重心應在腿部肌肉上，而不要在背部肌肉上。另外，一次搬物不要超負荷，重物應請求其他員工幫助合作，或者使用手推車。

(四)燙傷

燙傷多發生在爐灶部門。防範的措施是：

要求員工在使用任何烹調設備或點燃瓦斯設備時，必須遵守操作規程。使用油鍋或油炸爐時，要嚴禁水分濺入，以免引起爆濺灼傷人體。使用蒸鍋或蒸汽箱時，首先要關閉閥門，再背向揭開蒸蓋。烤箱或烤爐在使用時，嚴禁人體直接接觸。煮鍋中攪拌食物要用長柄勺，防止鹵汁濺出燙傷。容器中盛裝熱油或熱湯時要適量，端起時要用墊布，並提醒別人注意，不要碰撞。清洗設備時要冷卻後再進行，拿取放在熱源附近的金屬用具時應用墊布。另外要嚴禁在爐灶間、熱源處嬉戲，這要成為工作規則。

(五)電擊傷

廚房中的電器設備極易造成事故，預防的措施是：

首先要請專家檢查設備的安裝和電源的安置，是否符合廚房操作的安全，不安全的部分應立即改正。所有電器設備必須有安全的接地線。其次要培訓員工學會設備的操作。要求在使用前對設備的安全狀況進行檢查，如電線的接頭是否牢固，絕緣是否良好，有無損傷或老化現象。使用中如果發現故障，應立即切斷電源。濕手切勿接觸電源插座和電氣設備，清潔設備要切斷電源。廚房人員不得對電路和設備進行擅自的拆卸維修，對設備故障要及時提出維修。發現漏電的設備要立即取走，維修後再用。

(六)火災

廚房中的火災事故是最容易發生的，因此要特別加以重視。廚房引起火災的主要有油、瓦斯、電等熱源，採取的預防措施是：

1. 要求在廚房生產中，使用油鍋要謹慎，油鍋在加溫時，作業人員切不可離開，以免高溫起燃，並教會員工油鍋起火的安全處理方法。操作中要防止油外溢，以免流入供熱設備引起火災。要經常清潔設備，以防積在設備上的油垢著火。要防止排煙罩油垢著火，竄入排風道，這樣會很難控制，會造成火災。

2. 要求使用瓦斯設備的員工一定要知道瓦斯的危險性。發現瓦斯灶有漏氣現象，要立即檢查，並完全安全後再使用。瓦斯突然熄火後要關閉閥門，以防瓦斯外洩在第二次點火時引起爆炸起火。工作結束後一定要關閉閥門。對瓦斯設備的使用一定要訂出嚴格操作規則，要定期檢查。另外，廚房須備有足夠的滅火設備，培訓每個廚房員工知道滅火器的位置和使用方法。

第十章 餐廳的設計

餐廳管理的好壞，直接影響到餐廳的聲譽，關係到餐飲經營的成效。因此，作為餐飲部門的經理，必須了解餐廳管理的特點，建立起餐廳管理與服務的各項質量標準，合理地安排餐廳的組織結構，保證餐廳經營的正常進行。本章將具體闡述各類餐廳主題的確定方法和內部的設計與佈置，探討餐廳內部的組織結構的設置和職責，介紹餐廳管理的各項具體內容。

　　餐廳管理，是在餐飲部領導下，各類餐廳經理按實際情況，執行計畫、組織員工、調配物資、擴大銷售、優質服務及職業培訓等多項工作的綜合。

第一節　餐廳的性質與佈置

一、餐廳性質的選擇

　　餐廳的主題與藝術作品的主題相仿，是餐廳服務的內容的集中反

圖10-1　國際觀光旅館餐廳之大廳

資料來源：西華大飯店提供

映。它包括：

1.確定該餐廳的營業性質或功能，是作為風味餐廳，還是宴會餐廳；
是作為中餐廳，還是西餐廳。
2.表現該餐廳的銷售內容和方式。
3.明示該餐廳的服務規格或水準。
4.反映該餐廳的技術能力和專長。

餐廳主題的選擇正確與否，關係到餐廳經營的成效。某些獨特主題餐廳對國際旅客有極大的吸引力，因此，達到了投資和裝潢花費少但收益好的效果。餐廳主題選擇的成功，使該餐廳的經營如同順水行舟，在市場競爭中取勝。

確定餐廳主題過程中，還應考慮各種主觀、客觀條件。客觀條件包括餐廳經營期間的社會、經濟形勢，氣候因素，客源狀況及地理位置的分析。主觀條件包括餐廳的設施設備，資金財力，技術力量等軟硬體水準。

二、餐廳的佈置

餐廳的佈置，包括餐廳的門面（出入口）、餐廳的空間、座席空間、光線、色調、音響、空氣調節、餐桌椅標準，以及餐廳中客人與員工流動線設計等內容。[1]

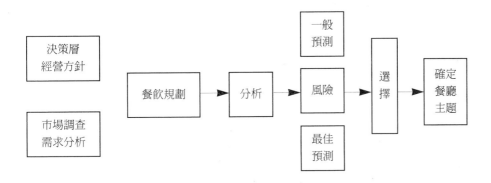

圖10-2　餐廳主題選擇程序

圖10-3　餐廳之入口

資料來源：西華大飯店

(一)餐廳的店面及通道的設計佈置

餐廳在店面設計與佈置上已擺脫了以往封閉式的方法而改為開放式。外表採用大型的落地玻璃使之透明化，使人一望即能感受到廳內用餐的情趣；同時注意餐廳門面的大小和展示窗的佈置，招牌文字的醒目和簡明。

餐廳通道的設計佈置應表現流暢、便利、安全，切忌雜亂。

■餐廳空間

通常狀況下，餐廳的空間設計與佈局包括幾個方面：

1.流通空間（通道、走廊、座位等）。

2.管理空間（服務台、辦公室、休息室等）。

3.調理空間（配餐間、主廚房、冷藏保管室等）。

4.公共空間（洗手間）。

餐廳內部的設計與佈局應根據餐廳空間的大小決定。由於餐廳內部各部門所占空間的需要不同，要求在進行整個空間設計與佈局規劃時，

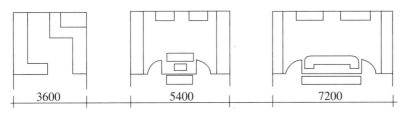

圖10-4　餐廳出入口之形式

統籌兼顧，合理安排。要考慮到客人的安全性與便利性、營業各環節的機能、實用效果等諸因素；注意全局與部分間的和諧、均勻、對稱，表現出特殊的風格情調，使客人一進餐廳，在視覺和感覺上都能強烈地感受到形式美與藝術美，得到一種享受。

■餐廳座位

　　餐廳座位的設計、佈局，對整個餐廳的經營影響很大。儘管座位的餐桌、椅、架等大小、形狀各不相同，還是有一定的比例和標準，一般以餐廳面積的大小，按座位的需要作適當的配置，使有限的餐廳面積能極大限度地發揮其運用價值。

　　目前，餐廳中座席的配置一般有單人座、雙人座、四人座、六人座、圓桌式、沙發式、方型、長方型、家族式等形式，以滿足各類客人的不同需求。通常餐廳桌椅使用尺度，如圖10-5至圖10-9所示。

第二節　餐廳動線之安排

　　餐廳動線是指客人、服務員、食品與器物在廳內的流動方向和路線。[2]

一、客人動線

　　客人動線應以從大門到座位之間的通道暢通無阻為基本要求，一般而言，餐廳中客人的動線採用直線，避免迂迴繞道，任何不必要的迂迴

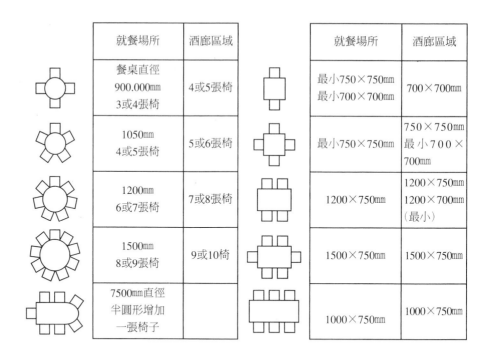

	就餐場所	酒廊區域		就餐場所	酒廊區域
	餐桌直徑 900.000mm 3或4張椅	4或5張椅		最小750×750mm 最小700×700mm	700×700mm
	1050mm 4或5張椅	5或6張椅		最小750×750mm	750×750mm 最小700×700mm
	1200mm 6或7張椅	7或8張椅		1200×750mm	1200×750mm 1200×700mm （最小）
	1500mm 8或9張椅	9或10椅		1500×750mm	1500×750mm
	7500mm直徑 半圓形增加 一張椅子			1000×750mm	1000×750mm

圖10-5　餐桌尺寸

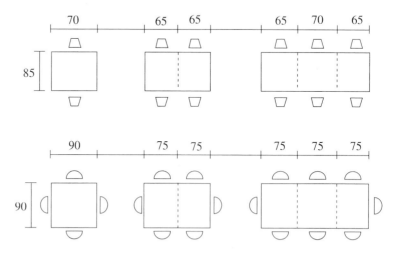

圖10-6　長方形餐桌排列方式

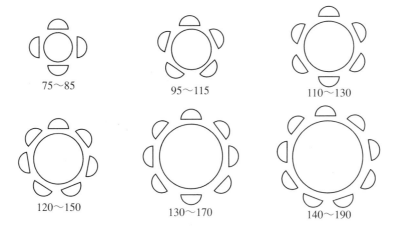

75～85   95～115   110～130

120～150   130～170   140～190

圖10-7　圓形餐桌

分格形座位

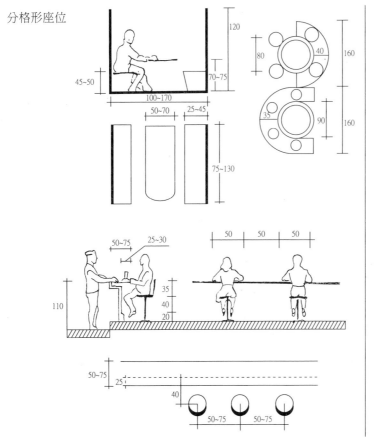

圖10-8　分格形座位

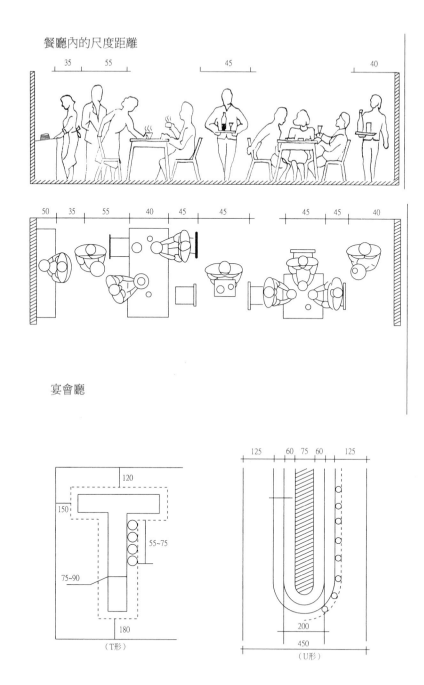

圖10-9　餐廳內的尺度距離、宴會廳

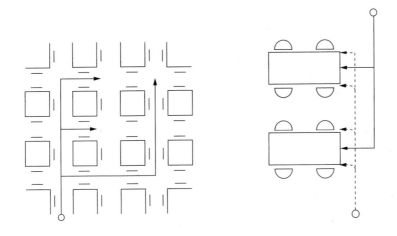

圖10-10　客人動線圖

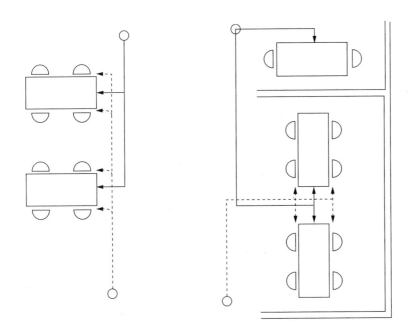

圖10-11　服務員動線圖

曲折都會使人產生一種人流混亂的感覺，影響或干擾客人進餐的情緒和食慾，餐廳中客人的流通通道要儘可能寬敞，動線以一個基點爲準，如圖10-10。

二、服務人員動線

餐廳中服務人員的動線長度對工作效益有直接的影響，原則上愈短愈好。

在服務人員動線安排中，注意一個方向的道路作業動線不要太集中，儘可能除去不必要的曲折。可以考慮設置一個「區域服務台」，既可存放餐具，又有助於縮短服務人員行走的動線。

第三節　餐廳的光線與空調

一、光線

大部分餐廳設立於鄰近路旁的地方，並以窗代牆；也有些設在高層，這種充分採用自然光線的餐廳，使客人一方面能享受到自然陽光的舒適，另一方面能產生一種明亮寬敞的感覺，心情舒暢而樂於飲食。

還有一種餐廳設立於建築物中央，這類餐廳須借助燈光，並擺設各種古董或花卉，光線與色調也要十分協調，這樣才能吸引客人注目，滿足客人的視覺。[3]

通常飯店餐廳所使用的光源佈置如下：

1. 光源種類說明：光源主要可分爲燈泡和日光燈，詳見**表10-1**。
2. 照明方法說明：可分爲全體照明和部分照明，詳見**表10-2**。
3. 光度計算法：「光度和距離的平方成反比」，如兩支二十瓦的日光燈，在兩公尺距離發出一百燭光，而要達到兩百燭光，則需一點四公尺。

表10-1　光源種類

類別	亮度	壽命	色彩	調光	用途	性能
燈泡	1	100小時，倘使用調光器時，可用400小時。	紅黃	可	使用於入口門廳、餐廳、廚房、洗手間處。	白燈是鎢絲製成，熔點甚高。
日光燈	3	3000小時，每開關一次，就縮短2小時壽命。	黃綠（也可出現紅燈黃色）	不可	使用於外燈、門燈、公用燈等。	即螢光燈

表10-2　照明方法說明

種類	全體照明（天花板燈）	部分照明（吊燈）	全體照明（壁內燈）	部分照明（托架燈）
記號				
用途特性	種類繁多，有白燭燈和日光燈兩種，也有防爆性。	這種燈裝飾性簡單，是室內佈置常用燈，很少使用日光燈。	照明器不明顯，因為燈光不耀眼，所以室內有柔和感，但照明效果不太好，這類燈目前無日光燈。	活動空間，可以局部使用，門外、大門、通道等都可使用。

圖10-12　感覺舒適的燈光

資料來源：西華大飯店

餐廳入口照明是為了使客人能看清招牌，吸引注意力。它的高度應與建築物的高低相配合，光線以柔和為主，使客人感覺舒適為宜。

餐廳走廊照明，如遇拐彎和梯口，如果應配置燈光，燈泡只要二十至六十瓦就夠了。長走廊每隔六公尺左右裝一盞燈，如遇角落區有電話或儲物，要採取局部照明法。

光線的調配要結合季節來調整，或依餐廳主題安排。

無論哪一種光線與色調的確立，都是為了充分發揮餐廳的作用，以獲取更多的利潤，和給客人更多的滿足。

二、空氣調節系統的佈置

客人來到餐廳，希望能在一個四季如春的舒適空間就餐，因此室內空氣與溫度的調節對餐廳的經營有密切的關聯。

餐廳的空氣調節受地理位置、季節、空間大小所制約。如地處熱帶的餐廳，沒有一個涼爽宜人的環境，不可能吸引客人上門。雖然空氣調節設備費用昂貴，只要計劃安排得當，總是收入大於支出的。

三、音響

餐廳根據營業需要，在開業前就應考慮到音響設備的佈置。音響設

表10-3　按季節調整光度

季節	色調	光源(線)
春	明快	50~100燭光
夏	冷色調為主	50燭光
秋	成熟強烈色彩	50~100燭光
冬	暖色調為主	100燭光

表10-4　不同類餐廳的照度

餐廳	色調	光源
豪華型	較暖或明亮	50燭光
正餐	橙黃，水紅	50~100燭光
快餐	乳白色，黃色	100燭光

表10-5　不同季節的溫度與濕度

溫度（攝氏）	溫度（攝氏）	與室外濕度比例
25℃	22℃	65%
26℃	23℃	65%
28℃	24℃	65%
30℃	25℃	60%
35℃	29℃	60%
-10℃	1~5℃	45%
-50℃	5℃	50%

備，也包括樂器和樂隊。高雅的餐廳中，有的在營業時，有人現場演奏
鋼琴。在的餐廳營業時播放輕鬆愉快的樂曲；也有這樣的餐廳，有樂隊
演奏，歌星獻唱，客人自娛自唱。有時餐廳會場，還要為會議提供七種
以上的同聲翻譯的音響設備。作為餐飲部經理，還可根據餐廳主題，按
客人享受需要，在營業時增添必要的音響設備，提高經濟效益。

四、非營業性設施

餐廳中常設有一種非營業性公共設施，以便利客人。

1. 接待室。接待室的設立是為了在餐廳客滿時，客人不必站立等候，
   可以在設備舒適的地方休息。接待室提供給客人消遣的設施，如電
   視機、報刊、雜誌等，如有可能，還可設立一個小酒吧。如接待空
   間較寬，必要時還可作為小型會議場所。

2. 衣帽間。通常設在靠近餐廳進口處。

3. 洗手間。評估一個好的餐廳是從裝潢最好的洗手間開始，因為任何
   人都可以由洗手間的整潔程度來判斷該餐廳對於食物的處理是否合
   乎衛生，所以應引起特別重視。洗手間的設置應注意：
   (1)洗手間應與餐廳設在同層樓，免得客人上下不便。
   (2)洗手間的標記要清晰、醒目（要中英對照）。
   (3)洗手間切忌與廚房連在一起，以免影響客人的食慾。
   (4)洗手間的空間能容納三人以上。

(5)附設的酒吧應有專用的洗手間，以免客人飲酒時跑到別處去洗手。

另外，還要在餐廳方便處設置專用的電話服務，以便利客人，並且選擇恰當的地方安置收銀結帳處。

第四節　餐廳與其他部門的聯繫

餐廳，作為飯店第一線的銷售窗口和樹立飯店餐飲部聲譽的部門，在它的運轉中，必須取得各方面的支持和配合，才能達到預期的目標，這就需要餐廳人員主動熱情處理好與各方面的關係，加強與各有關部門的聯繫，相互溝通信息，融洽雙方感情，以求得雙方相互支持與理解。

一、餐廳與廚房的聯繫

餐廳與廚房是不可分割的兩個環節，它們是前台與後台的關係。

客人在餐廳進餐時發生的情況，如菜鹹、菜淡、不新鮮、湯飯冷要求加熱，或客人因有急事要求提前進餐等情況，都要廚房進行及時的密切配合，協調一致，否則會影響服務質量、餐廳聲譽和營業收入。因此，餐廳與廚房要經常進行交流，互通信息、融洽關係，使服務質量和菜餚質量不斷提高。

二、餐廳與餐務部的聯繫

餐務部是餐飲部領導的一個部門，也是協助餐廳完成各項服務工作的後勤保障部門。餐廳中一切衛生清潔用具、玻璃器皿、金銀銅器、服務用具和物品等，都靠餐務部保管和提供。特別在重大任務、重大宴會時，餐廳要求餐務部要保證供貨渠道暢通。餐廳若要添置物品要及時通知餐務部進行採購。

三、餐廳與飲務部的聯繫

飲務部是餐飲部領導的一個部門，專門負責酒和飲料銷售管理，餐廳經營酒吧、飲料銷售和推廣，需依賴飲務部門。特別是舉辦各種形式和規格的宴會和酒會，對酒類服務要求高水準。但有些餐廳未設酒吧，飲務部就可直接為客人提供方便。因此餐廳和飲務部應經常互通有無，加強合作。

四、餐廳與餐飲部辦公室聯繫

餐飲部經理制訂的餐飲部整體營銷計劃通過辦公室下達給餐廳經理；餐廳經理根據餐飲部整體營銷計劃負責實施並落實。餐廳經理在實施營銷計劃過程中，對客人提出和工作人員請示有關問題不能作決定時，要及時向餐飲部辦公室請示報告，由餐飲部辦公室研究解決。餐廳經理還可通過餐飲部辦公室與其他有關部門進行協調，處理好餐飲工作中所遇到一系列問題。

五、餐廳與財務部的聯繫

財務部是管理餐廳營業收入的部門，它對餐廳的營業收入有監督作用。餐廳每天的營業收入與小票帳冊由餐廳帳台每天向財務部交納。企業的規定和政策透過財務部及時向餐廳帳台傳達。

六、餐廳與工程部的聯繫

工程部對餐廳的照明、供水、空調、冷凍等設備的維修保養直接負責。

七、餐廳與安全部的聯繫

餐廳營業中出現的治安問題，應及時向安全部或警衛室報告，取得支持，及時解決。

註　釋

[1]John. F. and Charles A., *Guide to Kitchen Management.* New York: Van Nostrand
　　Reinhold Company. 1985. pp. 26-38.
[2]同註[1]，p.156。
[3]同註[1]，p.263。

第十一章　餐飲服務心理學

服務是一個涵義非常模糊的概念，服務是幫助，是照顧，是貢獻，服務是一種形式。服務是由服務人員與顧客構成的一種活動，活動的主體是服務人員，客體是顧客，服務是透過人際關係而實現的，這就是說，沒有服務人員與顧客之間的交往，就無所謂服務。服務心理學是把服務當作一種特殊的人際關係來加以研究的，要懂得服務，首先要懂得人際關係。

第一節　服務是透過人際溝通而形成

人際交往有其功能方面和心理方面。而服務是透過人際關係來實現的，因此服務也必然有它的功能方面和心理方面。當一位餐廳服務員向顧客介紹餐廳所經營的菜餚飲料時，他的介紹是不是準確，能不能讓顧客聽明白，這是功能方面的問題；她是否面帶微笑，是否彬彬有禮地向客人作介紹，這就是心理方面的問題。

對於「微笑服務」可以有兩種理解。第一種理解：微笑服務是服務人員面帶微笑去為顧客提供服務。第二種理解：微笑也是服務人員為顧客提供的一種服務。以餐廳服務員來說，按照第二種理解，給顧客介紹餐廳所經營的菜餚飲料是一種服務，對顧客微笑，使顧客感到和藹可親，這也是一種服務。前一種服務是「功能服務」，後一種服務就是「心理服務」。

在當今的市場競爭中，一家餐廳要想贏得優勢，就不僅要生產優質菜餚，而且要提供優質服務，不僅要提供優質的功能服務，而且要提供優質的心理服務。作為一名服務人員，不僅要以優質的功能服務贏得顧客的讚揚，而且要以優質的心理服務贏得顧客讚揚。

提供功能服務是為顧客提供方便，幫助顧客解決他們自己難以解決的種種實際問題。

提供心理服務是在為顧客解決一些實際問題的同時，還能讓顧客在心理上得到滿足；或者是即使不能為顧客解決實際問題，也能讓顧客在

心理上得到滿足。

　　未來學家托夫勒斷言：「在一個旨在滿足物質需要的社會制度裡，我們正在迅速創造一種能夠滿足心理需要的經濟。」他認為「經濟心理化」的第一步是在物質產品中添加心理成分，第二步就是擴大服務業的心理成分。

　　所謂擴大服務業的心理成分，就是除了提供功能服務以外，還要提供心理服務，使服務具有更多的人情味。

　　擴大服務業的心理成分對服務人員提出了更高的要求。為顧客提供富於人情味的服務，要求服務人員本身就是一個富於人情味的人。所謂富於人情味，至少有以下兩個方面的涵義：一方面，服務人員必須懂得人們的心理需要，在與人交往時能夠察覺別人情緒上的微妙變化，進而做出恰當的反應；另一方面，他必須是一個感情上的富翁，而不能是一個感情上的貧窮者。

　　說到微笑服務，有人說：「讓我對顧客微笑，誰對我微笑呀？對不起，我笑不起來！」聽到這種說法，使人聯想起與此很相似的一種說

圖11-1　服務是給客人一種美的感受

法：「讓我借錢給你，誰借錢給我呀？對不起，我沒錢！」那些連一個微笑都拿不出來，或者連一個微笑都捨不得給別人的人，實在是感情上的貧窮者。

關於貧窮與富有，心理學家弗洛姆有相當深刻的論述：「在物質領域內『給予』意味著富有。富有，並不是擁有很多財物的人才富有，而是慷慨解囊的人才富有。從心理學角度講，擔心損失某種東西而焦慮不安的守財奴，不管他擁有多少財產，都是窮困的、貧乏的。誰能自動『給予』，誰便富有。他體驗到自己是一個能夠『給予』別人幫助的人。」「正是在『給予』行為中，我體會到自己的強大、富有、能力。這種增強了的生命力和潛力的體驗使我備感快樂。

一名服務人員能夠讓顧客感到親切、溫暖、幸福，能夠在他們的心中留下美好的記憶，這就充分說明了他是一個感情上的富翁，他完全有理由為此而感到自豪。

服務的心理方面不是單向的，而是雙向的。服務人員不只在感情上對顧客施加影響，而且在感情上接受顧客對自己的影響。優秀的服務人員都是以自己對顧客的關心、理解和尊重，贏得了顧客自己的關心、理解和尊重。而某些服務態度不好的服務人員，他們在使顧客感情上遭受打擊的同時，也不免使自己在感情上受到傷害。

在人際交往中，歡樂是可以共享的。誰能撥動別人的心弦，誰就能聽到美妙的樂曲。正如弗洛姆所說的：「他不是為了接受而『給予』，『給予』本身是一種高雅的樂趣。但是，在這一過程中，他不能不帶回在另一人身上復甦的某些東西，而這些東西又反過來影響。他在真正的給予之中，他必須接受回送給他的東西。因此『給予』隱含著使另一個人也成為獻出者。他們共享已經復甦的精神樂趣。在『給予』行為中產生了某些事物，而兩個當事者都因這是他倆創造的生活而感到欣然。」

第二節　拉近與顧客的距離

　　消除孤獨感、獲得親切感是人類所固有的一種需要。人們之所以要跟別人打交道，除了解決種種實際問題之外，還有一個重要的目的，就是透過人際交往來滿足這種心理上的需要。

　　在現實生活中，有些人是好接近的，和藹可親的，有些人則是難以接近的，他們給人以冷冰冰、硬梆梆的感覺。人們總是很自然地願意跟那些好接近的人打交道。跟那些冷冰冰、硬梆梆的人打交道，不僅不能獲得親密感，反而增加了孤獨感。正因為生活中有各種各樣的人，所以在人際交往這個問題上，人們常常懷著矛盾的心情：既想跟人打交道，又怕跟人打交道。

　　在服務人員與顧客之間沒有可能、沒有必要（一般地說也不應該）形成一種「親密無間」的關係，但是作為一名服務人員，一定要讓顧客

圖11-2　服務必須富有人情味

覺得你和藹可親，要讓顧客願意跟你打交道，而不是怕跟你打交道。你能讓顧客覺得你和藹可親，你就是在爲顧客提供心理服務。

「路遙知馬力，日久見人心。」這雖是至理名言，但在服務人員與顧客交往的過程中並不完全適用。一般說來，服務人員與顧客的交往是短暫的，服務人員要學會在短暫的交往中把自己的一片好心充分地表現出來，而不能指望「日久見人心」。

要表現出你的好心，首先要對顧客笑臉相迎。要記住顧客總是「出門看天色，進門看臉色」的。顧客會根據你的表情來判斷你是好接近的人，還是個難以接近的人。當你和顏悅色、滿面春風地出現在顧客面前時，不等你開口，你的表情就在你和顧客之間傳遞了一個重要訊息，「您是受歡迎的顧客，我樂意爲您效勞！」

要學會對顧客表示謝意和歉意。「謝謝」和「對不起」應當成服務工作中的「常用詞」，同時也要學會在顧客向自己表示謝意和歉意時作出適當的反應。

在顧客爲自己的行爲提出歉意時，要對顧客表示理解和安慰。例如對顧客說：「別著急，您慢慢挑！」「沒關係，誰都難免有數錯的時候。」

古人說：「敬人者，人恆敬之。」如果你能讓顧客覺得你是一個和藹可親的、富於人情味的人，你將愈來愈多地發現，顧客也都是一些和藹可親的、富於人情味的人。

一個人究竟是感到自豪還是感到自卑，這與別人如何對他作出反應很有關係。如果他經常從別人那裡得到肯定性的反應，他就會感到自豪；如果經常得到否定性的反應，就會感到自卑。一般說來，人們都很重視自己在別人心目中的形象，也可以說人們是要把別人當成鏡子，是要從別人對自己的反應中來看到自我形象的。

我們知道，並不是每一面鏡子都能準確地反映人的眞實形象的。「鏡子裡的自我」與眞實的自我往往是不一致的。從每個人都應當實行自我改進這個意義上來說，我們必須實實在在地下功夫來改進眞實的自我，而不應當過於看重「鏡像自我」。可是有些人不是這樣，他們把「鏡

像自我」看得比真實的自我還重要。他們甚至總想把自己的真實一面掩蓋起來，總想造成一些假象來使別人對自己產生好印象。這就是那些虛榮心很強的人，虛榮心可以說是變態的自尊心。[1]

第三節　服務的必要因素

衡量服務工作做得好不好，首先要看顧客滿意不滿意。對於「滿意」和「不滿意」這兩個概念，心理學家赫茨伯格有獨特的見解。他在就人們對自身的工作是否感到滿意這個問題進行調查研究之後，得出這樣的結論：「對工作滿意或不滿意這兩種感覺並不是相反的兩面。工作滿意的反面並不是工作不滿意，而是沒有得到滿意。同樣，工作不滿意的反面並不是工作滿意，而是沒有感到工作不滿意。」他認為，滿意和不滿意涉及兩類不同的因素：M因素和H因素。H因素只是避免不滿意的因素，M因素才是使人感到滿意的因素。我們可以把H因素稱為必要因素，

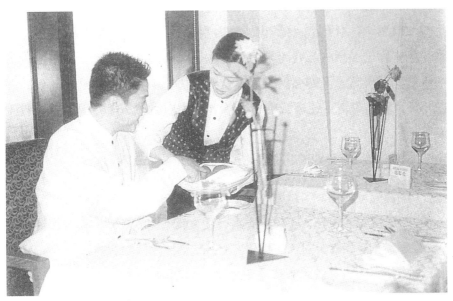

圖11-3　服務要求靈活

M因素稱爲魅力因素。必要因素的意義是「沒有它就不行」，魅力因素涵義是「有了它才更好」。如果你在選擇職業時抱這樣的想法：「至少要讓我得到公平合理的報酬，最好還能滿足我的興趣愛好，發揮我的聰明才智。」那麼對於你來說，「公平合理的報酬」只是職業的必要因素，而「滿足興趣愛好，發揮聰明才智」才是職業的魅力因素。

在市場競爭中，一種產品如果缺乏必要因素，肯定賣不出去，具備必要因素而缺乏魅力因素，也不能暢銷。要使產品暢銷，第一要有必要因素，第二要有魅力因素。必要因素是共性因素，人家有，我也有；魅力因素是個性因素，人家沒有，我有。

必要因素和魅力因素這兩個概念可以廣泛地應用於各種競爭之中。每一個想在競爭中獲勝的人，都應當了解什麼是必要因素，並使自己在具備必要因素的基礎上，儘可能地增加魅力因素。

服務工作要贏得顧客的好評，也應當具備必要因素和魅力因素。

必要因素是避免顧客不滿意的因素，魅力因素是讓顧客感到滿意的因素。如果你的服務缺乏必要因素，別人做得到的你做不到，顧客就會說：「沒見過像你這麼不好的！」如果你的服務具有魅力因素，別人做不到的你能做到，顧客就會說：「還沒見過像你這樣好的！」

一般說來，什麼是服務的必要因素和魅力因素呢？從顧客心理上說，標準化是服務的必要因素，針對性是服務的魅力因素。標準化使顧客得到「一視同仁」的服務，顧客就不會產生「吃虧」的感覺。有針對性才能使顧客覺得「這是服務人員專門爲我提供的服務」，因而感到特別滿意。

爲顧客提供有針對性的服務之所以特別重要，有兩個原因：

1. 服務究竟好不好，是要由每個顧客根據自己的感覺來作出判斷的。對於同樣的服務，不同的顧客往往會有不同的評價。只有爲每一個顧客都提供有針對性的服務，才能贏得每一個顧客的好評。

2. 每個人的內心深處都有「突出自己」的需要。顧客在購買和享受服務時，不僅不願意吃虧，而且希望自己能夠得到優待。能讓顧客覺

得「這是專門為我提供的服務」，就能讓顧客產生一種被優待的感覺。

服務工作必須堅持一視同仁的原則，為了使個別顧客產生受優待的感覺而讓別的顧客覺得自己吃了虧是不可取的。提供有針對性的服務並不意味著厚此薄彼。如果我們對每一位顧客都提供有針對性的服務，那就仍然是一視同仁的。[2]

顧客在評價服務質量時，主要是根據「為我提供的」服務來作出判斷的。服務人員要贏得顧客的好評，就要盡力為每一位顧客提供有針對性的（即「針對個人」的）服務。

要記住，我們正在為之服務的這位顧客，作為顧客，他和別的顧客是一樣的（他們都扮演著「顧客」這種社會角色）；但是作為人，他和誰都不一樣，他就是他。他為了使他感到自己是「特別受尊重的」，我們就應當把他和別的顧客區別開來。要做到這一點並不難。當我們用「李先生」或「這位老先生」去稱呼一位顧客時，我們就已經把他和別的顧客區別開來了。

除了「做賊心虛」的人以外，一般說來，人們都是願意「出名」、願意被別人「掛在心上」的。記住顧客的模樣，記住他們姓什麼，當他們再次光顧時以「×先生」或「×小姐」稱呼他們，常常能收到很好的效果。

當然，對顧客僅僅從稱呼上加以區別是不夠的，更重要的是針對每一位顧客的特殊需要去提供相應的服務。所謂針對顧客的特殊需要有兩種情況：一種情況是顧客本人提出不同於其他顧客的要求，我們應當想到這正是我們為他提供針對性服務的好機會。另一種情況是雖然顧客本人並沒有提出特殊的要求，但是我們可以去發現他的特點。只要我們用心體會，總是能夠在顧客身上找到與我們的服務工作有關的某些特點的。例如，你是一名餐廳服務員，當你發現一位顧客是用左手拿筷子時，你就應當記在心裡。下次他再到餐廳來用餐，你不是把筷子放在碟子的右邊，而是放在碟子的左邊，他當然會明白這是你專門為他提供的

服務。

　　如果我們所從事的服務工作是和顧客接觸的時間比較長的，就應當「時刻準備著」為顧客提供服務。如果我們不把為顧客服務當成一件被迫去做的事，而是把「讓顧客滿意」當成我們的目標，那就應當主動地去尋找為顧客提供服務的機會，在顧客用不著我們為他提供什麼服務的時候，也要「待機而動」。既然「工作著」就要時時刻刻「眼裡看著顧客，心裡想著顧客」。

　　可以說，看一名服務人員是不是積極主動地為顧客服務，只要看看他們如何對顧客「要求提供服務的訊號」作出反應就行了。一般的服務員是在顧客發出「訊號」以後，能夠及時地為顧客提供服務；好的服務員往往在顧客還沒有發出「訊號」的時候，就已經知道該為顧客提供什麼了，而差的服務員是顧客已經一再地發出「訊號」，他還不知道，或者遲遲不來。

　　一些有經驗的服務人員往往能夠敏感地覺察到顧客有某種「難言之隱」，並作出適當的反應。我們也應當把「對顧客的難言之隱作出適當的反應」列為優質服務的一項要求。要知道，顧客有些話是想說而又不大好說，需要我們去「心領神會」的。例如，有的顧客在宴會上明明還沒有吃飽，但看別人都不吃主食，他也不好意思吃了。這時候在桌前服務的餐廳服務員就應該為他提供「心領神會」的服務了——把盛著小包子、小花卷的盤子移到他面前，對他說：「我們做的小包子、小花卷很好的，您一定要嚐嚐。」

　　為了讓顧客感到我們的服務不是一般性的，而是專門為他提供的服務，我們還應當講究說話的藝術。有時候，我們所做的某一項服務工作本身不一定有很強的針對性，但是我們可以選擇顯得有針對性的說法來表達它。要善於用一個「您」字，要給顧客留下一個好印象，比如「我們為您準備了……」、「我為您選的是……」等等。

第四節　重視補救性服務

　　人既要求滿足，又要求合理，但是現實生活中所發生的事情往往使人覺得不滿足和不合理。一個人未能如願以償，或者遇到了在他看來是不合理的事情，這就是挫折。

　　有兩種常見的挫折反應，一種是攻擊反應，一種是逃避反應，都是很不利的。

　　服務人員在顧客感到不滿意（也就是遇到挫折）時，應想出設法消除顧客的不滿意，使顧客不至於作出攻擊反應或逃避反應，並盡可能地使顧客變不滿意為滿意，這就是為顧客提供補救性服務。

　　為顧客提供補救性服務，肯定是會遇到困難的，但是我們要記住「事在人為」，在任何情況下都不要有無能為力的想法。服務人員應當是做人的工作的行家。所謂做人的工作就是「按照一定的目標對人施加影

圖11-4　服務效率上，滿足客人的需要

響」。我們的目標是讓顧客感到滿意，如果他不滿意，我們就要積極地施加影響，讓他由不滿意變爲滿意。即使不能提高其滿意的程度，至少要降低其不滿意的程度。

有些服務人員之所以產生無能爲力的想法，就因爲他們有一種「理所當然」的想法，似乎顧客的要求得不到滿足是理所當然的事。

服務人員是有分工的，但是顧客並不一定都按照我們的分工來對事情提出要求。無論顧客提出什麼樣的要求，我們都不應「有份外之事」的想法。如果你不可能直接爲顧客解決問題，你也應該幫他找一個能夠解決問題的人，或者幫他想一個解決問題的方法，絕不能一「推」了事。

一、要善於採取補救措施

如果顧客提出了我們無法滿足的要求，我們要想到人的同一種需要常常是可以用不同的對象和不同的方式來滿足的。如果由於條件限制，不能用某一對象或某一方式來滿足顧客的需要，那就應當考慮能否用別的對象或方式來滿足顧客的需要。遇到顧客提出無法用特定的對象或方式來滿足的要求時，適當的反應不是簡單地拒絕顧客，而是向顧客提出建議，用替代的對象或方式去滿足顧客的需要。

第一，如果顧客在某一方面沒有得到滿足，那就要儘量讓他在其他方面得到補償。補償一定要及時，而且是誰吃了虧就一定要誰得到補償。發現問題，只表示「吸取教訓，以後加以改進」是不行的。補償的形式可以是多種多樣的。例如，對於住宿顧客，如果住的條件差一些，又一時難以改住，那就一定要在吃的方面可能安排得好一點。有時候，功能方面的不足可以在感情方面予以補償。

第二，人在遇到不順心的事情時，可能往壞的方面想，也可能往好的方面想。我們當然是要引導顧客往好的方面想。例如一名導遊員，天氣好的時候，他說：「風和日麗，正是遊山玩水的好時光。」下雨的時候他就說：「今天要去的這個地方，雨中遊覽別有情趣。」這就是引導旅遊者往好處想，不要因爲下雨而掃興。

第三，顧客遇到不順心的事，我們還應當表示自己非常理解顧客的心情。顧客感到遺憾的事，我們也感到遺憾，顧客著急的時候，我們也很著急，這樣顧客就會覺得我們是「同他站在一起的」。

在顧客的心目中，服務人員「不願意效勞」和「願意效勞，但由於條件所限，實在做不到」是兩回事。對於顧客提出的合理的、正當的要求，我們要想設法盡最大努力去做。實在做不到的，也要努力取得顧客的諒解。只要能讓顧客感到我們是願意效勞的，是盡了最大努力的，即使事情沒有辦成，很可能顧客也是會表示滿意的。

二、「顧客至上」並不意味著「服務人員至下」

顧客是人，服務人員也是人，從這個意義上說，顧客是重要的，服務人員也是重要的，顧客的需要應當得到滿足，服務人員的需要也應當得到滿足。那麼為什麼還要提出「顧客至上」的口號，強調顧客比服務人員更重要，強調服務人員應當滿足顧客的需要呢？這仍然是因為客我雙方在交往中扮演著不同的角色。

第一，堅持「顧客至上」並不違背「雙贏原則」。「雙贏」是要讓雙方都得到自己想得到的東西，而當雙方扮演著不同的角色時，雙方應該得到和能夠得到的東西是不一樣的。在服務人員為顧客服務的時候，前者是「生產者」，後者是「消費者」，他們應該得到和能夠得到的東西怎麼能是完全一樣的呢？飯店要求女服務員不能打扮得比顧客更漂亮，這種規定既符合「顧客至上」，也合情合理。

第二，從市場學的角度來說，當生產者為爭奪消費者而展開激烈的競爭時，實際上就不是消費者有求於生產者，而是生產者有求於消費者。在這種情況下，誰能讓消費者成為勝利者，讓他們得到他們想得到的優質產品和服務，誰就能因此而得到自己想得到的名聲和效益，使自己成為競爭中的勝利者。試問生產者提出「消費者至上」的口號究竟是為了消費者，還是為了自己呢？只能說是為了雙方都成為勝利者。

第三，一位飯店女服務員該不該把自己打扮更漂亮一點呢？完全應該。下班以後她把自己打扮得愈漂亮愈好，但是在上班的時候她必須遵

守飯店的規定。當飯店由於生意特別好而提高了經濟效益的時候，當她由於工作得特別好而增加了收入的時候，她就可以在業餘時間把自己打扮得更漂亮了。

第四，顧客應該受到尊重，服務人員也應該受到尊重，顧客與服務人員應該互相尊重。但是服務人員在為顧客服務的時候，應當以自己對顧客的尊重去贏得顧客對自己的尊重，而不是抱著「看你敢不尊重我！」的想法去強迫顧客尊重自己。要知道尊重和「怕」是兩回事，你也許可以透過施加壓力使別人怕你，但是怕你並不等於尊重你。「顧客至上」的口號要求服務人員「從我做起」，以自己對顧客的尊重去贏得顧客對自己的尊重，實際上還是以「雙贏」為目標。

三、「顧客總是對的」並不意味「服務人員總是錯的」

企業必須面對顧客，必須生產顧客所需要的產品，提供顧客所需要的服務。如果你不知道企業該怎麼辦，那就去請教你的顧客吧，聽顧客的話是不會錯的，於是有人提出這樣一個口號：「顧客總是對的！」

實際上，制定企業的經營戰略不僅要考慮顧客的需要，而且要考慮企業本身的實力，同時還要考慮到自己的競爭對手。「顧客總是對的」這一口號強調的是企業一定要「以銷定產」，「絕不能做沒有顧客的生意」。

後來，「顧客總是對的」這口號被引用到如何處理服務人員與顧客之間的爭論這個問題上來了。於是這一口號本身又引起了許多爭論。在服務人員與顧客的爭論中，難道錯的都是服務人員，顧客就一點錯也沒有嗎？如果肯定了顧客永遠是對的，那不就是說服務人員永遠是錯的嗎？這些問題的確有必要討論清楚。

有道是「人非聖賢，孰能無過？」誰都不可能永遠正確。顧客既然是人，當然也不例外。從實際情況來看，在服務人員與顧客的爭論中，有時是服務人員不對，有時是顧客不對，有時是雙方都不對。說顧客永遠是對的，這顯然是不符合事實的。

然而，「顧客總是對的」這一口號還是有它的積極意義的。我們應

當把這句話當作一個口號，而不要當作一個判斷去理解。作為一個口號，它的意思是：顧客是我們服務的對象，而不是我們要與之爭論的對象，更不是我們要去「戰勝」的對象！

「顧客總是對的」這句話表面上說的是「對」和「錯」的問題，實際上說的是「輸」和「贏」的問題。有些服務人員在與顧客有了意見分歧時總要爭一爭。爭什麼呢？無非是要說明「我是對的，你是錯的。不是我要向你認錯，而是你要向我認錯。我贏了，你輸了。」應當說這是不明智的，因為身為服務人員，根本就不可能「戰勝」顧客。如果顧客被你駁得「理屈詞窮」了，被你訓得「不敢吭聲」了，被迫向你認錯，向你賠禮道歉了，那意味著什麼呢？那究竟是你的勝利呢，還是你的失敗呢？從你當時「出了一口氣」來說，你似乎是勝利了；從維護企業的聲譽來說，那肯定不是勝利，而是失敗。因為顧客是來「花錢買享受」而不是來「花錢買氣受」的。你把他推到失敗者的位置上去，他即使忍氣吞聲地走了，也絕不會善罷甘休的。必須記住，如果顧客失敗了，你也就失敗了。

四、立於不敗之地

服務人員絕不能去「戰勝」和「壓倒」顧客，但也不能被那些無理而又無禮的顧客戰勝和壓倒，要學會自我保護，使自己立於不敗之地。從許多優秀服務人員的經驗中得出的結論是：服務人員應當把禮貌待客作為自己的「武器」。只要把禮貌待客堅持到底，就能立於不敗之地。

杜爾在《商業心理學與售貨員的職業道德》一書中寫道：「服務員在工作中講禮貌、和藹可親的作風本身就是種特殊的工具，可利用這個工具來爭取顧客之心；同時，也是一種和粗野顧客『決鬥』的防身武器。」如果顧客言行粗暴並帶挑鬥性，不守社會公德，甚至侮辱了服務員怎麼辦？那就一定要還擊，令這人放老實點嗎？在這種情況下很多服務員都持「來而不往非禮也」的態度，向對方進行有意或無意的強烈反擊，最後鬧成對罵。服務人員應當如何對待那些粗暴的、有挑釁言行（即「故意找碴兒」）的顧客呢？面對這樣的顧客，服務人員應當想到幾

點：

1. 你是顧客，我是服務人員，從角色關係上說你我是不平等的。如果你罵我一句，我罵你一句，雖然是「一比一」，到頭來吃虧的還是我。這一點我是不會忘記的。

2. 作爲服務人員，我沒有「單向射擊的武器」。如果我向你發起攻擊，「飛去武器」最終還是會打到我自己身上來。這種傻事我是不會做的。

3. 我知道你正在等著我還擊，我一還擊，你就找到了大吵大鬧的理由，你就得到了「觀衆」的同情。我知道你的用意，我要讓你的如意算盤落空，讓你自討沒趣，因此我絕不還擊。

4. 你粗暴無禮，扮演不好你的角色，這是你的問題。我堅持用對待顧客的態度來對待你，這就說明我把自己的角色扮演得很好。我會堅持到底，而不會和你一般見識。只要我能堅持到底，「理」就在我這一邊。

第五節　溝通爲目標的藝術

一、人與人之間的相互作用

人的一生是在他所處的環境之中度過的。環境不斷地影響人，而人又不斷地用自己的行爲影響他所處的環境。如果把環境對人的各種影響稱爲「刺激」，那麼人的行爲就是對刺激的「反應」。這裡所說的行爲既包括人所採取的行動，也包括人的言語和表情。

人際交往是人與人之間的相互作用。在交往中，人們互相給予刺激，又互相作出反應。要注意的是：

1. 首先不是改變別人。
2. 首先是改變我們自己。

3.要相信我們自己有所改變之後，別人也會有相應的改變。

二、誘導「成人自我」的藝術

在人際交往中，一個人由不同的「自我」佔優勢，就會有不同的表現。如果他表現得很衝動，跟你胡攪糾纏，你就可以作出判斷，他是「兒童自我」佔優勢。如果他以權威自居，盛氣凌人，你就可以作出判斷，他是「家長自我」佔優勢。只有當他的「成人自我」佔優勢的時候，他才會顯得通情達理。

有些服務人員常常覺得「不講理」的顧客「難以應付」。如果我們懂得一個人有三個「自我」，就不應該籠統地說某某人是一個「不講理的人」，因為在一個人的三個「自我」當中，即使有兩個「不講理」的，畢竟還有一個「講理」的。當我們看到一個人顯得不講理的時候，應該這樣想：因為他現在是「兒童自我」或「家長自我」佔了優勢，所以顯得不講理。如果我能讓他的「兒童自我」或「家長自我」讓位於「成人自我」，讓他的「成人自我」佔優勢，他就仍然是一個通情達理的人。

要掌握與顧客交往的藝術，就要學會誘導顧客的「成人自我」。作為一名服務人員，你要誘導顧客的「成人自我」，首先要讓你自己的「成人自我」在你的行為決策中起主導作用。如果顧客表現出自以為是的「家長自我」或感情用事的「兒童自我」，你也表現自以為是的「家長自我」或感情用事的「兒童自我」，換句話說，如果顧客不講理，你也不講理，顧客的「成人自我」是不可能被你誘導出來的。

「成人自我」是一個面對現實、勤於思考的「自我」，所謂誘導一個人的「成人自我」，就是要讓他動一動腦筋，而不要只是動感情；就是要讓他面對現實，根據實際情況作出行為決策，而不是只根據自己的願望和自己的想像來作出決策；就是要讓他認真地考慮一下別人的意見，而不是翻來覆去地只強調自己的那些看法和主張。誘導「成人自我」的基本方法，一是提出問題，二是說明情況。提出問題是為了促其思考。一個人即使原來非常激動，當他開始認真思考的時候也一定會逐漸平靜下來的。說明情況是為了讓他了解他原來不了解的情況。當一個人了解到

他原來不了解的情況時，很可能就不再堅持他原來的看法和主張了。

　　當你去誘導某一位顧客的「成人自我」時，常常會遇到的困難是他的「兒童自我」或「家長自我」不肯讓位於他的「成人自我」。如果他只是一個勁兒發洩他的不滿，或者總是堅持他那個不符合實際的要求，你說什麼他都不聽，那就是他的「兒童自我」不肯讓位於「成人自我」。有什麼辦法能讓他的「兒童自我」或「家長自我」讓位於他的「成人自我」呢？辦法就是讓他的「兒童自我」或「家長自我」多少得到一點滿足。

三、誘導的藝術

　　作為一名服務人員，要清楚地意識到，自己有一個「行為模式庫」，顧客也有一個「行為模式庫」，「庫」裡都有五種不同的行為模式。在客我交往中，一方面要考慮從自己的「庫」裡選用什麼樣的行為模式去跟顧客打交道，另一方面還要考慮讓顧客從他的「庫」裡「取」出什麼樣的行為才是對我們最有利的，以及如何才能讓他「取」出我們所期待的行為。

　　服務人員對顧客有怎樣的期待呢？服務人員總希望顧客能以成人對成人的行為、慈愛的的家長行為和順應的兒童行為對待自己，而不希望顧客以威嚴的家長行為和任性的兒童行為對待自己。顧客究竟以什麼樣的行為對待服務人員，這不僅取決於顧客本人的修養，也取決於服務人員如何對待顧客。

　　當顧客以成人對成人的行為向服務人員提出要求時，服務人員如能以成人對成人的行為作出相對的反應，雙方的交往就能以「成人對成人」的方式順利地進行下去。可惜的是這種交往有時會由於服務人員作出了相阻的反應而中斷。常見的一種情況是服務人員因為比較忙、比較累而顯得不耐煩。

　　服務人員如果對顧客的行為不滿意，那就應當首先檢查一下自己的行為是否恰當。要記住，首先不是改變別人，首先是改變我們自己。

　　不可否認，有時是由於某些不懂禮貌的顧客以威嚴的家長行為或任性的兒童行為對待服務人員，引起了服務人員的反感，才發生衝突的。

但是作為一名有修養的服務人員，應該做的事情不是「以眼還眼，以牙還牙」，而是努力去誘導顧客的「成人自我」和成人對成人的行為。從某種意義上說，服務人員是應該「教育教育」那些盛氣凌人的和粗野的顧客的，但是這件事要用以身作則的方式去做，而不是用訓斥的方式去做。如果顧客說：「快點快點！」服務人員應如何作出反應呢？忍氣吞聲是不行的，把他訓斥一頓也是不行的。可以這樣對他說：「您的意思是讓我快一點，好的，我這就給您……」聽到服務人員如此平靜地用禮貌語言同他說話，原來出言不遜的顧客多半會感到慚愧的。如果他還表示不滿意，服務人員可以對他說：「耽誤了您的時間，很對不起！可是您剛才那種說法讓人聽起來很不好接受，您說呢？」

如果服務人員能贏得顧客的信任，顧客往往會表現出順應的兒童行為，高高興興接受服務人員的勸告，服從服務人員的安排。如果服務人員能給顧客留下一個真誠、善良、和藹可親的印象，顧客往往能表現出慈愛的家長行為，原諒服務人員的某些過失。我們應當相信，只要服務人員善於誘導，顧客就會表現出服務人員所期待的行為。[3]

四、溝通的藝術

人與人之間要建立良好的關係就必須互相了解，而要互相了解就必須注意彼此的意見交流。但是人與人之間的意見交流往往遇到障礙。是什麼東西造成了意見交流的障礙呢？如何掃除這種障礙呢？心理學家夢杰斯認為「妄加評論是意見交流的障礙」，而「傾聽並理解對方是溝通意見的渠道」。

夢杰斯說：「我想提出這樣一個假設，供大家考慮，即人與人之間溝通的最大障礙，在於對另一個人或另一群人的言論亂下結論，妄加評論，輕率表態，即表示贊同或反對，而這種傾向卻往往是人們生來就有的天性。」「在夾雜了強烈的感情和情緒因素後，這種傾向就更加突出。也因此，感情愈激動，雙方在交談中就愈難找到共同的語言。」

(一)既是服務員，又是推銷員和信息員

為了使企業能在競爭中取勝，服務人員就應當「一身三任」，既是服務員，又是推銷員和信息員。

要當好一個推銷員，必須有「把東西賣出去」的強烈願望，但是僅僅從「賣」的角度來考慮問題的推銷員，不可能成為一個成功的、受人歡迎的推銷員。許多成功的、受人歡迎的推銷員的經驗都表明，他們是很善於從「賣」的角度來考慮問題的。他們認為，與其把推銷理解為「賣掉自己所要賣的東西」，不如把它理解為「幫助顧客買到他們所要買的東西」。

要做好推銷工作，你首先要弄清楚你賣的東西對哪些人有用，哪些人有可能成為你的買主。如果你所選擇的推銷對象根本就不需要你所賣的東西，那麼不管你怎樣努力，也注定要失敗。白費口舌，勞而無功，這顯然是失敗。即使你用「壓」和「騙」的方法把東西賣出去了，從長遠利益來看那也是失敗。

做推銷工作固然要下功夫讓顧客了解自己，但更重要的是自己要下功夫去了解顧客。只有充分地了解顧客，才能知道該向什麼樣的顧客推銷什麼樣的東西，才能把時間和精力用到該用的地方去。

當然，即使找到了有可能成為買主的對象，往往也要經過積極地施加影響，才能把東西賣出去。要如何施加影響呢？以下幾點可供參考：

要儘量讓顧客用他們的多種感官來接觸你所要賣的商品。

要激發顧客的想像力，讓他們相信使用這種商品會帶來什麼樣的好處，使人產生什麼樣的感受。不要忘記這些好處和感受可能是多方面、多層次的。

「自賣自誇」並不是一件壞事。「不要吹」不等於「不要誇」。不同的商品有不同的誇法，面對不同的顧客也要有不同的誇法。要誇得恰到好處。

要注意顧客是不是因為有什麼顧慮而下不了決心。不能只是泛泛地誇，要有針對性地去幫助顧客打消他的顧慮。要知道，「動心加放心，

才能下決心」。

不能強迫顧客購買，但是要善於向顧客提出建議，吸引顧客購買。

在與顧客的交談中出現「冷場」時不要覺得不可忍受，不要急於說話，要善於利用「冷場」去觀察顧客心理上的微妙變化。

對於那些購買了你的商品的顧客，要用適當的方式向他們表示感謝，讚揚他們所作的明智選擇。

對於那些絕不買的顧客也一定要客客氣氣，歡迎他們再來，並提供他們所需要的幫助。

要根據不同情況，著重對顧客三個「自我」中的某一「自我」施加影響。一般說來，推銷新產品要著重對顧客的「兒童自我」施加影響，推銷名牌產品要著重對客人的「家長自我」施加影響，推銷「優」、「特」產品要著重對顧客的「成人自我」施加影響。

(二)情緒可以由自己來選擇

人們在工作中的情緒狀態可以用不同顏色來表示：

1.紅色表示非常興奮。
2.橙色表示快樂。
3.黃色表示明快、愉快。
4.綠色表示安靜、沉著。
5.藍色表示憂鬱、悲傷。
6.紫色表示焦慮、不滿。
7.黑色表示沮喪、頹廢。

為了實現優質服務，服務人員在工作中的情緒狀態應保持在從「橙色」到「綠色」之間。一般說來，接待顧客時的情緒應以「黃色」（即明快、愉快）為基調，給顧客一種精神飽滿、工作熟練、態度和善的印象。變化的幅度，向上不要超過「橙色」（即快樂），向下不要超過「綠色」（即安靜、沉著）。

掌握「愉快」和「快樂」的差別，在適當的時候把自己的情緒狀態

從愉快變爲快樂，可以恰到好處地表現出對顧客的熱情。在遇到問題時保持沉著的情緒狀態，則可以避免冒犯顧客和忙中出錯。

「藍色」、「紫色」、「黑色」顯然不是良好的情緒狀態。「紅色」（即非常興奮）容易使人忘我，失去控制，也不能算是工作中的最佳情緒狀態。

要在工作中保持良好的情緒狀態，需要掌握一些進行自我調節的方法。但在討論具體的作法以前，我們先要對情緒的自我調節問題有一個正確的認識。

俗話說：「人非草木，豈能無情？」調節自己的情緒狀態絕不是要做一個沒有感情、對一切都無動於衷的人。

調節自己的情緒狀態也絕不僅僅是「不動聲色」。「聲色」只是表情，而表情只是情緒反應的外部表現。「喜怒不形於色」不等於沒有喜和怒。我們所說的自我調節是要使自己處於良好的情緒狀態，而不僅僅是控制自己的表情。當然，在人際交往中，特別是在客我交往中，對自己的表情也有加以控制的必要，因爲自己的表情已經不完全是「私事」，它很可能會產生某種「社會效果」。

情緒反應是透過生理狀態的廣泛波動來實現的。可以說，我們的身體是要爲情緒反應付出代價的。在許多情況下，付出代價是值得的，因爲情緒反應對人有好處，例如憤怒可以使人奮不顧身地去排除前進道路上的障礙，恐懼可以使人不至於輕舉妄動等等。但有的時候，人們的情緒反應是不必要的、無效的，甚至是有害的。我們應當讓自己的情緒反應成爲有效的情緒反應。

人的情緒反應雖然和環境對人的影響有關，但是直接決定人的情緒反應的，還是一個人自己的想法，是他對環境影響（即刺激）的評價和估量。人們常常說「氣死我了」，而不說「我氣死了」。人們總是把產生不良情緒反應的原因推到別人身上去。實際上，使我們生氣的直接原因並不是別人的所作所爲，而是我們自己的想法。科學的說法應當是「我的想法把我氣死了」，而不是「他把我氣死了」。面對別人的所作所爲，我可以選擇生氣，也可以選擇不生氣，這是我自己的事。我國有句諺語

「他來氣我我不氣」，因為「我若生氣中他計，氣出病來無人替」。要記住，我們的情緒反應是可以由我們自己來選擇的。

服務人員的「角色意識」對情緒狀態的自我調節有重要意義。角色意識強的人，一旦「進入角色」，就把個人的情愁煩惱統統拋開。

一個人要使自己能夠經常地保持良好的情緒狀態，最根本的一條還是要為自己樹立一個有價值的人生目標。一個沒有明確的人生目標的人，是一個「六神無主」的人，他比別人更容易感到心煩意亂是不足為怪的。一個不知道自己的人生價值在何處的人，常常會對別人的一言一行作出「過敏」的反應，似乎別人的一句話、一個眼神，隨時都能改變他的價值。在人生的風風雨雨當中，只有那些有明確的目標而又有足夠的自信心的人，才是「內心深處有舒適感」的人。

(三)形象控制法、想像訓練法和延緩反應法

當一個人在意識中浮現出美好的形象時，他的潛意識就會「自動化」地使人進入良好的情緒狀態。我們不必去追究自己的潛意識是如何「工作」的，我們只要讓自己的意識中浮現出美好的形象就行了。具體地回憶過去獲得成功時的情景，我們就能進入能夠幫助我們獲得成功的情緒狀態。這就是進行自我調節的「形象控制法」。我們獲得的成功愈多，積累的美好形象愈多，我們獲得新的成功的希望就愈大。

美好的形象可以來自回憶，也可以來自想像。美國的整形外科醫生和心理學家馬爾茲指出：「我們的大腦和神經系統無法區分『真正』的體驗和生動地想像出來的體驗。」「如果想像得足夠生動和詳細，那麼，就你的神經系統而言，你的想像訓練就相當於一次實地的體驗。」按照馬爾茲的說法，運用「想像訓練法」就是「想像你在按照你希望的那樣行動、感受、『存在』」。他舉例說：「如果你一向羞怯退縮，想像自己在大庭廣眾下輕鬆而鎮定地活動，並且因此而感到舒服，如果你在某種情況下恐懼和焦慮，想像你輕鬆自如地行動，有信心和勇氣，並且因此而感到開朗和自信。」

被某些日本人譽為「推銷之神」的原一平曾經介紹過他是如何為拜

訪陌生的、難對付的「準顧客」而作準備的。他說：「例如，與A晤面，就得先描繪A的形象。在我的眼前站著我所描繪的A。我要與A聊天或說笑，有時同聲而笑。如此之後，我與A就如同知己。接著，進入眞正的晤面。就A而言，我是他初次見面的人。我可不同，我與A已經是常常相談甚歡的熟人，亦即所謂的十年知己。」這就是巧妙地運用了想像訓練法。

有些服務人員一聽到顧客說些「刺耳」的、「損人」的話，就感到難以容忍，就會由於情緒失控而出現與優質服務的要求相違背的言行。這就好像一個人身體很弱，風一吹就要感冒一樣。如何才能使自己的「抵抗力」更強一點呢？可以在充分放鬆的情況下，去想像有個別顧客對自己說挑剔的、指責的，甚至是帶挑釁性的話。先從那些「不太厲害」的話，直到確信自己對多厲害的話也禁得住爲止。這在心理學上叫做「系統脫敏法」，也可以說是一種特殊的想像訓練法。

有些人雖然不知道什麼「形象控制法」和「想像訓練法」，實際上卻經常在進行起消極作用的形象控制和想像訓練。對於過去的事，他們不回憶獲得成功的情景；對於未來的事，他們不往好的方面想，老是往壞的方面想，想來想去，就好像自己所擔心的事情已經發生了一樣。我們一定要避免這種起消極作用的形象控制和想像訓練。

爲了學會控制自己的衝動，還要運用「延緩反應法」來訓練自己。人的自我控制是從「延緩」開始的，沒有「延緩」就沒有自我控制。所謂「延緩」，一方面是「滿足的延緩」（例如，不是想玩就立刻去玩，而是工作完了以後再去玩）；另一方面是「宣洩的延緩」（例如，正在上班的時候挨了批評，雖然心裡不舒服，但是該怎麼做還是怎麼做，至少要堅持到下班以後再說）。平時有意識地鍛鍊自己的「延緩能力」，在遇到某些特殊情況時，就不至於因爲不能克制自己而作出不適當的反應，到後來後悔莫及。

(四)自我暗示法

我們的各種情緒反應究竟是怎樣產生的，我們並不清楚，因爲情緒

是直接受潛意識支配的。但是我們可以「有意識地」透過我們的潛意識來支配我們的情緒。

我們的潛意識不僅不善於區分真實的東西和想像的東西，而且缺乏批判能力。我們之所以能夠有分析、有批判地對待別人向我們施加的影響，拒絕接受那些錯誤的、有害的東西，是因為我們的意識具有批判能力。不過意識的這種批判能力並非總是有積極作用的，它也可能使人拒絕接受那些正確的、有用的東西。

心理治療的一種方法就是對患者進行「催眠」，使他的批判能力不起作用。在這種情況下，治療者所說的話就會被患者不加批判地接受。心理學上把這種使人不加批判地接受影響的方法叫做「暗示」。

人們受「暗示」的情況絕不僅僅發生在心理治療中，在日常生活中凡是不加思索地相信別人所說的話，凡是不加批判接受別人的影響，都是「受暗示」。

懂得了自我暗示的道理，就應當注意避免起消極作用的自我暗示。絕不要動不動就對自己說「糟了」、「壞了」、「不行了」這一類的話。如果有了這樣的想法，就應當立即加以改正。

更重要的是自覺地運用「自我暗示法」，使自己處於良好的情緒狀態。例如，當顧客衝著自己發火的時候，就可以在心裡對自己說：「沒關係，我得沉住氣！」

對於社會生活中的各種現象、各種思想，我們要用自己的「成人自我」認真地去觀察和思考，「擇其善者而從之」，不要盲從。故意用不道德的、破壞性的行為來顯示自己的「個性」是愚蠢的，為了「從眾」和「受歡迎」而不敢讓自己心靈中美好的東西表現出來更是可悲的。馬斯洛曾尖銳地提出問題：「受到誰的歡迎呢？或許對於年輕人來說，不受鄰居勢利小人的歡迎，不受地區俱樂部同伙們的歡迎，那樣會更好些。」雖然馬斯洛的話是針對人類基本需求的情況說的，但是對我們也是有啟發的。

在走進未知領域時，我們應當謹慎，應當隨時根據我們得到的信息來為自己的行為導向。但是不能過於「謹慎」，以至裹足不前。不敢向前

走，那就什麼新的信息也得不到。馬爾茲說得好：「你每天都必須有勇氣承擔犯錯誤的風險、失敗的風險和受屈辱的風險。走錯一步總比在一生中『原地不動』要好一些。你一向前走就可矯正前進的方向；在你保持原狀、站立不動的時候，你的自動導向系統就無法引導你。」

不應該讓不合時宜的老習慣妨礙我們的成長。對付老習慣最好的辦法是形成新的習慣去取代它。不要把注意力放在「改掉」老習慣上，要把注意力放在「形成」新的習慣上。從現在起就按照新的模式去作出反應，並且堅持下去，直到這種反應成為一種習慣。一旦新的習慣形成，舊的習慣自然就不起作用了。

如果你對自己說：「將來我一定要做一個有勇氣的人。」請你把這句話改成：「我現在就要做一個有勇氣的人。」從現在起，你就應當作出成長的選擇。你不一定一輩子都做服務工作，也許你希望將來能換一種更適合於你的工作，但是你不能等到你做別的工作的時候才成長。服務工作對我們來說，不僅是一種職業，不僅是一種謀生的手段。這是一種要和各種各樣的人溝通的工作，是一種可以讓我們更深入地了解人、學會以健康的人生態度去為人處世的工作。我們將在自己的工作崗位上不斷成長，發揮我們最寶貴的潛能，愛的潛能和創造的潛能，開出絢麗之花，結出豐碩之果！

第六節　勇於作出成長的選擇

成長需要勇氣。在現實生活中，每個人都會遇到「敢不敢成長」的問題。在這個問題面前，有的人作出了「成長的選擇」，有的人卻作出了「退縮的選擇」，於是有的人不斷地成長，有的人卻停滯了，甚至倒退了。

要成長，就不能安於現狀，而要去開創新局面，去過一種新的生活。而這就意味著要進入「未知領域」，要冒一定的風險。沒有勇氣去探索未知領域的人，只能畫地為牢，故步自封。有些人，他們也對現狀不

滿，也想過一種更好的生活，可是一想到要去接觸許多陌生的人和陌生的事物，要去做許多從來不曾做過的事情，他們就害怕了、動搖了。他們寧願過那種雖不令人滿意，卻是四平八穩、萬無一失的生活。

成長還意味著要改掉自己的一些老習慣，這也是許多人沒有勇氣去成長的一個原因。他們在理智上認為應該改掉不好的習慣，但是在感情上又不願意讓自己受苦。他們老是對自己說：「明天吧，明天一定改！」時間一天天地過去了，他們還是依然故我。

使人不敢成長的一個重要原因是許多人害怕出類拔萃。在內心深處，他們很想出類拔萃，可是出拔萃就意味著與眾不同，而他們是很害怕與眾不同的。社會生活有一個不可否認的事實，就是一個人不僅是在做壞事的時候會受到輿論的譴責，不管是不如別人還是高於別人，只要是與眾不同就會有壓力。

本來，人人都有成長的需要，都有一股「生命的前衝力」。可惜的是，有不少人在未知領域面前，在自己的習慣面前，在輿論的壓力面前，望而生畏了，他們放棄了成長的選擇，而作出了退縮的選擇。

一個人要有所創造、有所奉獻，靠的是「有長處」而不是「沒有短處」。因此我們應當首先考慮自己有什麼長處，而不是首先考慮自己有什麼短處。對於那些妨礙自己發揮長處的短處，要設法加以彌補；至於那些並不妨礙自己發揮長處的某些「不如別人之處」，則不一定要去彌補。實際上，任何短處都沒有的人是不存在的。我們在為自己樹立奮鬥的目標的時候，不能離開自己的長處和短處，以及自己所處的環境，盲目地去和別人比。實行自我改進不是要讓自己變成別人。一定要弄清楚在哪些地方要敢於和別人比，在哪些地方要敢於不和別人比。敢於「比」而又敢於「不比」的人，才能出類拔萃，取得「無比」的成就。

註　釋

[1]David Wheelhouse, CHRE, "Managing Human Resources" in *Hospitality Industry* (Michigan: EI. AHMA, 1989), p.16.

[2]同註[1]，p.226.

[3]同註[1]，p.375.

第十二章　餐飲的服務

台北文化界流傳著一句意味神奇的話：「金色的年代，處處是咖啡館，灰色的年代，處處是銀行。」那麼，社交的年代呢？處處是餐廳。在這個多數人都喜歡擴大自己人脈關係的年代，「吃」是拉近人與人之間距離最好的方法，而菜餚則是最短的橋樑。

於是，用餐的地方以等比級數的速度增加，而當選擇愈來愈多時，「挑剔」就成了必要的品味，填飽肚子之後，開始尋找美味，滿足了味覺，又要求高品質的服務，因此，餐廳（尤其是用來社交的餐廳）不再只是用餐的空間，而是提供全方位享受之處，美食、美味、美感、美學概念在高品質的服務的餐廳裡得到驗證。

時尚，是餐廳的靈魂，這裡的時尚包括空間、菜餚和氣氛，進入餐廳可以看見流行的符號，亦即將視覺、味覺、聽覺、嗅覺、觸覺這五種知覺悉數呈現在餐廳裏。眼、耳、鼻、舌、身，餐廳的「內在美」是全面的，它讓你把感官享受放在一個時尚、美麗的空間完成。

空間鋪設好了，接著是菜餚，顧客第一次上門多半是被裝潢所吸引，第二次再度光臨就取決於菜餚好不好吃，前往一流的餐廳用餐，不

圖12-1　台北流行的時尚餐廳
資料來源：凱悅大飯店提供

僅僅是對味蕾的一頓犒賞，同時也應該是視覺的饗宴，除了菜餚本身以外，餐具甚至菜單，都是藝術。菜餚張羅完了，接著是氣氛，也就是感覺，現代人是一群「找感覺」的品味族群，高品質的服務為能否留住顧客的關鍵因素。

餐飲服務包含著銷售技能，不僅是銷售菜餚和飲料等項目，而且是銷售全部的經驗給顧客。這地方的氣氛、食物、葡萄酒及特別的餐飲，都能吸引客人，以至於顧客他們將會再來。假如一個顧客離開餐廳時是滿意的，真心想第二次再度光臨，這代表全體職員的服務是成功的。

餐飲服務是一種以親切熱忱的態度，時時為客人著想，使客人有種賓至如歸之感覺，它是餐廳的生命，更是餐廳主要的產品，因此我們必須了解服務的真諦，了解服務對餐廳的重要性，藉以建立正確餐飲服務概念。

第一節　專業服務人員的個人特質

成功的專業服務人員之特質可以分為兩大類—身體的（專業的外觀及個人的衛生）及行為的（專業的服務人員之個人特色）。對於有抱負的前場人員，以下的說明是很重要的參考資料。[1]

做為一個專業的服務人員就必須注意，服務人員給人最初的印象是來自於外表。良好修飾對於在前場工作的人是非常重要的。工作時穿著的制服（即便是女服務生的制服）、小晚禮服或風格化的服裝，都是專業化的象徵，穿著時必須引以為傲。此外，一個修飾良好的人，看起來總是（而且也真的是）乾淨的。衣服必須合身；鞋子必須擦亮及維持良好的狀況，包括鞋跟也是一樣。

一個真正專業的前場人員所必須具備的另一項重要特色，或許就是與人應對的能力。這項能使客人高興的能力不是任何裝飾或知識所能取代的。這項人性化的個人特色卻也不易具備。茲列出餐飲服務業的專業工作人員必須具備的特徵如下：

一、餐飲服務的專業知識

餐飲業之從業人員要想使自己工作做得更盡善盡美，他必須要能與客人自由溝通，否則即使專業技能再純熟，工作再熱心，你仍無法適時去了解客人之意願，至於「服務」那更談不上了。

二、餐飲服務的技術能力

為了促進自己的事業，專業服務人員必須不斷地努力，以提升其技巧。技巧的獲得源自於對一門藝術或手藝的精通。增進技巧的最佳方法就是不厭其煩地反覆練習，唯有如此才能熟能生巧。

三、餐飲服務的溝通技巧

在恰當的時間說正確的話或做正確的事，而不會得罪其他人，這種能力對與公眾交際的人來說是很重要的。在糾正發生誤會的客人時，專業服務人員總是小心謹慎的；與客人交談，也總是將對話導向無害的、愉悅的方面。

四、餐飲服務的人際關係

對任何人來說，人際關係都是十分重要的，特別是一個與公眾交際的人。在固定營業時間的工作中，餐廳所有的員工有無數的機會與客人接觸，所以，專業的服務人員在每日的例行公事中，必須努力拓展與經營自己的人際關係。

五、餐飲服務的自我啟發工作精神

一位優秀的餐飲服務員，必須要先具備正確的服務人生觀，才能在其工作中發揮最大的能力與效率。所謂正確服務人生觀，不外乎是有自信、自尊、忠誠、熱忱、和藹、親切、幽默感，以及肯虛心接受指導與批評，動作迅速確實，禮節週到，富有進取心與責任感。

六、能提供有效率的餐飲服務

行動有效率是指事半而功倍，有能力分類客人的點叫單，及規劃到廚房與服務區域的路徑，節省工作時間步驟。由於有效率，便可以對顧客提供較好的服務。餐飲服務中顧客有所報怨，亦能適時去處理。

七、儀容端裝，儀表整潔

一位優秀服務員之穿著一定是整潔美觀，舉止動作溫文爾雅，步履輕快絕不跑步，此種優雅整潔的個人生活習慣乃從事餐飲工作者所必須具備的，但也不必刻意打扮濃妝艷抹，應以淡妝樸素優雅之外觀予人好感。

八、餐飲服務人員必須養成節儉美德

專業的服務人員要儘量避免浪費，小心處理及存放餐具及器皿，維護物品的清潔，某些未用過的東西可重新使用（如未開封的奶油、奶精等）。

第二節　餐飲服務方式

廚房的產品送到顧客桌上供其食用，需要某種方式的服務，例如一般餐廳由侍者服務，而在自助餐廳中則由顧客自己動手。雖然由侍者服務的餐膳營運一直是傳統的方式，但也有許多非正式的服務方式，諸如食物外帶服務（顧客選購食物帶到家裡或其他地方食用）、櫃台點菜並在原地食用服務、販賣機服務等。

一般說來，無論何種餐膳服務方式，業者在基本上必須能做到食物的品質好、價錢合理、服務人員親切和藹，方可建立良好的餐廳形象，從而吸引顧客上門，這就需要有效而合乎實際的服務規劃，慎重決定營運方針，特別是市場的資訊之掌握。

所謂餐飲服務方法的分類，實際上就是各種不同營運形態的餐飲服務之分別說明。

　　餐飲服務方式最常見的有：法式服務、美式服務、英式服務、俄式服務、客房餐飲服務及中式服務等六種。這些不同類型之服務方式均有其特點，因此一家餐廳在考慮採用何種服務方式時，必須先對這些特點有正確之了解，再考慮餐廳本身之條件，如菜單、設備、裝潢、人力，以及市場需求，再作決定。

一、法式服務

　　在國際觀光大飯店之高級餐廳，其內部裝潢十分富麗堂皇，所使用的餐具均以銀器為主，由受過專業訓練的服務員與服務生在手推車或服務桌現場烹調，再將調理好之食物分盛於熱食盤提供給客人，這種餐廳之服務方式即所謂「法式服務」。

(一)法式餐桌的佈置

　　一般而言，在正餐中供應二道主菜之情形並不多，通常所謂「一餐」包括一道湯、前菜、主菜、甜點及飲料，因此在餐桌上所準備之餐具須符合上述需求才可。餐廳之經理可隨意決定杯、盤、刀叉之式樣與質料，原則上這些餐具只要合乎美觀、高雅、實用即可。至於餐具擺設之方式則不能隨心所欲，因為法式餐飲服務之餐具擺設均有一定的規定，何種餐食必須附何種餐具，而這些餐具擺設方式也均有一定位置而不可隨便亂放。茲分別敘述如下：

　　1.前菜盤一個，置於檯面座位之正中央，其盤緣距桌邊不超過一吋。
　　2.前菜盤上放一條摺疊好的餐巾。
　　3.叉置於餐盤之左側，叉柄朝上，叉柄末端與餐盤平行成一直線。
　　4.餐刀置於前菜盤的右側，刀口朝左，刀柄末端與餐叉平行。
　　5.叉與叉，刀與刀間之距離要相等，不宜太大。
　　6.奶油碟置於餐叉之左側，碟上置奶油刀一把，與餐叉平行。
　　7.在前菜盤的上端置點心叉及甜點匙，供客人吃點心用。

8.飲料杯、酒杯置於餐刀上方，杯口在營業時間要朝上，此點與美式擺設不同，若杯子有二個以上時，則以右斜下方式排列之。

9.若要供應咖啡，應在點心上桌之後，咖啡匙係置於咖啡杯之右側底盤上。

(二)法式服務的特性

　　法式服務是把所有菜餚在廚房中先由廚師略加烹調後，再由服務生自廚房取出置於手推車，在餐桌邊於客人面前現場烹調或加熱，再分盛於食盤端給客人，此項服務方式與其他服務方式不同。現場烹調手推車佈置華麗，推車上鋪有桌布，內設有保溫爐、煎板、烤爐、烤架、調味料架、砧板、刀具、餐盤等等器皿。手推車之式樣甚多，不過其高度大約與餐桌同高，以方便操作服務。

　　法式服務之最大特性是服務員有二名，即正服務員與助理服務員，正服務員須受過相當長時間之專業訓練與實習才可勝任，是項專業性工作，在歐洲，法式餐廳服務員必須接受服務生正規教育，訓練期滿再接受餐廳實地實習一、二年，才可成為準服務生，但是仍無法獨立作業，必須再與正服務員一起工作見習二、三年，才可升為正式合格服務員，這種嚴格訓練前後至少四年以上，此乃法式服務特點之一。

　　法式服務由於擁有專業服務人員，可提供客人最親切高雅之個人服務，使客人有一種備受重視之感覺。此外法式餐廳之餐具不但種類最多，且質料也最好，大部分餐具均為銀器，如餐刀、餐叉、龍蝦叉、田螺夾、叉、洗手盅等，均為其他餐廳所少用之高級銀器。這些高雅餐具與桌面擺設，配合現場精湛之烹飪技巧，使得原已十分華麗高雅之餐廳，更顯得十分羅曼蒂克，氣氛宜人。不過法式餐廳價格昂貴，其服務人員須相當訓練與經驗者才可勝任，同時餐廳以手推車及邊桌服務，因此餐廳可擺設座次相對減少，增加營運成本，服務速度較慢，供食時間較長，也是法式服務之缺點。

(三)法式服務之方式

法式服務係由正服務員將客人所點之菜單，交給助理服務員送至廚房，然後由廚房將菜餚裝盛於精緻漂亮的大銀盤中端進餐廳，擺在手推車上再加熱烹調，由正服務員在客人面前現場烹飪、切割，再以銀盤裝盛。當正服務員將佳餚調製好分盛給客人時，助理服務員即手持客人食盤，其高度略低於銀盤，正服務員可一手操作而不用另一隻手，因此即使助理服務員不在身邊幫忙時，他也可以照常熟練地完成餐飲服務工作。

當正服務員準備盛菜給客人時，應視客人之需要而供應，以免因供食太多而減低客人食慾且造成浪費。當餐盤分盛好時，助理服務員即以右手端盤，從客人右側供應。在法式服務之餐廳，除了麵包、奶油碟、沙拉碟及其他特殊盤碟必須由客人左側供食外，其餘食品均一律從客人右側供應，至於餐後收拾盤碟也是自客人右側收拾，但是若習慣用左手的服務員，可以左手自客人左側供應。

收拾餐盤須等所有客人均吃完後才可收拾餐具，不則會使客人感覺到有一種被催促之感。同時餐盤餐具之收拾動作要熟練，儘量勿使餐具發出刺耳之響聲。刀、叉、盤、碟要分開，最重要一點是避免在客人面前堆疊盤碟。

法式服務之另一特點是洗手盅之供應，與凡需要客人以手取食之菜餚，如龍蝦、水果等等，應同時供應洗手盅。這是個銀質或玻璃製的小湯碗，其下面均附有底盤，洗手盅內通常放置一小片花瓣或檸檬，除美觀外，尚有除腥味之功能。此外，每餐後還要再供應洗手盅，並附上一條餐巾供客人擦拭用。[2]

二、美式服務

美式服務大約興起於十九世紀初，那時美洲大陸掀起一股移民熱潮，許多來自世界各地的移民，紛紛成群結隊湧至美國大陸，因此當時各大港埠餐館林立，這些餐廳之經營者大部分均來自歐洲，因而餐廳之供食方式不一，有法式、瑞典式、英式及俄式等多種，後來由於時間之

催化，使得這些供食方式逐漸演變為一種混合式之服務，即今日的美式服務。

(一)美式餐桌佈置

1. 美式餐桌桌面通常舖層毛毯或橡皮桌墊，藉以防止餐具與桌面碰撞之響聲。
2. 在桌墊上再舖一條桌巾，桌巾邊緣從桌邊垂下約十二吋，剛好在座椅上面。有些餐廳還在桌布上以對角方式另舖一條小餐桌布，當客人餐畢離去更換檯布時，僅更換上面此小桌布即可。
3. 每兩位客人應擺糖盅、鹽瓶、胡椒瓶及煙灰缸各一個，若安排六席次時，則每三人一套即可。
4. 將疊好之餐巾置於餐桌座位之正中央，其末端距桌緣約一公分。
5. 餐巾之左側放置餐叉二支，叉齒向上，叉柄距桌緣一公分。
6. 餐刀、奶油刀各一把，湯匙二支，均置於餐巾右側，刀口向左側，依餐刀、奶油刀、湯匙的順序排列，距桌緣約一公分。
7. 奶油刀有時也可置於麵包碟上端，使之與桌邊平行。
8. 玻璃杯杯口朝下，置於餐刀刀尖右前方。

以上為餐桌佈置及美式餐桌餐具的基本擺設，若客人所點的菜單中有前菜時，應另加餐具，所有上述餐具即使客人不用，也得留在桌上，當客人入座時，服務生應立即將玻璃杯杯口朝上並注入冰水。每當客人吃完一道菜，所用過之餐具必須一起收走，當供應甜點時，必須先將餐桌上多餘餐具一併撤走，收拾乾淨，清除桌面殘餘麵包屑或殘渣。

(二)美式服務的特性

美式服務的特性是簡便迅速、省時省力、成本較低、價格合理。在美式服務之餐廳，所有菜餚均已事先在廚房烹飪裝盛妥當，再由服務員從廚房端進餐廳服侍客人。客人除一道主菜外，尚可享用麵包、奶油、沙拉及小菜等等，最後有咖啡等飲料之供應。美式服務之基本原則是所有菜餚從客人左側供食，飲料由客人右側供應。收拾餐具時，則一律由

A：餐盤與餐巾
B：沙拉叉
C：晚餐叉
D：麵包奶油盤＋奶油刀
E：點心匙與叉
F：紅酒杯
G：白酒杯
H：湯匙
I：晚餐刀

圖12-2　美式餐桌的佈置

客人右側收拾。至於美式餐飲服務不必像法式那麼刻意考究，因此餐飲服務員只要施予短期之訓練與實習即可勝任，熟練之餐飲服務員一名可同時服務三、四桌客人。為了使讀者更了解其特性及優點，茲將美式服務之特性條列於後：

1.便捷省力，成本低，價格廉。
2.食物係由廚房烹飪、裝盛於餐盤，再端至餐廳餐桌給客人。
3.除了飲料由客人右側供食外，其餘菜餚均自客人左側供應。
4.餐具之收拾一律自客人右側收拾。
5.服務員一人可接待三至四桌客人。

(三)美式服務的要領

美式服務可以說是所有餐廳服務方式中最簡單方便的一種餐飲服務方式，主菜只有一道，而且都是由廚房裝盛好，再由服務員端至客人面前即可。美式上菜一般均自客人左後方奉上，但飲料則由右後方供應。茲分述於後：

1. 上菜時，除飲料以右手自客人右後方供應外，其餘均以左手自客人左後方供應。

2. 收拾餐具與桌面盤碟時，一律由客人右側收拾。

3. 當客人進入餐廳，即引導入座，並將水杯杯口朝上擺好。

4. 將冰水倒入杯中，以右手自客人右側方倒冰水。

5. 遞上菜單，並請示客人是否需要飯前酒。

6. 接受點菜，並應逐項複誦一遍，確定無誤再致謝離去。

7. 所有湯品或菜餚，均須以托盤自廚房端出，從客人左後方供食。

8. 若客人有點叫前菜，則前菜叉或匙須事前擺在餐桌，或是隨前菜一併端送出來，將它放在前菜底盤右側。

9. 客人吃完主菜時，應注意客人是否還需要其他服務，並送上甜點菜單，記下客人所點之甜點及飲料。送上甜點之後，再送上咖啡或紅茶。

10. 準備結帳，將帳單準備妥，並查驗是否有錯誤，若無錯誤，再將帳單面朝下置於客人左側之桌緣。

三、英式服務

英式餐飲服務（English Service）在一般餐廳甚少為人所採用，它大部分係使用在美式計價的旅館中，這是指房租包括三餐在內之一種旅館計價方式，此外一般宴會場所也經常會使用此類型服務。英式服務所有菜餚係由服務生自廚房以華麗之大銀盤端出來，再將菜分送至客人面前之食盤。

四、俄式服務

俄式餐飲服務（Russian Service）又稱為修正法式餐飲服務，此型服務之特色，係由廚師將廚房烹飪好的佳餚裝盛於精美的大銀盤上，再由餐飲服務員將此大銀盤以及熱空盤一起搬到餐廳，放置在客人餐桌旁之服務桌，再依順時針方向，由主客之右側以右手逐一放置一個空食盤，俟全部空盤均依序擺好之後，服務員再將已裝盛得秀色可餐之大銀盤端

起來，讓主人及全體賓客欣賞，最後再依反時針方向，由主客左側以右手將菜分送至客人面前之食盤上。俄式服務也是以銀器為主要餐具，這種服務方式十分受人喜受，最適於一般宴會使用，尤其是私人小型宴會最理想。

五、自助餐的服務

自助餐式服務的最大特色是顧客可以從餐廳的餐食陳列區中挑選自己喜愛的食物，而另一個特色則是餐廳沒有固定的菜單。

一個好的宴會服務員必須具備有良好的體力、熟練的技巧與豐富的經驗。自助餐線上的服務人員必須具有禮貌、技巧與組織能力。

自助餐的服務包含準備食物，和令食物十分具吸引力，將其介紹給顧客。食物放在服務的桌子上，桌子可分成直線式、曲線式、捲曲環繞式的。顧客以自助的方式，有某處開始拿取食物，直到滿意了或盤子裝不下才會回座。自助餐的設計方式可採取精緻的設計或者是簡單即可。正中央的擺飾應以醒目或壯觀來取勝，而其他也可雕刻一些簡單的冰雕擺設。

圖12-3　自助餐的飲食供應區

通常服務人員會站在自助餐的周圍。當顧客排成一列在挑選食物時，招呼客人依序取用或適時疏導客人，以免讓客人久候；當客人餐盤中的食物吃完時，迅速將餐盤收走。在自助餐的服務過程中，必須時時注意服務是否完善，禮貌是否周到。

自助餐式服務依照餐廳的供餐方式又可分為瑞典式自助餐服務（buffet service）以及速簡式自助餐服務（cafeteria service）兩種。

第三節　客房餐飲服務

在觀光旅館之住宿旅客中，經常有人為求安逸舒適地享受一份美食，或基於某項原因不克前往餐廳用餐，他們均會要求將餐食或飲料送到其房間，這些餐食當中以早餐之食物與飲料最多。此類型之服務稱之「客房餐飲服務」（Room Service）。本節將介紹有關客房餐飲服務的基本常識與服務要領，將會瞭解客房餐飲服務之方式與服務技巧。[3]

一、客房餐飲服務之方式

當旅館住店旅客以電話或其他方式要求餐飲服務時，首先必須準確登記下客人所點叫的餐食內容、房間號碼、旅客姓名、送餐時間等等，再將此訂菜單送至客房餐飲服務中心或廚房，交給負責客房餐飲服務的人員。等到餐食備妥後，須依指定時間送至客房。如果客人所點叫的東西不多，則可用托盤送去，反之，須以客房餐飲專用推車來送餐食。使用推車時務須特別小心，勿使推車因地毯鬆動或地面不平而傾倒。推車或東西送達樓上客房門前時，絕對不許直接開門入內，務必先輕輕敲門，直到客人囑咐你送進來時，才可以進入房內。此時應先請示客人要在那裡用餐，再依客人指示地點將東西依規定擺設好，這時候服務員可先請客人簽帳單，再道謝轉身離去，不必留在客房服侍客人用餐。大約一小時之後，即可前往收拾餐具餐盤了。凡是客人用過的剩餘物或餐具，不可留置於客房內或客房外之走道上，以免產生異味，滋生蟑螂、

螞蟻、蚊蟲，應將餐具確實清點後再分類整理，若屬於客房部之餐具，須立即清洗乾淨歸還，其餘物品則送回餐廳廚房，並將托盤或餐車放回原位。

在客房餐飲服務中，客人所點之餐食以「早餐」最多，因此客房餐飲服務員須對早晨之食物有相當的認識才可。一般早晨之食物主要有四大類：水果或果汁、蛋類、麵包類以及飲料（如咖啡或紅茶）。茲將早餐服務要點摘述於下：

(一)果汁或水果

一般餐廳均以當地季節性之水果為主，如鳳梨、木瓜、香蕉、西瓜、葡萄、柳橙等。若供應水果，須同時附上水果刀或水果叉。

(二)蛋類

蛋類之作法很多，主要有煮蛋、煎蛋、水波蛋、蛋包等四種。煮蛋分為三分熟及五分熟兩種；煎蛋有單面及雙面之別，通常煎蛋須附火腿、培根或香腸，這些附加物必須請示客人要那一項。

(三)麵包類

麵包為早餐之主食，一般附有奶油、果醬。通常餐廳所供應客人之麵包有二種：土司與圓麵包。供應麵包須同時供應奶油、果醬，並附上奶油刀一把。

(四)咖啡或紅茶

外國人非常喜歡喝咖啡，尤其是早上，能有一杯香醇可口的熱咖啡，是種最高的享受，因此早晨之咖啡供應宜特別注意。咖啡須以保溫壺裝盛，其容量約二杯份左右，同時須附奶水、糖包、咖啡杯皿及茶匙。若是紅茶則須另加一片檸檬，其餘物品與供應咖啡同。

客房餐飲對於正餐之服務較少，其服務方式與餐桌擺設要領，必須依餐廳作業程序為之。如果客人想要在客房吃全餐，則服務員須先將第一道菜的湯與麵包，隨同準備好的各式餐具以餐車送進客房，然後再依餐廳上菜順序供食。當最後一道菜送完後約二十分鐘，即可前往準備收

圖12-4　客房餐飲服務的菜餚

拾房內之餐具。若客人所點叫的菜是零星雜項食品而其數量不多,則可以托餐端送即可。

二、客房餐飲服務注意的事項

客房餐飲服務的最大特點,乃給予客人飲食上最舒適自由的享受。所以餐飲服務人員送餐不但動作要熟練、迅速,且禮貌要周到,態度要和藹親切,使客人能得到最佳的服務。茲將客房餐飲服務應注意的事項摘述於後:

1. 客人所點的食物或飲料,必須儘量快速送達,勿使客人久候。
2. 易冷的熱食或易融化的冰凍食品,須有保溫及冷藏設備,並以最快速度送上,不可使食物變冷或融化時再送入客房。
3. 當送食物給客人時,須將調味料或佐料,如果醬、奶油、糖、鹽、胡椒等物事先準備好,連同所需餐具一併送到客房,務必要一次帶齊全,避免三番兩次補充,以免來回奔波浪費人力、時間,同時也更易引起客人之不悅。

4.如果客人點叫冷飲，則須準備足夠之玻璃杯，以便臨時增加訪客所需。

5.所有東西送入客房，依規定擺好以後即迅速離去，不必佇立侍候。

6.收拾餐具時，務必要詳細清點，以減少餐廳之損失，若有損失或破壞，應以和藹態度請客人找回來，萬一無法解決時，應呈報單位主管處理。

第四節　中式餐飲服務

　　國外重要貴賓來訪，國家元首宴請賓客皆採中菜西吃之方式，這可能基於國際禮儀與衛生習慣使然。我們俗稱之中國式服務是指將大盤置於餐桌中間，由用餐者自行取食的方式，很多中菜須趁熱食用才可口，菜一上桌每個人皆可馬上動筷取食。

　　國人的居家飲食習慣，都是把所有的菜一次上桌，用餐者隨意挾食之。歐美的家庭也有相似的習慣，只是我們有筷子可以挾一次吃一口，而西洋人所用的刀叉就沒有辦法這樣做，他們必須先將菜挾到自己的餐盤後才能食用，所以在合菜的大菜盤上都放有服務叉匙，以供用餐者用來分菜。這種西洋的習慣已經逐漸出現在中餐廳裡，在中餐廳中通常都會預先發給客人一個「骨盤」，既然名為骨盤，本來應是為放骨頭而準備的，但是目前漸漸有如同西餐一樣用來放分菜為主的趨勢。某些較講究的中餐廳甚至每出一道菜就換一次骨盤。基於衛生的理由，使用公筷母匙（相當於西餐的服務叉匙）先將合菜分到骨盤後再食用的作法也漸漸受到重視，往後的日子一定會更普遍。這種不為歐洲餐飲界人士所苟同的「合菜式」的服務方式，用於完全不同的餐飲文化就須給予不同的評價。所謂入境隨俗，中餐應該是可以此種合菜式的服務方法為主流，只要餐具講究，確實使用公筷母匙，服務員的態度誠懇而有禮貌，客人不便取食的菜（如湯），或是客人有代分菜的要求時，都能由服務人員代勞的話，還是可以自我標榜為一流的服務方式的。關於公筷母匙，我們認

爲在餐廳中還是採用西餐中的服務叉匙較合適，因爲筷子太輕容易滾落，用餐叉來服務較容易。

一、中餐的貴賓服務

中餐的貴賓服務已有定型的趨勢，客人陸續到達時，服務員必須奉茶，主人點完菜時（若菜單早已決定則於就座時），服務員須先詢問主人預定用餐的時間，以便控制出菜的速度。客人就座後，酒與飲料必須在菜未上桌前即已倒好，以便分好菜後客人能夠馬上舉杯敬酒。上菜時菜盤皆從主人的右側上桌放於轉盤上，經主人過目之後（有展示的意義，若服務員能再向全體客人報出菜名則更佳），輕輕地轉送到主賓之前。以往服務叉匙皆如英國式服務一樣在菜盤上桌前即已放置菜盤上，服務時才取而挾之，移位時先放叉匙於菜盤上再轉之。英國式服務時菜盤須緊靠餐盤之後才挾而分之，中餐的英國式服務須從轉盤處凌空分菜到骨盤上，常有滴落餐桌上的情形發生。移位時，很多服務員怕麻煩就一直把服務叉匙拿在手上，以致叉匙上的殘渣菜汁滴落地面。不使用叉匙時服務人員最好將叉匙放在骨盤上，使右手可以空出來處理餐桌上的東西，同時移位時也絕無滴落渣汁之虞。目前有的餐廳只學到一半，他們先將菜分到手上的骨盤上，然後再「倒」進客人的骨盤中，這種作法並不適當，要這樣做不如直接先拿起客人的骨盤到菜盤邊分菜，分好再端回原位較佳。另外也有人利用大湯杓來分菜，服務員先將菜分在杓中，然後原地不動就可環桌分菜給所有的客人，這種方式看似迅速俐落，但是無法妥善地安排分菜在骨盤中。

二、貴賓服務的順序

貴賓服務的順序亦須從主賓開始。由於菜是放在餐桌中央的轉盤上，從客人左側或右側分菜皆不礙事，可是服務員大都以右手挾菜服務客人，所以從客人的「右」側服務會比從左側來得方便。若學西方的禮節，則可於主賓右側服務後，以順時鐘方向前進，每次只服務一人，中途越過主人，服務完其他客人之後才回頭服務主人。不過爲了加快服務

圖12-5　貴賓室圓桌擺設

的速度，現在大部分的中餐廳皆同時服務完左右兩人之後才移位（也有人同時服務四人，雖然速度更快，但是違反餐桌禮節中不跨越的原則，故不足取）。那麼就可以如下的順序來服務（假定一桌十二人，主賓坐於十二點鐘之位，主人坐於六點鐘之位）：先從主賓的右側服務主賓，再右轉身服務主賓右側的客人（依照餐桌禮節，這一位客人必定是第二重要的客人，第二個就服務到他是很有禮貌的作法，所以從主賓的右側服務起比從其左側服務起為佳），然後放置服務叉匙於左手的骨盤上，以右手輕轉轉盤，將菜盤送至主賓左側的客人的面前，順時鐘方向走向這位客人的左側為其服務，然後再左轉服務二點鐘位置的客人，接著同樣地服三點鐘與四點鐘位置的兩位客人。然後轉到十點鐘位置的客人的右側，服務十點鐘與九點鐘位置的客人，接著是服務八點鐘與七點鐘位置的客人，最後再到五點鐘位置的客人的左側，先服務這位客人，再左轉服務主人為結束。若主賓的身分並不明顯，服務完四點鐘位置的客人之後，先到五點鐘位置客人的右側，服務他後再服務十點鐘位置的客人亦可。

　　假使人手充足，有兩個服務員同時參與服務將更為迅速，尤其是上

前菜時，不但因菜式多（四前菜最好能同時上桌）而須多挾好幾次，而且也有很多待收拾的東西（如收拾剛蒞臨時所服務的茶杯等），所以最好有其他的人過來幫忙，這位幫手可於服務好前菜之後即行離去。服務前菜是個關鍵時刻，若能迅速地服務好，接著的服務一定會輕鬆愉快。目前貴賓服務通常是一個服務員服務一桌，我們認為可改為兩個服務員為一組來負責兩桌的服務區域，那麼就可制度化地由二人來分大部分的菜了，分菜不能趁熱吃的顧慮想必會一掃而空。

三、貴賓服務的分菜

分菜時須先預計一下每一個人的份量，寧可少分一點以免不夠分配，事實上因骨盤很小，一次分太多菜於其上也不美觀，同時太用心於想要一次把菜分光，難免必須添添補補以致耽誤服務的速度。全部客人分完第一次菜以後，若菜盤上仍有剩餘，則將剩菜稍加整理，然後留服務叉匙在盤上，服務員不在時客人才能自行取用。

骨盤之外，不可或缺的服務備品是小湯碗，除了湯須用小湯碗以

圖12-6　中式餐廳提供精緻的小菜

外，一些有湯或多汁的大菜也須以小湯碗來服務才較方便食用，所以服務桌上必須準備有足夠的骨盤與小湯碗。對於多汁的菜有人用西式餐具中較寬大的小沙拉盤來服務，這種主意也不錯。服務湯或多汁菜時先從主人右側擺小湯碗於轉盤上，擺放時須預留大菜盤（碗）的放置空間，端上大菜盤之後立即分之於小湯碗中，等全部分完輕轉轉盤依前述的服務順序分發之。比較需要一點技巧的是魚翅的服務，魚翅絕不可打散，經驗不足者可分階段來分之，先分其他配料於碗底，然後再分魚翅於其上，儘可能先少量地分，有多餘時再一次平均分配，等到經驗足夠時，即可在湯杓上一次完成配料與魚翅的分配，如此則可分一次即成。

四、魚的切割法

另一種需要一點技巧的是魚的服務，通常整條魚上桌時魚頭須向左，魚腹向桌，先以大餐刀（用餐刀較方便切割，事實上用服務匙來切割亦無不可）切斷魚頭，再切斷魚尾，接著沿魚背與魚腹之最外側從頭至尾切開其皮與鰭骨，然後沿著魚身的鱗線（即背肉與腹肉的接合處），從頭至尾切割深至魚骨。切完後以刀（或匙）與叉將整片背肉從鱗線處往外翻攤開，同樣地再將整片腹肉往下翻攤開。至此即可很容易地從魚尾斷骨處的下方插入餐刀，漸漸往魚頭方向切入，在大餐叉的協助下取出整條魚骨放於另備的骨盤上，然後再把背肉與腹肉翻回原位即成一條無骨的魚。依照所須的份數切塊後即可依順序用服務叉匙服務之。假使上半邊的魚肉因破碎而無法翻回原位時，只好維持原狀而切分之。最好是不必預先切塊，而服務一個才用服務匙切一塊，如此就更能表現服務的技巧。

五、西餐服務方式可豐富貴賓服務

服務方式固然有中西之分，但是最方便而又最能讓客人感到最滿意的，就是最好的服務方式。法國人如同我國人一樣，對本國的烹飪藝術都非常自負，但是他們在法國式服務已不合時宜以後，還是採用英國式服務來供應法國菜。因此，只要我們不改變國人以筷子吃飯的習慣，若

能有更有效的方法來服務中餐，相信顧客也會表示歡迎的。西餐服務的確有很多作法可以參考學習，除了前述整條魚的菜可以應用西餐「切割」的技巧來服務以外，我們認為採用純英國式（左手托盤在客人左側分菜，但其前提是座位數須減少）或是旁桌式服務方式來服務中餐也非常值得一試。對於一些不方便在餐桌上服務的菜，可採先將菜上桌繞轉盤一周展示後再端下來在服務桌分菜，然後再分碗或分盤給客人的作法。這種作法的缺點是菜盤又端離客人的視線，假使能有專用的旁桌，在大部分的客人都能看到的地方來分菜，相信效果一定會更佳。

不過中國人已習慣圓桌聚餐，在圍圓桌而坐的情況下，要找一處能讓全部的客人都能看到的地方放旁桌是件不容易的事。因此，若不想在桌上分菜，那麼「展示菜盤」絕不可缺（除非沒有觀賞價值，例如湯類）。並且，如果菜盤裝飾得非常漂亮，而在餐桌上分菜又不是太不方便的話，仍應儘量直接在餐桌上分菜，以得其最大的觀賞效果。這種主張適用於中西餐，所以中餐的貴賓服務也應做如是觀。這就是說，每種菜若有其較適當的服務方式，則應以該種服務方式來服務之。誠然，西餐服務的一些規矩不外乎是為使客人的用餐能進行得更令人滿意，服務的過程能更富有觀賞價值，相信中餐必定能從西餐服務中取得自我改進的靈感，使得中餐服務能夠更上一層樓。像中餐廳中因服務桌不夠，常把瓶裝飲料放在地上，這是非常不恰當的事，若能學西餐特製小旁桌或使用托盤架來放置，在衛生上與形象上會有很好的評價。像餐桌擺設時也可以擺個服務盤，上菜前不必收走，可直接把第一道菜的骨盤放在服務盤上，要更換骨盤時再一起收走。像骨盤也可以用墊有紙巾的點心盤來當襯盤，以瓷盤權充骨盤架，使餐桌擺設更富變化。像有湯汁的菜盤下面若墊以襯盤，不但實用而且又美觀。

若是三、五客人的小吃，我們認為上面所述觀點還是可以適用。菜點得多者，最好能用酒席的方式一道一道地上菜，並且使用貴賓服務來服務（服務少數人時採用旁桌式服務就沒有客人看不到分菜的問題），菜點得少又加點白飯者，菜就可隨到隨上桌。第一次須由服務員分菜，其後則由客人自取亦無妨，那麼服務員就可以去忙別桌的服務，當然若能

隨時利用機會來分菜則更佳。

現在中餐界可以看到「中菜西吃」的新趨勢，有的是全部用西式的刀叉來用餐，有的則保留用筷子來用餐，其特色是每人一盤，個別上菜。假使所謂「中菜西吃」即等於是「每人一盤，個別上菜」的話，那只是「美國式服務」的應用而已。事實上貴賓服務已很接近中菜西吃，再加以融會貫通，一定可以設計出更理想的中菜西吃法。我們認為，國人所謂「中菜西吃」，與其說是服務方式的改變，不如說是「菜單觀念」的創新。中菜西吃以人頭計價，本質上有如一般的「客飯」，只是它採用「少量多盤」，使少數人也能吃到酒席般的多樣菜式而已。本來少數人僅能點幾樣菜「小吃」一下，有了這種創新的菜單以後，也許會慢慢改變國人聚餐須湊成一桌才能辦得成的觀念，說不定中餐菜單也會因而建立起「定食」與「點菜」的分別來。

假使碰到不會使用筷子的外國人，可以提供大餐叉與大湯匙（即如同服務叉匙）給他。在美國的舊華僑家庭就可以看到只用叉匙而不用筷子的現象，他們還保留吃中國菜的習慣，但用西餐的餐具來吃，恐怕這才是「中菜西吃」。

以西餐服務方式來服務中餐的構想，目前國內已有人在做嘗試，可是都有美中不足之處。例如採用西餐刀叉者只提供一對刀叉要客人自始至終使用之，正確的作法應該是每道菜都必須提供新的刀叉。使用旁桌式服務者有其形式而不懂其精神，正確的作法應該是隨時移動旁桌至要服務的客人的餐桌邊，使客人能看到服務員在為他分菜。許多服務人員在分菜時一手拿盤，一手操作服務叉匙，正確的方法應該是將餐盤擺放在旁桌上，服務員必須右手拿匙左手拿叉來分菜。只要用心領會，相信餐飲業必能改進所有的美中不足之處。

註　釋

[1]劉蔚萍譯，《專業餐飲服務》，台北：五南圖書出版公司，民79年，p.88。

[2]同註[1]，p.176。

[3]薛明敏，《餐廳服務》，台北：明敏企管公司，民79年，p.298。

第十三章 餐飲的控制

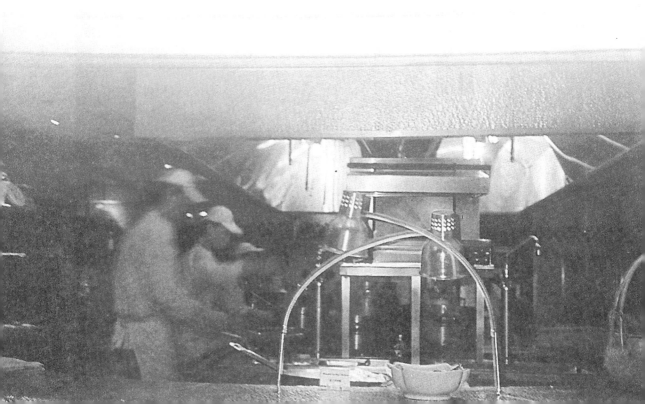

第一節　餐飲服務質量的控制

　　餐飲服務質量主要由環境質量、菜餚質量和服務水準組成。餐飲質量的控制，主要取決於餐飲部的管理水準，但作為餐飲經營的一員，也必須經常對餐飲工作進行督促、檢查、指導，有效地把握餐飲服務工作的方向，促進餐飲服務質量的提高。

一、確立標準，完善制度

　　要使餐飲服務達到規範化、程序化、系統化和標準化，保持餐飲質量的穩定性，明確具體的標準和科學完善的制度是基本的保證。所以，餐飲部必須及時指導和監督餐飲部制定各種餐飲的標準，如餐廳佈置標準、擺設標準、接待服務標準、儀表儀容標準、語言標準、清潔衛生標準等，並且督促餐飲部規劃完善的各項規章制度，如衛生制度、工作制度、檢查制度、考核制度等。餐飲部對這項工作的重視程度往往決定了

圖13-1　餐飲製作必須注重質量的穩定性

餐飲部的標準和制度的完善程度。

二、充當客人、實地檢查

　　標準和制度為員工確立了工作的準則，也為管理者提供了控制的依據，但質量究竟如何，只有透過檢查才能知道。要想知道餐飲服務質量如何，最直接的檢查辦法就是扮演客人，親身體驗一下。餐飲部為了有效掌握餐飲質量狀況，可以透過陪客人吃飯或在不打招呼的情況下突然光臨餐廳點菜吃飯，來感受就餐的氣氛、觀察服務水準、檢查菜餚質量。這種方法往往能找到一般檢查所不能發現的問題。

三、深入現場，例行檢查

　　我們說，判斷來自感受，感受來自現實，現實─感受─判斷，這就是人們對事物的認識規律。對餐飲服務質量的控制，也必須從服務現場出發。所謂服務現場，就是服務工作的基本活動場所，如餐廳酒吧等。一般說來，服務現場必須具備下列三個基本要素，這三者結合，共同構成具有服務活動的服務現場：

　　1.服務對象，即被服務者 —— 客人。
　　2.服務者，即提供服務的人 —— 服務人員。
　　3.服務條件，包括作為提供服務物質條件的設施、材料和進行服務活動的場所。

　　由此可見，餐飲部人員深入現場，進行檢查，就離不開這三個方面。當然，為了使檢查更加切實可行，可以據此制定檢查項目，如營業前的檢查，就可透過事先擬定的儀表儀容、餐廳規格等檢查項目逐條檢查，看是否達到要求。至於營業過程中的檢查，則可以透過觀察和詢問來了解情況。比如觀察客人的表情和情緒，根據飯店的服務規程，逐一檢查服務人員的服務態度、時機及引領、入座、點菜、飲料服務、菜餚服務等服務方式。通過詢問，徵求客人的意見，了解客人對服務、菜餚質量等方面的意見。營業時的檢查，重點要注意服務人員與廚房的合作

情況、出菜的速度和菜食質量、服務人員的服務意識和藝術、餐廳的氣氛和客人的反映。

四、利用間接材料進行檢查

餐飲部對餐飲質量的檢查，還可透過其他間接材料進行，如各種報表、顧客意見書、政府有關部門的檢查結果等，也可以透過定期拜訪有關客戶來了解情況。在可能的情況下，經理應制定一個拜訪計畫，每周拜訪一到兩個客戶單位或個人。

第二節　餐飲成本的控制

餐飲成本一般由食品原料成本和屬於成本、範圍的各種費用消耗兩部分組成。前者稱為餐飲成本，主要包括主料成本配料成本、調料成本和飲料成本。後者一般稱為費用，主要包括人力成本、固定資產折舊、水電及燃料費用、餐具、用具的消耗、服務用品及衛生用品的消耗、管理費用、銷售費用及其他費用等。要降低成本，就必須加強對上述兩部分成本的控制。

一、食品原材料成本的控制

食品原材料成本的高低，主要取決採購、驗收、庫存、製作等四大環節。餐飲部不可能對具體業務進行控制，關鍵是要指導、督促餐飲及有關部門建立完善的各項制度，並及時檢查執行情況。

(一)健全採購制度

採購是食品原料成本控制中的首要環節。採購的數量、規格、質量和價格如何，將直接關係到食品原材料成本的高低。

健全採購制度，首先必須有明確的採購標準。一般說來，採購的基本要求是品種符合、質良、價格合理、數量適中、供應及時。而作為採

購標準，則必須把上述基本要求加以具體化。如為了做到質優價廉、送貨及時，就應對供貨單位的條件作出相應的規定，以便選擇正當的供貨渠道。一般說來，評價供貨渠道的標準主要有五條：

1. 供貨單位的地理位置、交易條件、服務精神如何。
2. 對本飯店餐飲的經營策略是否理解，並且是否願意全力協助。
3. 供貨單位的信譽如何，是否穩定，是否可長期合作。
4. 能否提供有關商品和消費的情報。
5. 能否提供本飯店飲食經營所必須的商品種類、數量和質量。

其次，要建立標準化的採購程序，也應要求在原採購人員因事離開工作崗位時，其他人能順利接替工作。標準化的採購程序主要體現在採購文件上，主要包括採購申請書、訂購單和進貨回單。採購申請書是採購人員進行採購的依據，訂購單是供應單位供貨和驗收人員驗收的依據，而進貨回執則是結算憑證。

(二)完善的驗收、庫存制度

驗收是指驗收人員檢驗購入商品的質量是否合格，數量是否準確無誤。驗收制度，就是對驗收人員、驗收項目、要求及程序的具體規定。庫存制度則是在入庫、儲存、出庫等方面的規定。驗收、庫存制度，主要應注意以下幾個方面[1]：

1. 要有專人驗收，並且做到相互制衡。
2. 要明確規定驗收的項目及具體要求。
3. 要規定驗收的程序和各種表單的填報。
4. 要有完善出、入庫的手續，做到準確無誤。
5. 各種商品要分類存放，達到衛生防疫要求，並且做到先進先出。
6. 要明確規定各類商品的存放溫度和最長存間，防止食品腐爛、變質或缺乏新鮮度。
7. 要規定合理的儲存定額，既要避免庫存物品的積壓，又要防止供不應求，影響餐飲的正常經營。

8.要建立盤存制度，防止和堵塞各種漏洞。

(三)加強烹調標準化，有效控制食品成本

食品從原料到成品，必須經過一系列的加工製作過程，如果不加控制，就會出現浪費現象。對加工製作過程的控制，關鍵是要制訂各種標準，如出料量標準、切配標準、投料標準、烹調標準，即烹調的標準化。這些標準的確定和執行，不僅能避免各種浪費，控制食品成本，而且對保證菜食質量也非常有效。

(四)完善表格制度

要有效控制食品原料成本，還必須充分發揮各種表單的作用。在餐飲運轉中，要利用表單進行控制。如按照表單採購、驗收、入庫、領用、投料、製作、出菜、結算等。同時，在對餐飲的控制中，要利用表單進行監督，如驗收員日報表、市場價格表、供貨單位情況表、食品成本報表、營業日報表等，以便及時了解有關情況，發現問題，及時糾正。

在食品原材料的成本控制方面，飯店管理的先進經驗，通常採用建立統一的中央廚房切配中心取得了顯著的效果。

凱悅大飯店有多個廚房，每個廚房基本都有自己的洗滌切配場地，各自加工。他們現在建立統一的切配中心，根據各廚房需求總量統一進貨，統一驗收，然後按照要求加工成食品原料。這樣不僅提高了經濟效益，而且還帶來了其他效應。

圖13-2　烹調標準化有利於控制
　　　　　食品成本

■保證食品新鮮度

　　廚房所使用的是四門或六門冰箱。那種冰箱一方面容量有限，另一方面冷度不夠，遇到水產魚，進貨時尚新鮮，但是放置兩天就易變質。現在切配中心設置的小冷庫，可保持在攝氏零下十五度左右，食品經分類庫存，洗好之後送冷庫保存，保證了食品原料的新鮮度。

■提高廚房的衛生清潔度

　　原來蔬菜購入後，在削洗間僅沖一沖，送到各廚房還要切配、水洗。活魚、甲魚和黃魚等購入後，要在廚房當場活殺，常常弄得廚房泥水滿地，桌上、牆上血跡斑斑。現在有了切配中心，有關程序均在中心加工，凡帶水、帶泥、帶血的原料均不進入廚房，廚房衛生條件大為改善。

■加強驗收程序

　　統一採購，統一驗收，這樣可以杜絕一些進貨中舞弊現象，對質量差的、短斤缺兩或價格不合理的，一律拒收。嚴格對食品質量加以把關，便可維護飯店的利益。

■小包裝使用方便

　　有了切配中心，對供應量大的宴會菜餚做到有計劃準備，餐廳定菜單也可根據庫存做到心中有數。以前魚進貨後放在一起入冰箱，凍成一大塊，有時為用一兩條魚，得把大塊凍魚敲碎水沖，待溶化後取出再凍，費工費時，也影響鮮度。現在採用魚的條凍法，在冷庫內可分條領用。切配中心對幾十種常用原料集中加工後，採用不同量的小包裝，隨用隨領，減少了浪費。[2]

二、費用支出的控制

　　食品成本水準的高低，決定著觀光大飯店的毛利水準，要增加利潤，還須嚴格控制屬於成本範圍的費用支出。主要應把握住以下四個基本環節：

(一)確定科學的消耗標準

屬於成本範圍的費用支出，有些是相對固定的，如折舊、人員工資、開辦費攤銷等。有些則是變動的，如水、電等能源消耗、差旅費、銷售費、餐具、用具的消耗等。所以，消耗標準則是指後一部分。它一般是根據上年度的實際消耗額以及透過消耗合理程度的分析，確定一個增減的百分比，然後，以此爲基礎確定本年度的消耗標準。

(二)嚴格預算，核准制度

餐飲部用於購買食品飲料的資金，一般由飯店根據餐飲的業務量和儲存定額，由飯店核定一定量的流動資金，由餐飲部支配使用。但屬於費用開支，則必須事先列出預算，報餐飲部核准，不得隨意添置和選購。臨時性的費用支出，也必須提出申請，統一核准。

(三)完善各種責任制

要控制各種費用，還必須落實各種責任制，做到分工明確，使專人負責和團體控制相結合，並且要把控制好壞同每個人的物質利益結合起來。

(四)加強核算和分析

觀光大飯店必須建立嚴格的核算制度，定期分析費用開支情況，如計劃與實際的對比、同期的對比、同行對比，費用結構的分析，影響因素的分析等。以便及時掌握費用支出的情況，及時發現存在的問題，找到降低費用支出的途徑。

三、對餐飲的考核

根據餐飲在觀光大飯店中的地位和管理的基本要求，餐飲部對餐飲的考核，主要包括以下幾個方面：

(一)營業收入

這是表現餐飲工作量和經濟效益的主要指標。營業收入的高低，在一定程度上也反映了客人對餐飲工作的滿意程度。

(二)毛利率

這是影響餐飲銷售，直到整個飯店銷售的關鍵，也是關係到飯店經濟效益的關鍵。

(三)利潤

這是表現餐飲管理水準的綜合指標。以上三項以財務報表為依據。

(四)服務質量

如餐廳佈置、儀表儀容、服務態度、服務項目、服務效率、服務方式、食品衛生等。它主要根據各種檢查結果和客人的意見表來加以評定。

(五)工作質量

如全局觀念、合作精神、執行飯店有關方針與制度的情況等。它主要根據總經理平時的檢查和有關職能部門的統計材料來進行考核。該指標一般作為參考標準，作為提高或改進工作的依據。

第三節　生產流程控制

廚房的生產流程主要包括加工、配份、烹調三個程序，控制就是對生產質量、產品成本、製作規劃加以掌控，在三個流程中加以檢查督導，隨時控制一切生產性誤差。保證產品一貫的質量標準和優質形象，保證達到預期的成本標準，消除一切生產性浪費，保證員工都按製作規範操作，形成最佳的生產秩序和流程。

一、制訂控制標準

生產控制必須有標準，沒有標準就無法衡量，就沒有目標，也就無法實行控制。管理人員必須首先規定要生產製作這種產品的質量標準，然後需要經常監督和評價，確保產品符合質量要求，符合成本要求。如

果沒有標準，廚房生產的手工性和經驗性，烹飪技術的差異性，以及廚房分工合作的生產方式，就會使產品的數量、形狀、口味沒有穩定性，就會因人而異，甚至使廚師各行其事。同時客人也無法把握你的餐飲標準，就會喪失吸引力，也就無法樹立餐廳的餐飲形象；另外，餐飲部經理對成本和質量只能是大致的了解，而無法進行控制和管理。所以制訂標準，既可統一生產規格，保證產品的標準化和規格化，又可消除管理者在控管時廚師固執其標準的困擾，消除產品質量因人而異的弊端。制訂的標準，可作為廚師生產製作的標準，可作為管理者檢查控制的依據。這種標準通常有以下幾種形式：

(一)標準菜譜

標準菜譜可以幫助餐飲部統一生產標準，保證菜餚質量的穩定。使用它可節省生產時間和精力，避免食品的浪費，並有利於成本核算和控制。標準菜譜是以菜單的形式，列出用料配方，規定製作程序，明確裝盤形式和盛器規格，指明菜餚的質量標準，告訴該份菜餚的可用餐人數、成本、毛利率和售價。制訂標準菜譜要求包括：菜譜的形式和敘述應簡單易懂、便於閱讀而使讀者感興趣。原料名稱應明確，如醋應註明是白醋、香醋，或是陳醋。原料應使用適合實際的最簡單的計算單位。原料應按使用順序來排列。配料因季節供應的原因需用替代品的也應說明。敘述應用確切的詞，術語的使用應是熟悉的，不熟悉或不普遍的術語應詳細說明。由於烹調的溫度和時間對產品質量有直接的影響，應列出操作時的加熱溫度範圍和時間範圍，以及製作中產品達到的程度。還應列出所用炊具的大小和品種，因為它是影響烹飪產品成敗的一個因素。說明產品的質量標準和上菜方式要言簡意明。任何影響質量的製作過程要準確規定，不應留給廚師自行處理。標準菜譜的制訂形式可以變通，但一定要有實際指導意義，它是一種控制工具和廚師的工作手冊。

(二)標準量菜單

標準量菜單就是在菜單的菜名下面，分別列出每道菜餚的用料配方，用它來作為廚房備料、配份和烹調的依據。由於菜單同時也送給客

圖13-3　標準量菜單

人，使客人清楚地知道菜餚的規格，達到了讓客人監督的作用。目前西餐菜單一般是標準量菜單。在使用標準量菜單進行控制時，必須另外制訂加工規格來控制加工過程生產，不然原料在加工過程中仍然有可能造成浪費。總之，標準量菜單確實是一種簡單易行的控制工具。

(三)生產規格

生產規格是指三個流程的產品製作標準。它包括了加工規格、配份規格、烹調規格，用這種規格來控制各流程的製作。加工規格主要是對原料的加工規定用料要求、成形規格、質量標準。配份規格主要是對具體菜餚配製規定用料品種和數量。烹調規格主要是對加熱成菜規定調味汁比例、盛器規格和裝盤形式。以上每一種規格應成為每個流程的工作標準，可用文字製成表格，張貼在工作處隨時對照執行，使每個參與製作的員工都明瞭自己的工作標準。另外，還有各種形式的生產控制工作，例如製備方法卡、製作程序卡、配份規格、標準配方卡等。[3]

二、控制過程

在制訂了控制標準後，要達到各項生產標準，就一定要有訓練有素、知曉標準的生產人員，在日常的工作中有目標地去製作，管理者應一貫地高標準嚴格要求，保證製作的菜餚符合質量標準，因此生產控制應成為經常性的監督管理的一部分內容。進行製作過程的控制是一項最重要的工作，是最有效的現場管理。

(一)加工的控制

　　加工過程包括了原料的初加工和細加工，初加工是指對原料的初步整理和洗滌，而細加工是指對原料的切割成形。在這個過程中應注意加工出淨率，它是影響成本的關鍵，控制應規定各種出淨率指標，把它作為加工廚師工作職責的一部分，尤其要把昂貴食品的加工作為檢查控制的重點。具體措施是要求對原料和成品分別進行計重並記錄，隨時去抽查，看看是否達到了規定的指標，未達到要查明原因，如果因技術問題造成，也要採取有效的改正措施。另外控制中可經常檢查剩餘材料和垃圾桶，檢查是否還有可用部分未被利用，使員工對出淨率高度重視。加工質量是直接關係到菜餚色、香、味、形的關鍵，因此要嚴格控制原料的成形規格、原料的衛生安全程度，凡不符合要求的不能進入下道程序，可重新處理另作別用。加工任務的分工要細，一方面利於區分責任，另一方面可以提高廚師的專項技術的熟練程度，有效地保證加工質量。能使用機械切割的儘量加以利用，以保證成形規格的標準化。加工數量應以銷售預測為依據，滿足需要為前提，留有適量的儲存周轉量，避免加工過量而造成質量問題，並根據剩餘量不斷調整每次的加工量。

(二)配份過程的控制

　　配份過程的控制是食品成本控制的核心，也是保證成品質量的重要環節。在配份時如果每份五百公克的菜餚，只要多配二十五克，那麼就有百分之五的成本被損失，這種損耗即使只占銷售額的百分之一，也是十分可觀的，因為餐飲成功的管理要取得的利潤幅度，一般是銷售額的百分之三到五，所以某一種或幾種產品損失掉銷售額的百分之一到二，就相當於丟掉成功經營一半的利潤，所以配份是食品成本控制的核心。另外，如果客人兩次光顧你的餐廳，或兩個客人同時光顧，而你配給的同一份菜餚卻有不同的規格或份量，客人必然不會滿意，因此配份控制是保證質量的重要環節。配份控制要經常地核實，配份中是否執行了規格標準，是否使用了稱量、計數和計量等控制工具，因為即使最熟練的配菜廚師，不進行稱量都是很難做到精確的。通常的做法是每配二份至

三份稱量一次，如果配制的份量是合格的可接著配，然而當發覺配量不準，那麼後續的每份都要稱量，直至確信合格了為止。配份控制的另一個關鍵是憑單配發，配菜廚師只有接到餐廳客人的定單，或者規定的有關正式通知單才可配制，保證配制的每份菜餚都有憑據。另外，要嚴格杜絕配制中的失誤，如重複、遺漏、錯配等，從而使失誤降到最低限度。查核憑單是控制的一種有效方法。

(三)烹調過程的控制

　　烹調過程是確定菜餚色澤、質地、口味、形態的關鍵，因此應從烹調廚師的操作規範、製作數量、出菜速度、成菜溫度、剩餘食品等五個方面加強監控。必須督導爐灶廚師嚴格按操作規範工作，任何圖方便的違規做法和影響菜餚質量的做法都應立即加以制止。其次應嚴格控制每次烹調的生產量，這是保證菜餚質量的基本條件，少量多次的烹製應成為烹調製作的座右銘，也應成為烹調控制的根本準則。要對出菜的速度、菜餚的溫度、裝盤規格保持經常性的督導，阻止一切不合格的菜餚出品。剩餘食品在經營中被看作是一種浪費，因為剩餘食品對作何人都一樣，認為是一種低劣產品，即使被搭配到其他菜餚中，或製成另一種菜，這只是一種補救辦法，質量必然降低，也無法把成本損失補回來，由於這些原因，過量生產造成的剩餘現象應當徹底消除。

三、控制方法

　　為了保證控制的有效性，除了制訂標準、重視流程控制和現場管理

圖13-4　烹調過程中注意色澤、質地、口味的控制

外，還必須採取有效的控制方法。常見的控制方法有以下幾種：

(一)程序控制法

按廚房生產的流程，從加工、配份到烹調的三個程序中，每一道流程都應是前一道流程的控制點，每一道流程的生產者，都要對前一道流程的食品質量，實行嚴格的檢查控制，不合標準的要及時提出，幫助前道程序糾正，如配份廚師對不合格的加工，烹調廚師對不合格的配份，有責任提出改正，這樣才能使整個產品在生產的每個過程都受到監控。管理者要經常聽取生產者對上道程序質量的評價。

(二)責任控制法

按廚房的生產分工，每個崗位都擔任一個方面的工作，責任分工制要體現生產責任。首先，每位員工必須對自己的生產質量負責。其次，各部門必須負責對本部門的生產質量實行檢查控制，並對本部門的生產問題承擔責任，主廚要掌控好出菜質量，並對菜餚產品的質量和整個廚房生產負責。

(三)重點控制法

對那些經常和容易出現生產問題的環節或部門，作為控制的重點。這些重點是不固定的，這個時期某些環節出現生產問題較多，這個時期就對這幾個環節加強控制，當這幾個環節的生產問題解決了，另外幾個環節有生產質量問題，再把另外那幾個環節作為重點來檢查控制。這種控制法並不是實行頭痛醫頭腳痛醫腳，而是隨著這種控制重點的轉移，逐步根絕生產質量問題，不斷提高生產水準，向新的標準邁進。

第四節　餐飲成本類型

一、餐飲成本的類型

餐飲成本三要件（材料、勞務、經常費）僅是一種概念，對於成本的分析僅具基本的參考作用，這是靜態的成本，而動態的成本則和銷售量有關係。以這種標準而言，成本還可分為四種類型：

(一)固定成本

這些成本不管銷量的變化如何，它們都是一定的，例如稅捐、租金、保險費等。

(二)半固定成本

這些成本雖會受到銷售量的變動而有所增減，但其增減並不會成正比，例如燃料費、電話費、洗滌費等。

(三)可變成本

這些成本和銷售量的大小有密切關係，它們的變化和銷售量的變化成正比例，例如食品、飲料。

(四)總成本

這是上述三類成本的總和。最後和營業利潤發生關係的就是這種成本。

二、餐飲成本控制之要件

(一)標準的建立與保持

任何餐飲營運，在根本上均建立一套營運標準，而這類標準卻是各有不同，例如連鎖國際觀光旅館的營運標準就不同於一般餐廳。如果沒

有標準，員工們會無所適從而各行其事，他們的工作成績或表現，經理部們也無法做有效的評估或衡量。一個有效率的營運單位總會有一套營運標準，而且會印製成一份手冊供給員工參考。標準制訂之後，經理部們所面臨的困難是如何確保這種標準，這就得依靠定期的檢查與觀察員工施行標準之表現，以及藉助於顧客的批評。必要時施行訓練，使員工對本店標準獲致共識。

(二)收支分析

這種分析僅指餐飲營運的收支而言。收入分析通常是以每一次的銷售為分析目標，其中包括餐飲銷售量、銷售品、顧客在一天當中不同時間的平均銷費額，以及顧客的人數。成本分析則包括全部餐飲成本、每份餐飲成本及勞務成本。每一銷售所得均可用下述會計術語表示：毛利邊際淨利（毛利減工資），以及淨利（毛利減去工資後再減去所有的經常費，諸如房租、稅捐、保險費等等）。

(三)餐飲價碼之製訂

餐飲管制的一項重要目標是為菜單定價（包括筵席報價）提供一種建全的標準。因此，它的重要性是在於能藉助於管制而獲得餐飲成本及其他主要的費用之正確估算，並進一步製訂合理而精密的餐飲定價。其中引用的資訊是顧客的平均消費能力、其他業者（競爭對手）的菜單價碼，以及市場上樂於接受的價碼。

(四)防止浪費

為了達到營運業績的標準，成本管制與邊際利潤的預估是很重要的，而達成此一目標的主要手段在防止任何食品材料的浪費。導致浪費的原因不外乎廚師的烹調不當，過度生產超出當天的需要銷售量，以及未能運用標準食譜。而這一切均可用「監察」來解決的。

(五)杜絕矇騙或詐欺

監察制度必須能杜絕或防止顧客與店員可能有的矇騙或詐欺行為。在顧客方面，典型而經常可能發生的矇騙行為是：

1.用餐後乘機會從容不迫而且大大方方地向店外走去,不付帳款。

2.故意大聲宣揚他用的餐膳或酒類有部分或者全部不符合他所點的,因而不肯付賬,或用偷來的支票或信用卡付款。

而在本店員工方面,典型欺騙行為是超收或低收某一種菜或酒的價款,竊取店中貨品。

(六)餐飲營運資訊

監察制度的另一項重要任務是提供正確而適時的資訊,以備製作定期的營業報告。這類資訊必須充分而完整,方能做出可靠的業績分析,並可與以前的業績分析作比較,這在收支預算上是非常重要的。

不管餐廳的規模大小,及其營業性質或型態如何,他們所需要的營業監察資訊一定要具有實際的意義而且是真正必須的。因此,資訊蒐集與採用應該有一種選擇性,一大堆的統計資料不僅不會有什麼利用價值,反而會混淆了其他必要的基本資料。在大型餐廳中,關於營業資料的蒐集、整理、分析,以及最後的提出,大都採用電腦處理,這當然會比人工處理快得多了。

三、餐飲成本控制特性

餐飲成本控制較之於其他企業的物料管制要困難得多,其主要理由約有五項,分述於下:

(一)餐飲產品的易腐性

餐廳的食品無論是生的或已烹煮過的,都是易於腐敗的,而且保存的壽命也有一定的限度。因此,業者在購進食品時,必須考慮其品質,以及掌握所需的數量,而處理及儲存的方法也應正確。飲料不像食品那樣易於腐敗,在採購,儲藏以及處理方面,當然不會有太多的麻煩。

(二)餐飲營業量的不可預測性

餐廳在其營業方面可以說是具有典型的不可預測性,因為每天都會有變化,每個客人會點什麼菜餚是很難準確預測的。這對於食品的採購

及調理便會產生難於掌握的困難，而員工的僱用也不容易在人數上做到適當的安排。

(三)菜單的調度難於恰如其份

為了競爭及滿足市場或顧客的需求，餐廳業者往往會將其菜單上的項目列出相當多的菜名，以供顧客有較多的選擇。但這必須能夠掌握每天上門的顧客的人數，以及他們喜歡吃些什麼，具有什麼樣內容的菜單最能適合他們的選擇。不幸的是這一切都不容易預知，而且任何預測也很難做到百分之百的正確性。但為了有效控制成本，業者不能不致力於預測方法的研究，這是餐飲成本系統中相當重要的一個環節。

(四)營業循環週期短暫

餐飲營運較之其他事業不容易做時間管制，主要的理由是採購進來的食品材料通常都是要在當天處理，當天售出，最遲也只能夠拖到第二天或第三天。所以在成本報表方面需要每天製作，最遲也要一個星期製作一次。

在這樣短的時間內想要正常而按規定來控制成本當然相當困難。尤其是食品的易於腐敗，其中消耗損失很大，在實際需要之前不能買太多，但買少了會臨時發生措手不及的難題。另外，在採購的成本價格和銷售上也很難拿捏其分寸。

(五)營運上分門別類

餐飲營運上往往會有幾個生產與服務部門，在不同的營運方向下供銷不同的產品。因此每一種生產與銷售活動會有不同的營業成果，這自然會給營運帶來若干困擾。

第五節　員工成本控制

在餐廳和飲食業中，員工成本已經變得愈來愈重要，由於組織工

會、勞動基準法、社會保險和許多的員工福利，在一些飲食供應中，勞工成本已經相當於或高於食物成本了。有一部分的工業已經透過機械化和自動化，以解決日益嚴重的員工成本問題。然而不論如何改變，員工仍然是必須的。因此應該提高管理和技術的水準，致力於如何有效率地應用膳食供應的員工，和控制員工成本。

一、員工成本的定義

在薪資表上，付給員工的直接或間接費用，都可稱為員工成本。間接費用是由公司員工訓練、帳單和一部分的管理費用所構成的，這些都包括在員工成本中，但是一般都不是十分容易控制的，常常只有直接的費用比較容易掌握。這些是：

1.薪水和工資（包括加班費）。

2.假期和節日的加班費。

3.員工餐點費。

4.員工健康保險費。

5.員工勞工保險費。

6.住院、生命和意外保險。

7.養老金和退休金。

以上項目，加上其他福利，如喝咖啡的休息時間、聖誕禮物、紅利和遣散費等。因此這些福利的總成本，應佔薪水或工資的百分之十五至二十五之間。

二、員工薪資結構與成本之影響

當價格提高時，像食物成本、員工成本的分配比率就比較像樣，數量的增加或減少，對食物和勞工的成本比率，影響差異很大。如果員工成本佔的比率增加，供應數量就減少；如果成本降低，供應數量就增加。也可以說，員工成本佔的百分比，和販賣的數量成反比。假如供應數量不能如預期而減少，無論如何，工作人員不可能跟著減少，因而員

工成本的比率就增加。這就是為什麼餐廳願意花大筆的錢在廣告宣傳上，以提高銷售數量。提高或維持供應數量，就可以自動降低勞工成本的比率，並增加大量的利潤。

(一)工作記錄

必須保存員工的工作時間記錄，這些記錄是填寫薪資表所必須的，而且對統計也有價值。

(二)員工應用的分析

為了控制員工成本，首先必須一項項分析員工個人的工作項目，以判斷是否已經有效率地應用員工。分析的項目可分為職業分析、職業記述，和職業的詳細設計表，更詳細的還列有職業定義項目。進行職業分析採取的步驟如下：

1.公司的主管熱衷於職業分析，並叫他們指出職業分析的好處。
2.員工明瞭職業分析的目的，以及在他們工作上所顯現的益處。
3.餐飲業中，所有人可以分析他自己，在大型的組織中，分析工作就可以經由其他對這項工作有興趣的人來作。助理專家可以從你所陳述員工服務中獲得資料，加以分析並擬定計畫。這些表格包括：
　(1)職業分析表。
　(2)體格條件表（列出這些職業對體格的要求項目）。
　(3)職業特殊才能表。
　(4)從獲得的職業資料中，使用提出問卷調查和個人的複述兩種方法。
　(5)通知公司主管進行的程序，給他們在安排員工和時間的忠告和建議。

註　釋

[1]謝明城編著，《餐飲管理學》，台北：眾文圖書公司，民81年，p.68。
[2]同註[1]，p.168。
[3]石銳譯，《人力資源管理》，台北：臺華工商圖書出版公司，民79年，p.282。

第十四章　餐務的管理

餐務部的管理是餐飲部的主要職責之一。餐務部是餐飲運轉的後勤部門，擔負著爲前後台運轉提供物資用品、清潔餐具和保障餐飲後台環境衛生的重任。作爲餐飲部要明確設立餐務部的意義，規定其職能與職責範圍；合理、科學地設立餐務部的組織機構；明確餐務部主管的責任制；確定各種餐飲物資和設備的管理方法；減少餐飲經營物資和餐具的損耗；只有這樣，才能保證有一個行之有效的餐飲後勤，保證各項餐飲活動的順利進行。

第一節　餐務部的功能

餐務部是隨著餐飲部門的發展應運而生的。由於餐飲部門的經營範圍和規模不斷擴大，專業設備和餐具不斷更新和增加，餐具的清潔和衛生要求也越來越高，使餐務部這一餐飲運轉過程中必不可少的專業部門得以產生，並正發揮著越來越重要的作用。

圖14-1　餐務部的重要工作之一是維護餐具的清潔和衛生

一、餐務部的重要性

餐務部在許多飯店也被稱為餐務組。它負擔著餐飲運轉過程中最基本的任務之一。從某種意義上說，餐務部猶如一個攝製組的劇務，他們都是在幕後工作，全力保證前台運轉的正常進行。沒有一個組織嚴密、高效率、負責的餐務部，整個餐飲運轉活動就會出現混亂，從而造成服務質量低下、散慢、效率不高等不良現象，引起大量客人投訴也是不可避免的。在實際管理活動中，它常常也是最令餐飲部經理頭痛的一個部門。然而我們絕不能因此而放鬆或放棄對這個部門的管理，而應該正確地認識該部門的特點，學會科學地、合理地設置和管理這個重要的後勤部門。

餐務部在餐飲運轉過程中，可以發揮重要的積極作用，會提供一個清潔衛生的餐飲工作場所，使員工在舒暢的環境中工作，從而提高他們的工作效率。餐務部會提供足夠數量的餐具物資，以保證經營運轉的正常進行。好的餐務部還將幫助餐飲部門控制經營成本，將損耗減少到最低程度。衛生防疫部門也與飯店餐務部門聯繫比較密切，而好的餐務部將保證其環境與衛生符合國家的要求和標準，從而減輕餐飲部經理在這方面的工作，也使得顧客的健康、安全得到全面的保障。

餐務部是一個非營利的部門，往往得不到追求利潤的經理們應有的重視。人們口頭上也都承認該部門的重要性，但每當需要增加開支以增加設施、設備或人手，或者需花費時間進行培訓時，往往又受到忽視。任何經理都不會接受髒的盤碟，也不喜歡不清潔的地面和環境，唯一的辦法就是重視對該部門投資，安排時間來培訓其工作人員，創造該部門內部及與其他部門之間的良好運作關係，提高部門工作效率，投資現金來提供必須的清潔工具和設備，提高勞動生產率。

由於餐務部的工作任務性質，該部門的工作場所與廚房和餐廳的後台相靠近。餐務部的工作要占用一定的場地，而且比較嘈雜、悶熱和潮濕。在這個狹窄的、匆忙的環境內，必須保證其清潔乾燥，遵循操作流程的規定，任何污物和不潔物品都不得接觸已洗滌過的清潔物品及存放

處。

二、餐務部的職責

　　餐務部是餐廳和廚房的後勤部門，工作中和這兩個部門的運轉密切相關。其主要職責是[1]：

(一)負責餐務部門請領、供給、儲存、蒐集、洗滌和補充等工作

　　根據事先確定的庫存量，負責為指定的飯店餐務部門請領、供給、儲存、蒐集、洗滌和補充各種餐具、設備和物資。

■請領

　　餐務部根據實際經營的需要，負責為餐廳、廚房領用各種餐具設備、清潔衛生設備和其他物品，同時，還根據實際需要，申請購買特殊用途的特種餐具和其他新設備、新餐具，並負責提供樣品。在一些較小型飯店，這項工作也可以由餐廳或廚房自行負責，而餐務部負責監督和檢查。

■供給

　　餐務部負責按正常的損耗率向餐廳和廚房提供足夠的餐具設備和物資，保證其正常經營活動的需要。同時餐務部還負責為某些大型活動、宴會等籌措餐具物資。在這個過程中，要經常檢查餐廳和廚房的餐具設備使用情況，督促和採取必要的措施來減少餐具的損耗，控制好餐飲部門的經營成本。

■儲存

　　通常餐務部的二級庫房設在餐廳或廚房附近的後台場所，根據經營活動的需要制定其合理的庫存量，設專人負責保管，以便及時提供常用的餐具設備和特殊活動所需的物品。餐務部的二級庫房通常分為銀器庫，瓷器、玻璃器皿庫和家具物資庫。

■蒐集

　　餐務部還負責督促餐廳和廚房做好餐飲物資的回收工作。例如：因房內用餐而散落在各樓層的餐具設備；遺漏在各種場所的口布、台布和

其他物資；大型活動的餐具設備是否歸位，和負責從垃圾中檢查有無失落的餐具，尤其是銀器等貴重物品。

■洗滌

這是餐務部的一項主要的日常性工作。餐務部僱有一批洗碗工，負責各餐廳洗碗間的日常洗滌，保證及時地清洗所有餐具，並做好洗碗間、廚房的衛生工作，以維持正常的經營需要。

■補充餐具

餐務部根據標準存量的限額，負責及時地補充二級庫的庫存，以免影響正常的經營工作。並在補充庫存時，統計各使用部門的餐具損耗數字，填寫損耗報告表，以便加強對餐具的損耗控制。

(二)負責制訂檢查、清潔保養計畫

負責制訂並實施每天、每週、每月的機器設備的檢查、清潔保養計畫。

(三)負責有關部門和區域的清潔衛生工作

這些衛生工作分爲日常衛生和計劃衛生兩種，要分別制定日常衛生和計劃衛生的具體方案，定時、定人、定點，分工負責，並得到檢查督促，確實保證所轄範圍的清潔衛生符合規定的標準。通常歸餐務部清潔的區域有：

■洗碗間和餐具庫房

這兩處是管事部工作人員的作業場所，必須保持其清潔衛生。尤其是洗碗間，應保持地面乾燥無污物，操作台面餐具分類擺放井井有條。只有這樣，才能使廚房等後台區域乾淨衛生，也不至將腳上污漬帶到備餐間和餐廳，而影響到餐廳前台的衛生，同時還有利於安全生產，避免滑倒等意外事故。

■宴會備料間和倉庫

宴會備料間和倉庫擁有各種桌椅等設施設備和裝飾用物資，餐務部要負責衛生和擺放保管。每次大型活動時，要根據宴會通知單的要求，安排人手準備好這些物資設備，運送到指定的場所待用。活動結束後，

由餐務部人員負責運回。在專業水準較高的飯店裡，餐廳備餐間的許多營業準備工作和日常衛生也是由餐務部負責的。例如：提前準備好果醬、黃油、胡椒、鹽、淡奶，有些還負責煮咖啡、烤麵包、製冰塊等日常工作，這樣做有利於保證前台的服務質量，也有利於餐務部人員的工作調派。但這樣做的前提是餐務部人員必須具備良好的素質和較高專業技能。

■員工餐廳

員工餐廳的清潔衛生和餐具洗滌等工作也是餐飲部的職責之一。這樣做既便於餐具物資的保管和使用，也有利於餐務部人員的統籌安排。員工餐廳既是員工的就餐場所，也是其作短暫休息的場所，座位周轉比較快，要求清潔人員及時清理桌面和地面，保持一個良好的就餐環境。飯店在員工餐廳不用餐的時間，還備有茶水、咖啡或冷飲，供到班和插班的員工飲用、休息。

■員工通道和走廊的衛生

餐飲部所轄區域內的這些通道衛生是餐務部的職責範圍，應定時清掃。在這些區域還常常發現員工隨手丟棄的餐具用品和設備等，餐務部要督促回收，追查原因，始終保持這些通道的暢通和清潔衛生。

(四)餐具的基本洗滌程序及其檢查方法

餐具的洗滌是餐務部的一項主要工作，其質量的好壞，直接影響到對客服務的質量，影響到整個餐飲經營活動，也會影響到餐飲的經營成本。因此，作為餐務部的經理，必須了解餐具洗滌的全部過程，以便指導、監督和檢查各環節的運轉，及時發現問題，解決問題。

目前飯店使用的洗碗機和洗滌劑、消毒液等，通常採用合約購買的形式，由廠商提供機器設備和洗滌劑，並負責培訓指導，定期上門服務，解決使用時出現的問題，並提供維修保養服務。餐飲部門可根據各公司所提供的產品、服務及價格來擇優選擇，以保證洗碗機等設備始終處於最佳狀態。

餐具的洗滌通常分為八個步驟，只有每一個步驟都按正確的方法有

效地進行，才能保證整個洗滌程序運轉正常，取得理想的洗滌效果。

■蒐集髒盤

指將餐桌上髒盤收到一個容器中，運送到洗滌間，它是洗滌程序的第一個步驟。這個程序中的關鍵是要將各類餐具分類擺放，儘量減少互相撞擊而引起的破損，銀器最好用一個盛有洗滌溶液的盆，事先浸泡起來。注意減少裝卸次數，減少污漬和避免破損。

■殘渣處理

在將餐具放進洗碗機前，要檢查是否都已將碗碟中的髒物倒刮乾淨。這樣可以保持洗碗機中的洗滌水乾淨耐用，有利於節約和保持餐具清潔衛生。倒刮時最方便的方法還是用手直接倒。

■餐具分類

指將各種餐具用品分類放到一個洗滌筐中，以便更合理地洗滌。分類的工作可由服務員在處理殘渣後直接進行，這樣可以節省人力，也減少多拿放一次可能造成的破損機會。分類的工作有的飯店規定是由洗碗工完成的，但這樣做可能會造成待洗餐具堆積雜亂，佔用較多的地方和筐架，堆放中易造成事故，引起餐具損壞。但無論採用何種方法，銀器、玻璃器皿與瓷器等都必須分類裝架。

■餐具裝架

這在合理使用洗碗機中，特別是大型洗碗機中是很重要的。裝機容量的不足，會造成機器空轉，造成浪費。在裝架時，應儘量避免大小碗碟混放，以致造成小盆碟被遮擋，也不要將盤子正反面疊著擺放或背對背裝架。杯子、碗和其他凹形餐具應該倒裝在筐架上，否則碗和杯中的污物是很難洗淨的。刀、叉、勺類餐具一般放在專用的插筒中沖洗，一次不可裝得太滿，否則勢必擠疊在一起，不易洗淨。

■沖刷

裝好筐的餐具要先用噴水器沖刷，以保證在用洗滌劑洗滌前，將明顯的污物沖去，來延長洗滌溶液的使用周期。在沖刷後，要及時將沖到水池中的垃圾清除掉。

■清洗

在清洗過程中，餐具受到來自上、下方熱的清潔劑溶液的來回循環沖洗，然後是乾淨的熱水的沖刷，並受到脫水劑的作用，出機後自行脫水。在這個過程中，檢查時應該注意的有下列幾點：第一是時間，應根據機器的操作說明，掌握正確的清洗時間。第二是溫度，要保證各部分的水溫符合規定的範圍，並及時調整。第三是洗碗機的機械功能，主要指水的壓力。最後是其化學功能，同樣應在試驗時以洗滌和沖洗兩個部分測量，配製到足以洗淨餐具的清潔溶液。

■餐具卸架

在這個環節上，檢查的要點是：保持清潔衛生、留有準確的風乾時間、拿放中減少破損。其中特別要強調的是操作人員的個人衛生，拿放餐具不要接觸其觸口部位，用來最後擦淨水漬的揩布必須確保乾淨，勤於更換。另外，減少破損和減少搬運次數密切相關，要按合理的程序操作。

■餐具存放

餐具的存放地點必須是既方便廚房和餐廳的使用，又便於洗碗工的操作的位置上。要始終檢查其衛生狀況，保持乾燥和通風。墊布要定期更換。設在廚房的餐具架應該密封，以免被油煙污染。要堅持分類擺放，固定位置，通常大件餐具、較重的餐具放在下部，杯、碟等小件較輕的餐具放在上部。金屬餐具洗滌完畢後，應及時由服務員送入餐廳存放。[2]

(五)垃圾處理

餐飲部門是一個生產部門，也是「出品」垃圾較多的部門之一。垃圾在飯店裡是一個較突出的問題。第一，大量的垃圾堆放需要占用寶貴的空間；第二，它們會散發出難聞的氣味，污染空氣；第三，存放的垃圾還會滋生細菌，有害人們的健康；第四，垃圾的處理需要支出費用。目前，衛生防疫等政府部門對垃圾處理也很重視，要求越來越高。因而，無論從飯店自身利益出發，還是從整個社會效益出發，飯店都必須

學會更合理、更科學地處理垃圾。

■固體垃圾的處理

　　固體垃圾是相對於液體垃圾而言的，它的處理，如交由城市的環保部門負責，則通常是根據垃圾的重量、體積或數量來計算費用的。飯店常用的降低垃圾處理成本的方法是儘可能地減輕重量和減少體積。固體垃圾可以分為可回收使用的廢品和不可回收使用的廢品。

　　處理方法有時可以結合起來進行，但決策中要有成本概念，如果自己處理的成本太高，則可採用其他處理辦法。有時可簽訂合同承包給個人或公司，這樣做除了節約費用外，還具有較大的彈性。

　　目前大型觀光大飯店設有冷藏庫，將垃圾處理後加以冷藏，以免發出臭味。

■液體垃圾的處理

　　液體垃圾主要包括洗滌後的污水，烹製過程中的廢水，以及使用過的食油、油脂等。液體垃圾的處理，著重在注意防止下水道的堵塞，在水池或地漏處加一個過濾網就行了，很明顯，此處是經常要進行清潔的重點。廢油的處理要經過特別的加工，長期與出水管共用一個管道，會造成油污結存在管壁上，而使管子變細，形成堵塞。解決的辦法是在地漏處裝一個濾油器，或者由工程部或清潔公司定期用高壓蒸氣噴射器清理，也可用去油污力強的清潔劑噴灌處理。目前主管機關已要求大飯店設污水處理設備，否則罰則不輕。

(六)銀器的清潔

　　銀器和其他金屬餐具必須保持清潔和光亮，通常是由餐務部的擦銀工專門負責的。因為銀器、鍍銀或鍍金器皿、鋼器等都是貴重物品，需要具有專業知識和技能的員工來維護，必須特別重視。為了維護銀器的美觀和價值，必須注意以下三個問題：

　　1.是所有銀器每年必須大洗和拋光兩到三次。
　　2.是保養的設備和清潔劑必須品質優良，以免損傷餐具。
　　3.是必須由專門的技術人員處理。

如果是進口的銀器設備，一些名牌銀器廠商會培訓和上門指導擦銀工的工作，以保證他們的銀器在餐桌上閃閃發光，受到客人的稱讚。國內訂貨時，也應要求廠商提供類似的服務。此外，銀器是越使用越漂亮，不需「疼惜」而束之高閣。銀器的正常洗滌可以和其他餐具一樣放在洗碗機中清洗，一年中只有二到三次需作特別的脫氧去污和拋光處理。

脫氧去污是要去掉銀器表面的一層氧化物，使銀器恢復光澤，同時也去除銀器上的油漬，以便拋光處理。脫氧去污的方法是將銀器浸泡在以碳酸鈉為基礎的化學溶液中加溫至攝氏八十度，兩至三分鐘後銀器表面污漬即可去除。

拋光會使銀器重新閃閃發光。要注意的是形狀奇特的銀器和易碎的銀器只能用手工拋光，一般銀器才可放入拋光機器中拋光。拋光機的原理是用細小的不鏽鋼球反覆磨擦銀器表面而造成拋光效果。拋光根據物件的大小用十至二十分鐘便可，拋光時還要在細鋼球中加入肥皂水，而且要保證細鋼球沒有生鏽，否則會損傷銀器表面。雕花的銀器不可用此法拋光，壺或杯等中空的銀器必須在中間裝滿細鋼球在拋光，以免變形。

銀器受損的最主要原因有：

1.高溫使表面受損。
2.銀器表面上有刀痕或刮痕。
3.硬刷子或金屬絲刷擦壞銀器表面。
4.操作使用中不小心的撞擊。
5.接觸酸性物品或其他化學物品留下的斑跡。

最後一種情況可用洗滌劑手工擦洗，其他四種情況則需送回廠商重新加工。

(七)有害昆蟲及動物的防治

有害昆蟲及動物的防治不僅僅是餐務部的任務，也是餐廳每位員工和管理人員的任務。有害昆蟲主要指蟑螂、臭蟲、蒼蠅、蚊子等，有害動物

是指鼠類動物。牠們不僅使人感到噁心，更重要的是會引起疾病。防治有
害昆蟲及動物的第一步是任何人一旦發現這些有害昆蟲及動物的出現，要
立即報告給有關管理人員，要求防治有害昆蟲及動物的員工立即進行檢
查，必要時立即採取消除措施。對有害昆蟲及動物要以預防為主，特別注
意按食品衛生法的要求，注意食品衛生。所有食物都必須加蓋，食物碎屑
和餘廚必須立即清除，不能讓其藏在物架的背後或底下。食品庫房要定期
徹底打掃。食物不允許帶到更衣室、辦公室。一般庫房、機房、地下室、
水管（尤其是熱水管）、下水道和空調道等處也必須經常檢查。此類昆蟲
與動物多半在夜間活動，如果白天見到老鼠、蟑螂等，說明問題已很嚴
重，多半是蟲害已多到無處藏身的地步。這時應該聘請專家或防疫部門立
即採取行動。專家了解有害昆蟲與動物的生活習性，有一整套的藥物和辦
法來對付有害昆蟲與動物，而保證餐飲部門經營的安全。[3]

第二節　餐務部的組織

　　餐飲部工作成功與否的關鍵在於這個組織內部管理人員和全體員工
所具備的態度、知識和技能及其發揮程度。所以，要想讓餐務部發揮其
應有的最大潛力，提供令人滿意的服務，就必須健全該部門的組織，明
確分工，定時加以技術培訓。作為餐飲部經理及上級主管部門，有責任
為餐務部員工提供一個清潔、安全、健康的工作環境。只有這樣，才能
保證向客人提供清潔衛生的餐具。此外還要幫助餐務部內部培養起團體
合作精神，注意與部屬之間的溝通，保證餐務部正常有效地運轉。

一、組織機構

　　根據餐飲部門的規模和所賦予餐飲部的職責範圍的不同，餐務部的
組織機構也不一樣。

　　較大型的餐務部組織中，通常包括宴會部、各餐廳的餐具洗滌和餐
具供應、保管庫存三個部分。在這個組織中，餐務部一般是二十四小時

運轉，需要「三班制」。

在較小型的餐務部組織中，結構比較簡單，員工主要分為洗碗工、保管和擦銀工、雜役等。

有些更小型的餐務部，則設在廚房的組織機構中，由主廚直接領導。

下面，我們摘要地介紹這個組織結構中各個主要崗位的職責，供餐飲部經理在設置餐務部或進行分工時參考。

二、崗位職責

(一)餐務部經理（主管）

■職責綱要

1. 直接向餐飲部經理報告工作，全權負責整個餐務部的運轉，包括制定與實施工作計畫、培訓餐務部的員工、合理控制餐具破損數目和遺失數目。
2. 確保其管轄範圍內之清潔衛生，餐具用品衛生要達到標準衛生、消毒標準，負責各種清潔用品、銀器、不鏽鋼餐具、瓷器、玻璃器皿及部分廚房用具的儲存保管。
3. 負責每月、每季及每年度之盤點工作。
4. 按工作要求，直接向餐飲部經理提議有關適當人選資料。

■職責

1. 監督餐務部的日常工作，了解所有內部設備及機器的用途。
2. 分派每日的工作，並監督員工按正確的工作程序完成本職工作。
3. 負責維持其管轄範圍內的清潔衛生，以及員工個人衛生。
4. 制訂屬下員工培訓計畫，提報餐飲部經理核准，確保員工正確操作洗碗機，正確保管和使用各種清潔劑。
5. 統計、記錄各餐廳及廚房之餐具，控制在各點的流存量，安排補充及申購。

6.按照推銷活動計畫，為各種宴會或特別活動準備餐具用品。

7.與財務部配合，安排每月、每季及每年度之盤點工作，將意見或報
　告呈交餐飲部經理。

8.協調內部矛盾，處理員工的不滿及糾紛，與餐飲部經理商討可行的
　處理方法。

9.統計每年餐具採購計畫，報餐飲部經理核准。

■職能

1.參加每天由餐飲部經理召開的餐飲部主管晨會。

2.參加每週由餐飲部經理召開的餐飲部主管例會。

3.主持每週的培訓課程。

4.監督及現場指揮工作，在工作中糾正屬下員工的錯誤，提出改善意
　見。

5.了解當日情況，辦理有關行政文件，簽署領貨單，考核員工並填寫
　考核表。

6.督促及提醒屬下員工遵守飯店所有的規章制度及協助落實執行。

(二)區域領班

　　主要負責督促員工維持日常運轉的順利進行，負責宴會等活動的各
項餐務工作，向餐務經理負責，下屬有洗碗工、雜役等。主要職責是：

1.保持所轄區域內的清潔衛生和整潔。

2.安排本區域員工的任務，根據工作需要合理安排人手。

3.負責向廚房、餐廳和酒吧提供所需用品和設備，籌劃和配備宴會等
　活動的餐具、物品。

4.根據使用量配發各種洗滌劑和其他化學用品。

5.協助餐務部經理進行各種設備、餐具的盤點工作。

6.負責洗滌過程中的餐具破損控制，發現問題立即採取措施或交給餐
　務部經理處理。

7.監督本區域員工按規定的程序和要求工作，保證清潔衛生的質量，

做好員工的考勤考核。

8.與廚房和餐廳保持良好的合作關係，加強工作中的溝通。

9.協助餐務部經理落實有關培訓課程。

10.督促屬下員工遵守所有飯店的規章制度、條例和紀律。

(三)擦銀工（Silverman）

主要任務是根據餐飲部所制定的銀器擦洗計畫表，進行所有銀器、銅器等設備的擦洗、拋光工作。其主要職責是：

1.保證飯店所使用的金、銀餐具和銅器始終清潔光亮。

2.負責每天擦洗各種烹飪車、切割車等。

3.保證各種銀器所使用化學清潔劑正確無誤。

4.掌握正確的擦洗銀器的程序，精心維護銀器的使用壽命。

5.嚴格按進度表進行各種銀器餐具的擦洗，並做好記錄。

6.控制銀餐具的損耗率，發現使用中的問題立即處理。

7.愛惜拋光機等擦洗設備，及時維護保養。

(四)洗碗工

負責正確使用洗碗設備，及時洗滌各種餐具，維持洗碗間的清潔衛生。主要職責有：

1.保持工作場所的清潔、衛生。

2.上、下班均需檢查洗碗機是否正常，清洗、擦乾機器設備。

3.按規定的操作程序工作，保證洗滌質量。

4.正確使用和控制各種清潔劑和化學用品。

5.及時清洗餐具，避免髒餐具積壓。

6.大型宴會活動的餐具洗滌任務艱鉅，要提前做好各種準備工作。

7.完成上級所佈置的其他各項工作。

(五)清潔員（Horseman）

負責所指定區域的清潔衛生，處理垃圾以及其他的搬運衛生工作，

主要職責有：

1.蒐集和清理所有的紙盒、空瓶等舊容器。

2.定時清除或更換各處的垃圾筒。

3.按規定的時間清掃指定的區域，保持衛生。

4.幫助蒐集和儲存各種經營設備，將其搬放到指定的庫房。

5.爲大型宴會活動準備場地，搬運物品。

6.負責餐飲部食品驗收處的清潔工作，及時清理、沖洗。

7.完成上級所佈置的其他臨時性工作。

餐務部的人員，除一些技術工種外，員工的文化程度不要求很高，在實際運轉中，很多飯店是僱用臨時工、合同工來擔任這些工作的。這也造成了管理上的一定難度。首先是要花費時間進行不斷的培訓；其次是員工流動性大，素質不穩，帶來一些不良行爲，需要督導和教育。管理人員要充分認識該部門的工作性質和特點，善於調動員工的積極性，培養他們愛飯店、守紀律和團結合作精神，只有這樣，才能順利完成餐飲部的各項工作任務指標。

第三節　與其他部門的聯繫

餐務部在其運轉過程中，將與許多部門發生聯繫。餐飲部是一個餐飲後勤部門，對前台的服務和整個飯店的運轉產生很大的影響，正確地處理好與這些部門的聯繫，加強部門間的訊息溝通、互相合作，是達到飯店的總目標的重要保證。

一、餐務部與採購部門的聯繫

餐務部是餐飲部門的物資供給部門，要定期地購置各種餐具、設備和各種用品。在這項工作中，將與採購部發生直接的聯繫。從餐飲部方面來說，要保證做好以下幾個方面的工作：第一，提供採購規格單和樣品或

圖片。餐飲部是餐具方面的專家，應詳細寫明所需採購物品的顏色、質地、規格。尤其是新採購的品種，更應詳細地列明要求，保證雙方溝通無誤，並有案可稽。第二，餐飲部要對餐具物品的使用量和庫存量有明確的數字概念，根據採購周期和使用量設定最低庫存量，使採購工作有計畫地進行，同時降低採購成本。第三，對所採購回來的餐具物品，餐飲部要嚴格把關驗收，以保證數量、規格等和採購單所列明的一樣。

二、餐務部與宴會部之間的關係

大型宴會活動的物品、餐具籌措是餐飲部的職責之一，因此在宴會確認後，宴會部必須迅速將宴會訂單送交餐飲部。餐飲部經理必須出席由宴會部經理主持的一周客情報告會，及時溝通宴會訊息，儘早安排、籌措宴會餐具和物資設備。在宴會開始前，按宴會訂單的要求，安排雜役進行佈置。宴會中和結束後，保證有足夠的人手及時洗淨餐具、物品，立即點清歸庫，統計出餐具損耗量。在整個宴會進行中，與宴會部密切配合，保證滿足客人的要求，使每一次宴會都取得成功。

三、餐務部與餐廳、廚房、酒吧的關係

餐務部與餐廳、廚房是聯繫最密切的部門。要保證服務品質優、有效率，保證客人滿意，有賴於雙方之間的緊密合作。作為餐飲部，在這項關係中要做到：第一，要保證隨時提供足夠數量的餐具、廚具、杯具，任何時候都不讓髒餐具積壓。第二，餐具洗滌必須符合規定的質量、衛生要求，減少在洗滌過程中的損耗。第三，保持洗碗間地面的乾燥、衛生，以免服務人員進出時，將油污帶入餐廳而污染地毯等。第四，屬於餐廳保管的金屬餐具、貴重用品，要及時督促服務員回收，以免造成遺失或損失。第五，培養互相合作的精神，急前台所急，想客人所想，維護飯店的整體榮譽。

值得注意的是，在餐飲部與其他各部門的關係中，要堅持分工負責、垂直領導的原則，要培養全體員工學會互相尊重。主廚、餐廳經理有事應和餐飲部經理或他的助手溝通，任何交叉指揮，都會形成各自工

作上的紊亂，降低勞動生產力，甚至造成餐具、設備的損失。

第四節　餐飲物資與設備的管理

餐務部直接和間接地負責餐飲部物資與設備的管理。從物資的預算、採購，到使用、保管、控制、損耗，都負有一定的責任。

一、餐飲物品的定額

餐具和其他餐飲物品、設備的定額及其每年的預算也是餐務部的職責之一。在制定餐具定額過程中，要考慮到飯店的總體經營方針策略、飯店的財務情況和倉儲條件。目前國內的餐具市場蓬勃發展，訂製餐具的生產周期長，進口餐具的管道也還算暢通。儘管規劃預算時，要受到這些客觀因素的影響，但我們還是可以根據所掌握的一些數字和資料，比較科學地計算出預算定額。這些數字、資料是：

1. 餐具的標準庫存量，也即餐廳營業量最大時所需的餐具數量。它要根據餐廳的座位數、座位的周轉率和洗碗間的效率、菜單的項目等來計算。
2. 本次盤存量，即現在的存貨量。
3. 每年或每採購周期的各種餐具損耗數。
4. 已訂購的在途餐具數量。

有了上述的一些數字，我們就可計算出預算需求數額，它可以比較接近實際的需求數。計算方法是：

預算需求量＝標準庫存量＋每年平均損耗數－現有庫存額－在途訂購數

這是作為一般常用餐具的採購預算方法，對於那些本飯店特製的餐具用品，訂數太少，則勢必加大單位數量的成本，因此可在財力和倉儲

條件允許的範圍內，適當增大採購量，其決定權在餐飲部門和飯店管理單位。

餐巾、桌布等棉織品的定額，與客房的床單一樣，通常是所使用的餐桌的五倍，即五套（Five Par Stock）供周轉。通常棉織品的控制是由客房部的布巾房控制的，但在做物資定額預算時，餐飲部必須明確地知道自己的使用量。

餐飲部了解了餐飲物資的定額後，還必須設定一個最低庫存量，一但盤點時發現某項物品已達到最低庫存量，則應立即開出申購單。

二、設備的使用與保養

除了大型、複雜機器設備的定期保養是工程部或供貨商負責外，一般機器的日常衛生和保養是餐務部的職責範圍。

設備的使用和保養，會直接影響到機器設備的使用壽命和經濟壽命，影響到餐飲部的工作效率。在使用和保養中，要做好「五定」。一是「定人」，所有機器設備的使用與保養都應落實到具體的保養者上，洗碗機、洗杯機、銀器拋光機、地板打蠟磨光機、眞空吸塵器、洗地毯機和垃圾處理機等都必須指定專人使用和保養，其他人不得隨便開啓使用。只有這樣才能避免盲目操作造成的損壞，也便於分清責任。二是「定時」，餐務部應制訂餐飲部門的機器設備保養計畫。每日清潔保養的設備，要求在營業結束前徹底清潔，管理人員隨時檢查。每週、每月清潔保養的設備，也應製好表格，保證定時按計畫實施。三是「定位」，機器設備要確定位置地點，不得隨意移動，以避免頻繁的搬動而造成損壞，同時也便於檢查管理。四是「使用固定的保養方法」，機器設備的一般使用和保養也是一種技術性的工作，在機器使用前，應由專人或生產廠商負責培訓操作使用人員，嚴格按操作規程使用和保養。在人員更換後，應首先培訓接替的人員，要避免使用不當或不正確的保養方法，以免造成機器設備損壞。五是「定卡」，在機器設備的使用保養中，還應建立一個機器設備檔案卡。上面記載機器設備的序號、擺放地點（或特殊用途），所有的日常維修或大修理都記錄在案，並標明每次維修的費用。負

責人員便可根據這些記錄計算使用該設備的成本，也是到一定時期決定機器的淘汰與否的決策依據。如用電腦管理的餐廳，該檔案還有助於幫助制訂設備的維修保養計畫。

三、餐具的保管與損耗控制

餐務部的餐具保管，主要是要加強餐具倉庫的管理和大型宴會等活動的餐具、用品的使用控制。餐務部的職責之一，是滿足各餐廳廚房的餐具、廚具用品的使用要求，但同時又要對餐具的損耗負督導檢查的責任。為了保管好餐飲設備、餐具和各種物資，餐務部必須做好以下幾方面的工作：第一，根據實際需要憑單發餐具。領用的數量要合理，以滿足經營需要為標準。餐廳除正常經營運轉的餐具外，不應另設餐具庫房。第二，餐務部要經常掌握各餐廳現有餐具的數量，做到心中有數。第三，在大型宴會活動中，要確認、監督借出的餐具如數歸還，及時統計出本次活動的損耗數字，並親臨宴會現場監督。第四，對餐具用品的運轉流通作深入的調查了解，餐務部經理的工作崗位應在餐飲活動的第一線，而不是辦公室。

目前，我國飯店普遍反映餐具損耗率較大，究其原因，有以下幾點：一是員工意識不強，事不關己，漠不關心；二是管理制度不完善，沒有將餐具損耗與員工的切身利益做好；三是設備不夠先進，員工服務技術不夠熟練，使用損耗較大；四是社會文化程度還不高，有些餐具（特別是金屬餐具）被當作「紀念品」而被順手牽羊；五是餐具本身質量不高，造成自然損失。針對這些問題，餐務部和餐飲部門的經理應首先在完善本部門的管理制度上做好工作，力求將各類餐具的損耗降低到最小。

餐務部加強對餐具損耗的控制，首先要能明確地反映損耗數。一般可透過兩種方法獲得，一是盤點庫存，這項工作一般以半個月到一個月一次為宜，時間間隔太長，出現的問題往往得不到及時糾正，發現時已無能為力了。這項工作應與財務部合作進行。二是透過傳統的辦法，要求員工將每天的損耗登記在簿，從而得出一個粗略的數字，同時打碎的

杯碟等要求擺放在專門的筐筒裡，以便清點。

要降低餐具損耗率，必須加強對以下幾個環節的管理：

1. 要讓全體員工關心餐具的損耗，制定合理的損耗率，同時實施獎懲制度。
2. 貴重餐具和金屬餐具可實行定人保管和每班清點交接，分清責任，同時使損耗立即得到回報。
3. 洗碗間也是餐具損失和損壞的主要場所，必須加強對其監督，培養員工的工作責任心。
4. 房內用餐的餐具損失也較一般為高，在管理上必須建立更完善的制度，與客房部做好溝通，落實各自的職責，共同做好這一關。

四、大型活動的物品籌措

大型活動的物品籌措主要指飯店舉行的大型宴會、會議、自助餐、慶祝活動等必須的用品。這些用品分為裝飾性物品、餐具和設備幾類。大型活動的物品籌措，首先要了解活動的日期，以便早作準備，同時要及時和宴會及銷售部門聯絡，弄清具體的佈置要求。這些物品的來源主要有以下幾個管道：一是不影響活動主題和氣氛的外來贊助；二是為活動主題服務的各種廉價植物，和將有典型意義的廢棄物品加以利用等；三是飯店內部餐具物品的利用；四是與本地其他飯店保持良好的合作關係，遇有大型活動時，互相幫助，互相協調，這對任何一個飯店都是有意義的。

大型活動的物品籌措是一項艱鉅繁雜的工作，一定要加強溝通，制定計畫，按工作進度表按部就班地完成準備工作，以保證每一次活動的順利進行。

註　釋

[1]Jack D. Ninemeier, "Management of Food and Beverage Operations", in *The Educational Institute of American Hotel and Motel Association*, 1991, p.236.

[2]同註[1]，p.268。

[3]同註[1]，p.369。

第十五章　餐飲連鎖經營管理

連鎖經營是一種授權給一個人或一群團體的權利。它可以由政府或私人授權而來。從經濟面來看，它是在授權者的規定下一項操作生意的特權。換言之，「連鎖經營」是一種法律的協定；「餐飲連鎖總部」同意授權並給予執照給「加盟者」，在設定的情況下，銷售產品及服務。連鎖經營是主導生意的一種方法，常見於行銷，並且廣泛運用到任何產業上。

餐飲連鎖總部授權給加盟者去行銷一項產品或服務，或兩者兼之；並且可使用商標和由餐飲連鎖總部發展出來的商業系統。契約規範了兩方面的責任：餐飲連鎖總部必須提供產品、一項核准的行銷計畫或生意模式、管理和行銷方面的支援以及訓練。連鎖加盟者帶來財務、管理技巧及操作一項成功生意的決定權。根據B. R. Smith和T. L. West兩位學者於1986年指出，餐飲連鎖是一種兩方面之間的合法契約。彼此都要放棄一些權利，來獲得其他更重要的東西。最好的安排，是雙贏的情況：餐飲連鎖總部擴展它的店頭數量以及獲取額外的收入；加盟者則擁有自己的事業。

根據另一位學者L. T. Tarbutton（1986）所提出，一個廣爲大衆所接受的餐飲連鎖經營定義爲：一種長期且持續性的事業關係；餐飲連鎖總

圖15-1　國際觀光旅館加入連鎖高效率的經營管理

部根據雙方面的需求及限制，授權給加盟者去使用商標或服務標誌，並且針對組織、商品企劃方面，給予餐飲連鎖者忠告及協助。

　　R. Justis和R. Judd（1989）指出，餐飲連鎖經營是一種做生意的機會：某一類服務或產品的生產者或配銷者授權給予個人地區性的配銷和銷售產品，並獲取加盟金、產品或服務品質的一致性及權利金爲回報。這兩位學者提出了和以前學者們不同看法之處爲，由餐飲連鎖者提供關於產品或服務品質之一致性。

　　「美國商務局」（The U.S. Department of Commerce）替餐飲連鎖經營下了一項定義：一種作生意的方式，總部設計一套行銷模式並授權給連鎖加盟者，來銷售或配銷貨物或服務。

　　「國際加盟連鎖協會」替連鎖加盟下的定義爲：一種持續性的關係，連鎖加盟總部提供組織、訓練、企劃及管理上的協助。它是一種口頭或書面上的契約或協定，包括了兩大內容：第一，根據加盟總部所制定的一套行銷計畫或系統，加盟者被授與銷售或配銷貨物、服務的權利。第二，此套加盟連鎖與加盟總部的商標、服務標誌、名稱，和廣告等商業象徵息息相關。[1]

第一節　餐飲連鎖國際擴展的因素

一、餐飲市場的增加

　　餐飲國際市場擴展給餐飲連鎖經營權的發展，提供了新的領域，部分國家人口增加，可利用的所得增加，業已建立了一個擴張的市場。例如中國大陸、日本、韓國、馬來西亞、印度、印尼等，這些國家人口總數正在迅速改變，其財務狀況逐漸好轉，加上自然資源與成品輸出的增加，大部分都有較多的經濟來源，同時工業日趨發展繁榮，已造成該地人民對餐館的需要。

二、經濟與人口持續成長趨勢

此項因素有利於對國外市場餐館連鎖經營權發展者包括下列各項：

1.當地人口教育水準的提升。
2.技術進步有助於國與國之間的旅行及文化交流。
3.年輕一代嘗試新產品與非傳統式食物的意願。
4.農村地區發展迅速與人口集中都市或工業區域。
5.消費者可利用所得的增加。
6.婦女就業人數及雙所得家庭數目的增加。
7.交通或服務業增加。
8.外帶或送貨到家的菜單項目的普及。

詳研上列因素，即可看出其均屬導致餐館連鎖經營權之所以普及的要素。

三、旅行與旅遊人口的增加

旅行與旅遊業的增加，來自世界各國訪客的迅速增加，間接促使餐飲業的多元化發展，也吸引來自各國的企業家發展或投資餐飲業的興趣。

四、重視產品服務的品質

餐館連鎖經營者，以良好的產品及服務品質聞名於世，受到其他各國的重視，可用作連鎖經營管理的有力號召。事實上，在對其他業者的安全標準或食物品質缺乏信心的地區，大家覺得在連鎖餐館進餐比較安全。

食物的接受係基於一種特別的產品的「味道開發」。新食品項目的被接受，通常要經過多次拓銷，味道一旦開發成功，獲得消費者的接受，很快就會普及。在美國已經普及的許多食品項目，假以時日，必能在國外獲得接受。

餐館連鎖經營受到各國人士的喜受，部分國家的人認為在一家連鎖經營餐館用餐是一種地位的象徵。有標準的產品，快速的服務，有燈光明亮用餐區餐，以及乾淨的休息室等，類此大都與連鎖經營餐館有關。連鎖經營餐廳所制定的品質與安全標準，使其所提供的產品與服務品質保持一致，吃了安全無慮。

部分年輕一代消費者，有一種嘗試新的與非傳統食品的意願，連鎖經營餐廳所提供的食物，已比以往更易於獲得接受，特別是各地大部分的年輕人。

五、經營管理技術進步

技術進步導致餐飲業控制精緻化及各國對經營技術的引進，使得在各國設置連鎖經營權系統更加容易。技術進步也導致人口向都市或工業地區移動，造成便利食物需求的增加。電腦、錄影機及其他電子產品，正在創造人類無與倫比的需要。「離家到外面吃」、「送至車內吃」或「送到家門」等類此吃法的概念日益普及，連鎖經營餐館已設計來為這些概念服務，因此受到各地的歡迎。

六、餐飲企業化經營

大部分國家業已學會了連鎖經營做生意的方式，其中連鎖經營者扮演了一個主要角色。企業家以及在經濟組織中億萬美元快速成長服務業的角色，業已吸引外國企業家們設法在他們本國能連鎖經營。在仿效國際擴張時所考慮的虧損的銷售量也較預期的少，如廣告及訓練等費用亦較低，因之使利潤增加。但在此需加提醒者，即前述積極因素在某些國家也許適得其反。在東京開辦連鎖餐廳的場地、勞工及食物的成本特別高，利潤偏低；在印尼找雇員比較容易，但因其人民所得偏低，一般人花不起錢買這類食品，故銷售情況可能並不理想。因此，必須要小心翼翼將積極與消極的因素平衡一下，但找出這平衡點也許並不容易。

由於大部分國家在技術、教育水準及經濟方面的進步，使其經營取向的企業家人數日增，連鎖經營餐館的運作與經營的成功，具有極大的

潛力。多媒體教學工具、出版物及電腦化課程安排，使經營訓練較爲有效。

七、貿易與收支平衡

近年來由國際貿易與財政收支平衡有了重大改進，這些變化，造成美元在國外市場投資以及在某些情況中反其道而行非常有利，波動的幣值受到外國投資者關切，其在國內外投資者的決策中，扮演重要角色。

八、政治穩定

亞洲市場的開放，爲連鎖經營餐館在當地的成長創造了一種好奇心及一種巨大的潛力。類此政治上的變化，如朝有利方向持久發展下去，可提供前所未有的機會。在尚未發展的地區，連鎖經營權餐館發展的機會亦大。

大部分國家的政治氣候已有改進。創造了一種對連鎖企業投資有利環境。一個國家的政治穩定，有助於企業發展，世界觀的主要變化由東歐政治制度改變與歐洲經濟共同體的統一展現出來。統一將造成：

1.共同體內貨品、勞務、人民、資本與資源的自由移轉。
2.購買與分配功能的集中化。
3.人類資源的共同經營。
4.一致的法典、規格與管制。
5.一致的通貨與貨幣管制。

這一切變化均會對正在經營或計劃在未來經營的特許企業，具有深遠的影響，跡象顯示，由於計畫的改變，連鎖經營的潛力將會有較大增進。

第二節　餐飲連鎖經營優缺點

一、連鎖經營者的優點

　　餐飲業採加盟連鎖制度會有許多的優點，茲將最重要的優點列舉出來：

(一)具備完整的經營理念

　　連鎖經營者買下一個已存在既有經營理念的事業，它所提供的產品或服務是獨特的，而且具有成功的潛力。套裝生意模式的加盟連鎖制度，往往被大多數的餐館加盟者所使用。如果加盟連鎖經營已行之多年，其產品和服務的聲譽在全然已建立好的情況下，會引起消費者的注意。因此，加盟者是買下一個既定品牌的事業。這對加盟者而言，是最大的優點之一。以餐館業而言，如果某一餐廳的菜單非常有名，而且消費者對其品牌瞭若指掌，那麼加入這家餐館的加盟連鎖事業，即可免於成立初期的不確定性。再加上其產品早已經過多年的市場測試，所以，所謂「既有的經營理念」是適用於其旗下加盟店獲利的保証。雖然這項優點僅止於開店初期，那麼往後的成功，仍應視個別的加盟者經營管理的方法而定。

(二)快速通往成功的捷徑

　　加盟連鎖雖不保證成功，但卻提供了通往成功的工具。這些工具包括了下列幾項：第一，在地點的選擇、餐館的興建、採購器材的選擇、餐館的經營上、訓練、廣告、行銷及促銷方面，均可獲得加盟總部在地域性或全國性的支持。第二，來自於加盟總部不同層次、持續性的協助。

　　許多連鎖總部提供了加盟者經營管理上的竅門。餐館生意如此具有挑戰性的主要原因，是它的複雜性及多樣性。餐館業往往牽涉到不同領

域提供的專業技術和知識。對於個人而言，要來支付上述的成本，是較昂貴而且困難的。反之，對於連鎖總部來說，因為蒐集的資源均集中化，因此能提供此類服務給加盟者。除了上述優勢之外，藉由加入加盟連鎖制度，來開創新的生意，所需之時間及花費的精神，較為緩和。

(三)純熟技術在管理上的協助

由連鎖經營總部提供技術和經營管理上的協助，是此制度的主要優點之一。這項協助甚至容許一個毫無經驗的人，開創他原先不熟悉的事業。協助是在營業之前和開張時期提供的項目；這種持續性的協助計畫，不僅針對每日的經營管理，還包括了緊急情況的協助。理想上，雙方的溝通管道，應是建立在雙方互利的基礎上。

許多技術協助，包括了下列幾點：市場可行性分析、地點的選擇、建築的設計、平面配置、器材的挑選及內部設計。至於經營上的協助，則包括了：存貨的控制及採購、採購的分類、產品的指導、操作時間表、衛生控制和其他服務變數。除上述所列之外，還包括了訓練和操作經營方面的手冊。雖然並非所有加盟總部皆提供所有上列的服務，但這些服務卻讓加盟者較容易地進入餐館業。

(四)餐飲生產作業標準化和品質控制

連鎖連鎖的優點，包括了標準化的適用性和維持品質控制的手法。個別加盟店成功，則必須遵循產品及服務品質的控制。所以，為什麼隸屬於同一家加盟連鎖店，在加州所賣的漢堡和在紐約所賣的漢堡，在口味上和在外觀上可達到幾乎一模一樣，這就在於作業標準化的制定。同理，可從餐館的裝潢、整體的主題風格和服務，看出其標準化的程度。對於產品及服務一致性的維持，相互的合作和有效的行政作業是必要的。為了維持其形象，確保生意盈門以及維持員工的士氣和生意的成長，經營的一致性是必要的。若好好地遵循標準化制度，對於加盟總部、加盟者和員工三者皆有益處，也有助於團隊精神的確保。

(五)連鎖加盟者承擔最少的風險

不論成功與否，做生意本來就有潛在的風險。加盟連鎖可以大大地減少失敗的風險，這風險明顯地比自行創業要小得多。既然加盟連鎖在研究和技術的基礎上，發展出一個有利的且可行的系統，那麼，會失敗的風險就可減至最低。正確的說，此制度提供的不是風險的消失，而是風險的減少。它並不保證成功，每家加盟店或多或少面臨著風險，往往憑恃著加盟者經營的效率而定。有此一說，當兩者的關係一旦建立，而且保持適度的互動，那麼離保證生意成功之途也就不遠了。

(六)連鎖加盟者負擔較少的經營資本

和獨立餐館相比較，加盟連鎖餐廳需要投入的資本較少。像存貨方面，就比獨立餐館的存貨較能正確地預估。計算好產量的數目和準確控制份量，可減少丟棄的機會或是減少不必要的存貨。在其他管理領域方面，同樣地能減少費用。連鎖總部也可提供財務上的貸款協助。在經營的早期階段，總部會提供原料和供應品。連鎖總部亦有經驗豐富的員工協助餐館設計，對於產量的增加和服務的效益是有助益的。

同時，連鎖總部亦可間接地幫助加盟者規劃商業保險的購買、員工的健康保險計畫以及其他福利設施。連鎖總部的協助，有助於加盟者減少其操作成本。

(七)連鎖加盟者貸款方面的援助

雖然對於一個新的加盟者而言，可能不適用，但往往連鎖總部會提供比其他財務機構更誘人的貸款協助，可供加盟者從事企業擴展。這類內部的協助，也令總部顏面增光，因為這項協助間接地也對其事業有正面的影響，總之，對雙方都有利。[2]

(八)精確的比較性評估

在連鎖的系統裡，對於餐館內不同功能性和經營上的活動的比較性評估是被鼓勵的。此乃此系統獨特的一面。經營的一致性，促進不同店的比較和不同層次的審慎的評估。和其他連鎖加盟者開會，也有助於這

種評估。從事業夥伴那裡，可分享學習對方開店經營的經驗及好處。

(九)連鎖加盟者研究發展的助益

連鎖總部在發展加盟連鎖制度方面，抱持著持續不斷的興趣。許多總部維持著永久性的研發部門。這類研發的結果與加盟者共享。此研究往往偏重在產品或服務方面的領域。這類服務對於大部分獨立的、非連鎖餐館是不存在的。除此之外，任何尖銳的或個別的問題，可由加盟者轉給這類部門，尋求解決之道。

(十)擴大廣告和促銷的助益

所有加盟者所支付的資金，有些是用於廣告和促銷；因此連鎖總部可提供更廣泛的廣告機會。對於任一加盟者而言，由夠格的廣告公司和人才，大手筆地審慎規劃廣告，是真正的資產之一。同樣地，能增進獲利的促銷，也會由總部努力推行。[3]

二、對於加盟者的缺點

理想中，加盟連鎖協定是用來發展加盟者與總部之間相互令人滿意的關係，然而兩者間的協定大多視雙方之間關係和諧與否而定。

(一)連鎖經營理想與預期的落差

在進入這行之前，加盟者懷抱著一些期望，並且希望能實現。有時，總部提供了並不切合實際的生意遠景。而加盟者會誤解契約上的條款而建立錯誤的期望，任何這些誤解，都可能會導致不滿意。

許多連鎖加盟者並不願意去閱讀或了解契約條款的內容，而依賴由總部提供的銷售或促銷性的印刷物。同時，加盟者也並不了解大多數總部在此系統裡享有的優勢。由於交易權力的不一致所引起的缺點，常出現在此系統裡。既然連鎖總部財務方面較強勢，對於個別的加盟者而言，法律的訴訟將會是冗長而且昂貴的。

(二)連鎖經營缺乏彈性

除了一些優點之外，加盟連鎖制度尚有一些限制，這些可能使任何

一名加盟者覺得缺少自由。特別在領域的拓展或限制潛在客戶接觸方面。譬如，一個地域擁有兩間店的重複性，會影響任何一名加盟者生意的興隆程度。舉例來說，一名餐館經理擁有某個保證受顧客歡迎的有創意的新菜單理念，然而由於加盟總部的限制，而無法實行。又如，某一連鎖經營者發現對餐館生意而言，「外送到府」是一項賺錢的途徑，但是因為總部的政策，而無法任意實施。

(三)連鎖經營增加廣告和促銷的費用

雖然廣告或促銷，先前被列為是此制度裡對加盟者的優點，但在某些狀況之下，他們被證明也有缺點的一面。譬如說，一名加盟者付一些不合實際的廣告費用或不適用於當地市場的廣告費。甚至，有時廣告效力根本達不到加盟者的消費領域內。同理，促銷的情形也可能有上列情況的發生。

(四)支付總部提供的服務成本

加盟者必須付出一些服務成本費用，一旦總部提供的服務沒有達到標準，加盟者往往遭受到一定程度的財務損失。經過一段時間，加盟者也許會覺得加盟金和權利金費用並不合理。因此，對於任一加盟者而言，心理上可能會覺得，繼續去支付營業額的一定比例給加盟總部是困難的。這些費用佔了投資報酬的相當比率。它們永遠是兩者關係的潛在痛處。

(五)過於依賴連鎖總部

在一種加盟連鎖制度裡，加盟者可能會變得過於依賴總部。在營業項目、危機處理、定價策略和促銷方面，加盟者可能過於依賴總部的建議。除了減緩做決定的步驟之外，過於依賴，對於一名加盟者來說，是要付出昂貴代價的。在某些事端上，其實加盟者本身可做出比加盟總部更好的決定。舉例說明，加盟者可能完全依賴總部的促銷活動，或是太過於依賴總部在管理方面的判斷，而事後證明是不智的。

(六)連鎖經營流於單調和缺乏挑戰

經過一段時間，加盟者可能會覺得有些單調。特別對於一名企業家來說，連鎖加盟制度會伴隨著缺乏挑戰和創意而流於形式化。一名具有企業精神的加盟者，會希望有機會更上一層樓。而加盟總部並不會提供這種機會。在這種情況下，加盟者可能會轉行或投入競爭者的陣營。

三、對於連鎖總部的優點

(一)大量生意的擴展

連鎖總部提供加盟者機會去擴展生意，擴展的資本可由採用加盟連鎖而獲得。事實上，對於擁有有限資本的連鎖總部而言，此系統是擴展生意的最好方式。為了公司的利益，加盟總部可選擇將多餘的資本投資於系統本身或相關事業。因為此系統並不需要太深奧的經驗，許多投資者可能會選擇直接投資一間經營成功的加盟餐廳的擴展。因此，加盟連鎖可藉由此系統的銷售或投資者的直接投資，而吸引資金來擴展事業。

一間餐廳的擴展牽扯到風險和結構重整，處理上，往往有某種困難度。在此系統，擴展的發生不需要總部進行組織結構的顯著改變。這容許總部奉獻較多的時間和力氣去做策略性的規劃、經營性的規劃、市場的可行性分析，以及系統全面性的發展。

(二)市場購買力的增強

餐館生意牽扯到大量的原料、器材和供應品的採購。加盟總部由於集中採購，故可在財務方面上獲利。雖然在一個非加盟連鎖系統裡可能亦存在此優點，然而在加盟連鎖系統中此種集中採購價格的差異更加明顯。

除此之外，部分由加盟者支付的金額，可做為廣告、促銷、和規劃良好層面的研究發展。在如此大規模的賭注上，可節省相當多的成本。

(三)增加經營上的便利性

從總部的立場來看，此制度提供了其他非此系統所缺乏的經營上之

便利性。總部不需去擔心每天店面的經營，或者去煩心員工離職、員工福利和工資。單一的加盟店較容易由加盟者來經營，而非由單一公司管理所有分公司。許多連鎖餐廳（由公司單一直營），往往面臨尖銳的人力資源問題。因為加盟者對於其店面全力以赴，除了面對緊急情況或嚴重狀況之外，均可有效率地掌握一般的經營。

(四)加盟者的貢獻

有一項優勢是常被忽略的，就是一名加盟者對此系統非財務面的貢獻。有些大的加盟連鎖公司，了解到一名加盟者在一般民間的基層面，有相當價值的貢獻。加盟者直接參與店裡每日的經營，並完全了解所有的活動機能。他們能夠針對問題提供好的解決之道，也會對一項意見適用與否有其建議，更能在總部的財務可行性方面提供他們的看法。

許多意見都是由加盟者所提供，總部經過審慎測試再接納。到最後，成為對總部而言一輩子的利益。譬如，麥當勞的許多產品均源自於加盟者的建議。

(五)激勵和合作

連鎖經營者受激勵並且對於成功抱著莫大的志趣。加盟者能成功之道，乃為自我激勵及自我規範。和平常一間公司的經理人相比，加盟者在其社區內廣為人知，而且較易獲得協助及尊重。對於總部來說，由加盟者投入龐大的激勵和合作力量，對於此一制度而言，不啻是另一項錦上添花的安打。

許多總部皆設有加盟者諮詢委員處，讓雙方有可以相互交換意見的場所。這對於此系統而言，是項正面的影響。[4]

四、對於連鎖經營總部的缺點

(一)管理上缺乏彈性

這點是此制度主要的缺點之一。對於總部而言，他們對於加盟店沒有直接的控制權。如此一來，使得改變政策和經營步驟，顯得格外困

難。而且，有些由加盟者主導的訴訟和法律上的問題會阻礙、延遲或影響加盟連鎖的成長與發展。而且，有時當加盟者諮詢委員會或相關團體有可能太強勢，而去影響系統的操作。沒有加盟者的協助，對於總部而言，在改變產品或步驟方面，會變得較困難。有時，即使長期來看改變對於總部是有益的，但加盟者卻不願意去配合，不會去執行任何一種可能會佔用他們時間、精力和資本的改變。加盟者往往只對快速的投資報酬產生興趣。配合度不高的加盟者，會形成持續性的問題來源。

(二)加盟者的財務狀況不一

總部無法控制加盟者財務狀況，對於此系統會有所影響。特別對於那些擁有多家連鎖店的加盟者來說，一旦宣告破產，會危及總部的經營，以及全面的獲利情況。有時，加盟者也許決定改變他的投資組合，將雞蛋放在不同的籃子裡，那麼，店的經營會受到分散經營的不利影響。

(三)需負責加盟者的招募、遴選及任用

加盟者的招募和遴選，可成為一項困難而且耗時的任務。總部必須很小心他們的遴選。為一名成功的加盟者下定義並不容易。加盟連鎖的華美光芒，有時會吸引一些其實對此制度的經營並無興趣的投資者；他們有些只是想利用此制度，當做是避稅的庇護所，許多缺乏動機和工作經驗。許多潛在的加盟者，並不了解他們所要付出的時間、工作、職責和風險。這類的加盟者，如果真的變成加盟者，會變成問題不斷的來源。要記得，加盟連鎖對總部和加盟者而言，是一種長期的契約關係。有些加盟者在他們所投資的初期資本回收後，便喪失經營興趣；有些是因為覺得經營一成不變而喪失興趣。這些均不利於加盟連鎖的表現和獲利。即使是招募、遴選及任用加盟者並不容易，留住好的加盟者同樣不容易。這些都必須付出經常性的努力。

(四)溝通的情況好壞不一

許多總部與加盟店之間出了問題，可追溯於溝通不良或缺乏溝通管

道。一個常見問題乃是對於品質標準的誤解。加盟者有時並不感激總部維持公司標準或檢查步驟所採取的方法。

加盟者也可能發展出來些許獨立自主感，而不希望接受指導。他們有時覺得他們比那些總部的人更有資格指導經營。有時契約上的用辭遣句和其他的溝通方式，可能被誤解而導致加盟者不願配合。

第三節　連鎖餐廳標準化總部的服務

總部提供的服務項目，是連鎖權裡基本的成份。加盟者支付一筆實際的連鎖費、版稅或廣告費，以取得此服務。大部分連鎖餐廳是商業模式化連鎖，提供多元化的服務。這項服務表現出的風格，描繪了連鎖系統的效率。每個加盟連鎖許可，幫助建立穩固的加盟者與總部之間的關係。相反地，如果這些服務沒有以經濟、有效率的方式提供，將導致總部和加盟者之間的衝突。連鎖系統的利潤，仰賴於加盟者和總部雙方，而且這些服務也擔任了重要的角色。總部服務包括了幾近全部餐廳的業務範圍，包括過去的服務（例如，位置和建築發展）以及進行的服務（例如，訓練、採購、行銷及產品發展）。總部所提供的標準服務，將於下面詳細敘述：

1.地點選擇之建議和協助。
2.協助建築工程及設備。
3.加盟者不同階層的訓練。
4.試行營業及開幕協助。
5.餐廳經營的持續性建議。
6.提供經營的手冊。
7.關於菜單、成份、製法及準備方法的技術。
8.總部和加盟者間的溝通管道。
9.協助行銷、廣告及促銷。

10.使用商標、服務標誌及標幟的許可。

11.加盟連鎖發展及支持。

12.產品研究與發展。

13.採購及詳細的貨品說明書。

14.原料發展。

15.標準及控制的維持及視察。

16.實地服務的營運支持。

17.法律事宜的諮詢。

18.會計及成本分析方面的財務協助。

19.研究及發展。

20.便利的社區活動及特別公關事件。

一、地點選擇

建立一間餐廳的第一步,是選擇地點。由於一個餐廳的成敗與否,與其位置有很大程度的關係,所以地點選擇,必須非常的謹慎。藉由有經驗的專業人員,審慎地評估地點,是非常重要的。負責營建的總部,擁有具專業的地產及財產發展人員,並提供加盟者協助,從事一個完整的市場可行性分析,包括所有的市場資料、人口統計、交通方式、地點大小及成本、損益平衡銷售量,以及競爭。地點選擇之後,餐廳的設計變成最重要的。

這個完整的組合,包括地點選擇、建築設計、內部擺設,以及裝飾,有助吸引潛在加盟者。外部及內部設計,成為總部識別的象徵及行銷的特徵。除了可見的外觀之外,有效率的作業,也應在計劃整個餐廳時考慮到。這是因為許多加盟餐廳位於地價昂貴的地段。所以,有效地利用空間變成是必要的。然而,其建築及設備組合,是依慣例設計,並指定所有的細節。餐廳的設計和功能,在已建立的總部上試驗過,加盟者得到一個已通過的設計及擺設,依照已知的詳細計劃書來工作,使申請建築章程、許可證及租約許可更形容易。有經驗的指導,在通過這些繁雜的審核過程方面,是很有效的。

興建一個新餐廳，或改建舊的建築物，以達加盟標準。加盟餐廳可以是一個獨棟的個體、一個位於購物廣場出口的加盟店，或是一個複合的個體。許多總部有不同的設計及內部裝潢，供加盟者選擇。總部的地點、發展及餐廳結構等標準，皆基於整個全國性的行銷計畫。許多總部保有餐廳設備的所有權，而將之租給加盟者。即使加盟者支付所有的費用，仍必須堅持其嚴格的計畫書。因此標幟、照明、座位、裝潢及全部的建築，都必須符合總部的計畫書。加盟契約授權給加盟者，以運作餐館。總部亦要求加盟者的創意及不斷的充實。

(一)連鎖加盟的地理分佈

總部決定加盟者的地理分佈位置。並非所有的加盟店，皆在相同地點營運。加盟的區域選擇權，基於許多不同的因素。消費者的購買能力指數，也用於決定加盟單位數量的決定。其他與人口統計相關的資料，亦被總部用於建立餐廳。一旦決定了一個目標區域，就會分配加盟者的據點。下個步驟，牽涉到地點及個別市場的可行性研究。

(二)地點分析所考慮的因素

■區域劃分

區域劃分是商業餐廳最重要的一個考量。明確地知道可用的區域劃分許可，是基本的要求。許多地點的外觀，受區域劃分法律的規範，例如，建築的高度及後院、人行道的要求。站在餐廳的觀點，區域劃分及法規，亦控制了停車及招牌兩個重要的因素。法律並詳加敘述可提供給基本顧客數所需的最少停車位。有些地方，限制其規模、高度，以及商標與廣告展示的招牌種類。酒類許可證，有時也基於地區的法律來考量。

■地區特徵

餐廳的賺錢機能，在一定範圍內，仰賴於地區的特徵。地點的種類，例如公路旁、校園、購物中心、美食廣場，提供了可預測消費者類型的初步資料。此外，列入考量的因素還包括了地區的成長型態及成長潛力。許多總部及加盟者，受益於對地點成長型態的準確預測。企業綜

合設施的未來發展性、購物中心、主要高速公路、休閒地區的發展、娛樂設施的地點，或是新的建築，應在選擇加盟餐廳時，全部加以考慮。

■物理的特徵

某些物理特徵提供了地點是否適合餐廳建築的線索。污物下水道不良的低窪地區，可能會在瞬間洪水氾濫時，出現許多問題。

景觀工程也是非常重要的。自然的景觀工程，例如樹木、湖泊，不只改善了設施的藝術及商業價值，更給予了其他，例如供孩童遊戲的遊樂區等設施。

■成本考量

土地成本及改善成本皆應列入考量。重新施工及修飾可能是很昂貴的，所以成本必須很仔細地計算。必須記住，餐廳有特別的要求，而且不是所有的建築皆可以不經大規模地改造便成爲餐廳。

■能源

在任何的餐廳營運上，能源都扮演一個基本的角色，而且取得能源及可用能源種類也很重要。主要能源的位置，例如水電、瓦斯、蒸氣等，都必須考慮。暴雨後下水道的通道，也必須注意。一旦安裝了公用設施，維修成本應一併記入。所以，事前的檢查是基本的。下水道和衛生設備，應考慮當地政府的健康條例。

■通道

通道路線對餐廳而言是很重要的，尤其是在氣候不良的區域。街路的種類及情況，例如人行道、水溝，及路面鋪設，都必須研究。可用的交通工具種類，例如巴士、火車也很重要。因爲通道與顧客、員工及運送貨物等息息相關。另外，路燈及停車場燈光照明之考量，也是必要的。

■地點的位置

餐廳的位置應基於往來不同中心地點的開車距離作考量，例如工業區、住宅區、文教區及商業區的中心。這些可以給規劃者做爲評估顧客量的一些參考。所以，地點特徵的仔細評估是絕對必要的。

■交通資訊

　　除了地點特徵之外，交通流動類型也很重要。交通類型的調查，指出交通流動的距離及時間。除此類型外，也需要衡量交通流動的頻率類型。單行道、速限及停車位的有無，皆影響顧客用餐的決定。顧客常使用的交通方式，例如汽車、巴士及卡車，皆應列入考慮。交通流動量的改變，也應做研究。

■服務的有效性

　　在資料分析中，常被忽略的一個因素是服務的動線。餐廳營運的一個重要事項，是垃圾及廚具的運送，尤其最需要的是經常性的垃圾清運。除此之外，例如附近是否有警局、消防隊、消防栓以及灑水器等，都應考慮在內。

■可見性

　　餐廳藉由好的可見度，可促進用餐氣氛。尤其在高速公路及偏遠地區更為重要。高速公路上，高又亮的招牌，是主要的吸引點。某些地區規定，餐館可在路上的一定距離內做廣告。有時樹木或被遮蓋的區域，可提供景觀規劃。任何招牌或視線的障礙物，應同時予以檢查。招牌的位置、類別、間隔距離及尺寸，都是重要的考量因素。

■競爭

　　一個餐廳要成功地經營，很明顯地，要考慮其實際及潛在的競爭者，必須根據其數量、座位數、翻桌率、菜單的種類、平均消費額及每年銷售額加以考慮。若沒有適當地評估其潛在競爭性，餐廳很可能會失敗。

■市場

　　與顧客相關的資料應予以蒐集，並應包括有關於其年齡、性別、職業、收入、飲食偏好、前來餐館的動線、交通工具及未來成長和發展的潛力。

■餐廳類型及服務的種類

　　餐廳類型和所提供的服務的種類應列入考量。例如，一個披薩餐廳、咖啡店、快餐店、櫃台服務及漢堡店，都需要不同型式的營業設

計。

■餐廳設計重要考慮因素

在設計餐廳時，應考慮下列要點：

1.外觀應引人注意，並能代表所屬之加盟連鎖。

2.屋外及餐廳入口，應設計得端正醒目、整潔，並且藝術化。

3.「停車購餐」設施應完善地規劃，並不應引起交通擁擠或使顧客的安全受到危害。

4.驗收區域應遠離並避開顧客主要出入口或用餐區域。

5.倉儲區域的設計，應便於清潔整理，並儘可能靠近廚房區。

6.所有的設備應依序安排，並應符合方便、有效率的食物流通動線。

7.空間應基於功能的重要性及優先性來加以配置。

8.在放置及操控設備時，應考慮員工的安全。

9.所有員工的衛生區域及設施，應便於員工使用。

10.主要及次要的色彩，應有效地結合，以提供餐廳內適當照明及放鬆的氣氛。

11.與顧客舒適程度相關的室內溫度、聲量、座位和氣味，應仔細地規劃。

12.餐廳的設計和裝潢應符合餐廳主題。[5]

二、連鎖餐廳的訓練

(一)訓練的種類

任何一個加盟連鎖系統的成功，均仰賴總部所提供的訓練課程。如同在前面章節所提到的，加盟連鎖系統的成功，乃基於產品及服務的一致。這個一致性，唯有在有效的訓練課程中，方能達到。總部和總部之間，訓練課程並不同。

一個規劃完備且有組織的訓練課程有下列幾項益處：

1.總部能夠解釋其加盟連鎖的理念、哲學及營運。

2.幫助加盟者得到餐廳營運及管理的實際經驗。

3.提供加盟者最後的機會去評估是否這是他想投資或從事的事業。

4.指導加盟者的能力，以成功地經營總部的業務。

5.藉由事前的參與問題，以減少當餐廳營運時的詢問。

6.一旦加盟者了解總部全部的業務之後，可刺激加盟者盡其所能。

7.增加加盟者及在該加盟連鎖單位工作的員工的滿意。

8.減少顧客及員工的抱怨。

9.幫助並維持總部訂下的產品及服務品質。

10.增進遵循在所有功能性區域的衛生標準。

11.減少加盟單位營運中的破損及浪費。

12.減少意外。

13.創造並認證加盟連鎖系統中的加盟者，並促成加盟連鎖忠誠度的
  發展。

14.改善加盟者的營運技巧。

15.建立總部和加盟者的團隊默契。

16.打開總部和加盟者間的溝通對話。

　　總而言之，訓練課程提供了許多好處。訓練幫助了對於加盟連鎖觀
念的理解、營運的了解和標準化作業流程的宣導。

(二)訓練課程的種類

　　通常總部提供的訓練有幾種形式，包括開幕前訓練、開幕訓練及持
續性訓練。這些訓練課程是針對潛在加盟者或老闆、餐廳營運者或全部
員工來設計的。

　　潛在加盟者之訓練或開幕前的訓練，主要是為了評估加盟者成功經
營連鎖餐廳的潛力。這訓練若不是在團體總部的訓練中心、地方訓練中
心、當地代理事務處，就是在靠近潛在加盟者住家的餐廳。某些總部還
有建設良好的訓練中心。雖然加盟者支付交通及寄宿費用，但大部分總
部會提供訓練及訓練教材。訓練課程對加盟者和總部雙方面而言，是不
可高估的。訓練課程的內容通常包括公司哲學和組織、餐廳營運調查，

及加盟連鎖提供的與產品及服務相關的實際經驗。內容詳盡的訓練手冊，在這課程中被運用。此手冊被加盟者做為資訊的持續來源及參考。加盟者的最後選擇，端賴訓練課程的成功完成。

餐廳營運的訓練是為營運者設計，不論他是不是老闆。這訓練中強調加盟連鎖餐廳的營運內容。受訓者接觸到與營業經營、人力資源、成本會計、基本設備維護與操作、餐廳停業及資料保存等相關功能。

初始開幕訓練課程，是設計用來提供餐廳開幕期間的協助。總部的一個代表，會在新餐廳開幕之前幾天在需要時予以協助及訓練。這個現場訓練協助是極有價值的。因為開幕期間對加盟者而言，任何協助是很受歡迎的。藉由量身定做的訓練，一些無法預期的問題及複雜的事物，皆可在此階段處理。有些代表也在這段時間訓練餐廳的員工。

加盟連鎖單位可能提供全員訓練課程，包括教室課程、錄影帶、影片、內部活動錄影課程，以及課程教材。這訓練強調的是餐廳的功能性區域，例如服務及衛生。

有些總部提供持續性的訓練課程。此訓練是定期提供的，並且由上課、研究討論、講習及工作營所組成，訓練可在現場、當地辦公室，或在團體訓練中心舉行。此訓練課程有助於加盟者在加盟連鎖營業後，了解任何方面的改變和發展。大部分總部認為提供給加盟者的所有服務項目中，訓練是各項中最應優先者。在計劃訓練課程中，應利用已建立的教導與學習原則。在計劃訓練時，應考慮加盟者具有不同教育程度的事實。在不同時間，針對訓練課程的評估，提供有價值的回饋以供修訂。

三、行銷支援

餐廳加盟連鎖非常依賴廣告和促銷。預算的一大部分通常會做為廣告之用。加盟者支付平均為總銷售額百分之四的金額做為廣告費。總部僱用有資格的行銷人員，幫助從事行銷的每個方面，例如廣告、促銷及公共關係。主要致力於國際、全國性、區域及當地的行銷層級。特別在當地區域的範圍裡，加盟者被建議利用電視台、收音機、文宣等打廣告。從加盟者集資而來的資金，提供了綜合購買力，以增強總部具影響

力的行銷能力。

　　廣告著重在整個企業模式，促銷則是針對特別的產品或菜單組合。廣告可用以大量宣傳的形式，利用電視、廣播、廣告看板和電話簿等大眾媒體，將訊息傳遞給目標顧客群。大量廣告對個別加盟者而言太過昂貴，這使總部的集資資源，成為決定性的資源。在特定時機刊登廣告，例如，電視上轉播世界級體育比賽的廣告費是非常昂貴的，但卻有廣大的收視群。

　　大量廣告，在廣大的地區內到達大量的顧客，並且幫助建立總部的形象。最普遍被用以大量廣告的媒體，是電視及收音機。印刷廣告也被總部使用，且使用多媒體。特別項目的促銷是在一段特別的時機和季節中，由組織銷售及促銷。雖然可以做全國性的促銷，但大部分是地區性的層級。某些特別項目，例如特別三明治的促銷，有助於常客產生，並可建立顧客忠誠度。有些總部提供採購規劃員及指導，以協助加盟者。折價券是在特別促銷時使用最普遍的工具。

　　目標行銷計畫也常常被加盟者在進行特定人口區隔時所使用。此計畫是顧客化的計畫，用以吸引特定顧客群。例如，許多速食加盟者創造了卡通人物，藉以吸引孩童。這是一個與特定目標市場相關的重要促銷。定點銷售之促銷，也用以創造對臨時起意進入餐館或使用「停車購餐」服務的顧客，銷售特別的產品。定點銷售之促銷，可配合布條、菜單剪貼、展示和傳單同時實施。

　　總之，總部提供行銷企劃人員、行銷計畫方面的協助及指揮市場分析及研究。該人員幫助總部及加盟者預測市場變化的潛在改變、行銷機會，並快速及準確地反應市場變動。他們的主要功能，在於持續地蒐集顧客態度及習慣等類資料，並以有意義及有用的形式，分析這些資料。有些總部有當地的行銷經理或行銷代表一職，可與加盟者保持聯繫，並幫助規劃他們自己的廣告及促銷活動，此建議對加盟者而言，是非常有用的，尤其在餐廳開幕期間。所有的行銷皆應該設計得符合組織目標，並應基於顧客的需要。加盟者應了解並選擇最好的行銷策略。有些總部設有行銷顧問委員會以從事與行銷種類相關的事件。行銷是總部協助的

重要一環，並可使整個系統獲利斐然。

四、材料管理

材料在餐廳營運中扮演著重要的角色。材料包括原料、供給及設備。因為品質及一貫性是加盟運銷成功的基本成份，所以一致性的原料及設備是不可或缺的。總部為此可能提供不同的選擇。有些總部同時是代理商的身分，所有的原料、供給及設備皆從他們那裡購買。這不但有助維持營運及設施擺設的一致性，更由於總部強大的購買力而節省成本。只要正確地經營及管理執行，便是加盟者的利多。某些原料配方的專賣秘方，使總部成為將產品賣給加盟者的代理商。例如，有些總部的甜甜圈及冷凍優格的調配秘方，不能洩露給加盟者。

有些總部有集中分配中心，這些中心提供加盟者經總部同意的特定產品。這種集中分配的型式，消除了加盟者與眾多的供應商交易、產品一致性的檢查，及追蹤麻煩的帳目過程等多種需要，這使經理人員專心致力於其他經營管理功能。分配中心集體採購，幫助加盟者以具競爭力的價格買進這些項目。這些分配中心位於交通便利的位置。

總部可能要求加盟者只採購部分原料、供給及設備。其餘的項目可能依總部的詳細說明書而自行採購。例如，麵包及烘烤項目，可依總部的詳細說明書而向當地的麵包店購買。產品和服務的一致性，經由安排而控制在某一水準。總部藉由許可的供應商或分配者，得到原料或產品，並維持品質保證及材料管理。當地代表事後檢查使用的材料是否被許可。

某些餐廳的總部僱有設備技術人員，從事設計、發展工作，並研發最適合提供菜式的設備。此服務可能設計出節省能源、符合成本效益及適合菜色的設備。

五、營運支援及當地服務

加盟者面對偶發的問題及困難時，需要營運支援。許多總部有當地代表人員，訓練並協助加盟者在餐廳營運中的一切。更進一步地說明，

由於他們常處理來自不同加盟者的疑問，所以他們熟悉大部分的問題，通常這些代表提供將近二十四小時的免付費電話的諮詢。這些服務幫助加盟者維持最理想的產品及服務品質，並提供檢查及追蹤報告，來改善單位表現。

總部和加盟者之間持續性的溝通管道，可藉由這些多樣的當地服務而建立。總部推出的任何新產品或服務，藉著協助與服務，使之與餐廳營運整合。加盟者的資訊及意見往來或互換，也經過這些當地辦公室而傳遞。

六、財務性控制與協助

有些總部協助與成本及存貨相關的控制，他們協助加盟者或其會計師，設立會計系統及準備財務報表。在財務報表的分析上，也提供協助。總部可能提出電腦化上線資料處理系統的協助。這些系統幫助控制食材及薪資成本，並維持最理想的存貨程度。這特別對複合式營運的加盟連鎖助益匪淺。藉著運用其他餐廳的圖表，可得到一個餐廳財務狀況的評估比較。總部亦提供加盟連鎖財務表現評估的協助，也可能設計一個藉控制而增大潛在利潤的計畫，以供加盟者使用。

七、研究與發展

加盟連鎖餐廳面對著強大的競爭及新產品不斷地引進餐飲市場，這種競爭需要做持續的研究和發展。所有的加盟餐廳需要總部持續且有效率的研究和發展服務，總部中的研發部門幾乎每天在試驗新的菜式，以符合流行及適用性，許多流行的菜式都是經由研究及發展而來的。研究和發展單位通常設於公司的總部或接近公司的單位，以圖方便。企業的趨勢、顧客的態度及喜好，以及加盟連鎖的觀念，皆列入研發部門的考量。

此部門的另一個功能，是在隨機抽樣的基礎上，測試原料及產品的品質。當企業單位中發生原料或產品的問題時，研發人員便協助解決。研發部門亦指導設備測試及發展。

因此，新的產品、原料、設備和過程，永遠都被加以研究。如此一來，產品品質的改善、新產品的推出、良好的服務及便利性，便不足爲奇了。研發部門可幫助加盟者促進更好的顧客服務及增加利潤。

第四節　加盟連鎖概念的發展

並非所有餐廳都適合使用加盟連鎖制度。許多經營成功餐廳的老闆，陷於低估加盟連鎖有其困難之處的錯誤思考裡。在企業體準備進入加盟連鎖之前，任何一種概念，均應先一試再試。並且，應先弄清楚加盟連鎖的來龍去脈。藉由此制度建立起自己的企業王國，聽起來令人興奮。然而，實際上，並非像聽起來如此簡單。因爲大部分的連鎖餐廳，使用企業模式的加盟連鎖。

一、成功概念的基本特點

由一間餐館提供的產品及服務，乃本節所謂的「概念」(concept)。我們將從菜單、餐館的平面配置、設施、服務、行銷力及管理等方面來討論。

(一)菜單的簡化

大部分經營得很成功的加盟連鎖餐廳，擁有非常簡化的菜單概念，譬如麥當勞即是以此理念起家。使用簡化的菜單，比使用複雜的菜單，更適於加盟連鎖餐廳，因爲連鎖餐廳的廚房準備工作和服務均應更簡化。較正式而且提供完整服務的餐館比較無法成功地套用連鎖加盟制度，其主要原因乃是「複雜性」。太複雜的菜式和多樣的廚房準備方法，是不容易複製的。同時，其訓練比較困難。試想想看，某一菜單上若有手工製的起士蛋糕，那麼總部要負責教會五十名加盟者做起士蛋糕的步驟和訣竅。然後，這些加盟者可能要去教會至少總數爲一百位的員工起士蛋糕的做法。如此一來，這項產品可能輕易地維持一定的品質及口味

嗎？

(二)應用的能力

　　加盟連鎖餐廳的整體營運概念，應是易於應用的。同一產品或服務，必須「放諸四海皆然」；反之，則不應實施此制度。大部分的種族性菜單和其他手工菜，不適用於一般經營成功的加盟連鎖餐廳，不管他們在當地經營得多成功。

(三)供餐的即時性

　　倘若前述兩項均符合，再下來就是供餐的即時性。廚房準備餐食的步驟應簡化，並且易於被員工了解。

(四)品質

　　餐廳所提供的產品和服務，應全年性保持穩定。舉凡備餐步驟、季節性變化和不同的地點，均不應該嚴重影響到品質。在此制度下，所有產品及服務的營養和清潔品質，均應維持一定水準。

(五)原料的適用性

　　菜單上所有菜式，在準備過程中所需用到的原料，均應注意其適用性。不僅是其品質標準方面，在量的供應方面也無虞缺乏，是基本的考量。特別是季節性的差異，不應影響原料的供應。

(六)食物的特性

　　餐館內的食物，應被大多數的人所接受。某些食物例如羊肉或肝臟，有些人喜歡，有些人不喜歡，比較不容易普及化。食物的特性與其被接受性息息相關。我們所討論的食物特性如下：

■顏色

　　有趣的和協調的色彩，能提高食物的被接受程度及刺激食慾。並且，對於出版物或上電視打廣告的行銷方式，助益良多。所以，用色方面，不論是外帶的袋子、盛放食物的托盤、盤子、點購食物的櫃台或是沙拉吧，謹慎的規劃是重要的。色彩豐富的食物吸引視線，亦使食物的

外觀顯得吸引人。反之，單調的顏色或沈悶的色彩，則無法引人注意。記著，消費者通常選擇他第一眼就吸引的食物；所以，食物色彩的協調性是很重要的。

色彩同時對於消費者的胃口具有心理上的影響。紅色、橘色、水蜜桃色、粉色、黃色、淺綠色，甚至棕色，均是合適食物的顏色。紫色、深綠色、灰色，甚至橄欖色，就不是受歡迎的色彩。雖然可由人工色素增添食物的色彩，然而食物自然的色彩應主導一切。

■組織和形狀

食物的組織和形狀，亦會影響消費者的偏好。不管是硬的或是軟的食物組織，均有偏愛者。因此，菜單上有包含兩者的菜式，是必要的安排。由口的測試可測知食物的組織。舉凡柔軟的、堅硬的、脆的字眼，都是用來描述食物組織的形容詞。

■一致性

一致性指的是食物比重及稠度一致與否的程度。常用來形容一致性的形容詞包括了薄的、厚的、黏的、膠狀的等字眼。食物的一致性在加盟連鎖餐廳裡是很重要的。食物內含的水份，直接影響食物的一致性。餐廳供應食物，倘若缺乏一致性者，則較難去包裝、處理和做為外帶使用。當使用美乃滋、醬料或番茄醬時，要注意食物的一致性。

■口味

在菜單安排方面，挑選菜色時，口味是首先要考慮的因素。食物口味可以是酸、甜、苦、鹹的或綜合口味。任何一項單一主導的口味，通常不甚受歡迎。所以，較清淡的食物，不妨加些較辛辣的料或甜酸醬，使其更讓人食指大動。如何放些適量的醃黃瓜和芥茉醬來增添口味，或把不同的配料調得恰到好處，都是很重要的。所以，經常性的食物品嚐和食譜標準化是必須的。人工添加的調味品應儘可能少用，因為可能會引起過敏的反應。當烹飪蔬菜時，可將口味強的蔬菜和口味淡的蔬菜一起混合烹調。譬如說，口味強的蔬菜像洋蔥、甘藍菜、花椰菜和青椒等，應與口味較淡的蔬菜一起烹飪，並應同時考慮蔬菜所含的纖維成份。口感較強的醬料，應搭配食物本身清淡者，像馬鈴薯泥、烤馬鈴薯

或義大利麵條。當然，食物的味道也要列入考量。食物應具備令人喜愛的香味，對有些食物來說，燻烤的香味，十分令人喜愛。香味本身，就可當做是一項行銷工具。在購物中心裡，剛出爐的肉桂餅乾香味，就非常吸引人。

■準備方式

食物準備方式須仔細地考慮。因為不同的準備、烹飪方式，會決定所需器材的種類。準備的方式，包括了油炸、烤、煮、燉、蒸等烹飪方式。隨著加盟連鎖餐廳的競爭日趨激烈，提供不同烹飪作法調理的食物，對於消費者來說變得非常的重要。簡單和直接的烹飪方法比較能讓員工訓練變得容易些。許多加盟連鎖餐館甚至示範食物準備的過程給顧客觀看。在客人面前現烤牛排或煎漢堡，可馬上吸引顧客的注意力。許多糖果店或烘焙店可讓顧客全程觀賞製作過程。「可觀賞性」增添了產品的行銷性。

■上菜的溫度

上菜的溫度應該要好好地控制住。不管在餐館內用餐或外帶的食物，應儘量保溫至顧客享用時依舊差不多的用餐溫度。菜單設計上最好列出何者上菜時應保持高溫以及何者上菜時應低溫的兩種不同溫度的食物群。除了熱的主餐外，可供應低溫的奶昔、冰淇淋或沙拉來平衡。

■食物的外觀

不管食物最後完成時是在餐盤上、在自助餐的櫃台上、在托盤上、在包裝盒子裡、在展示櫃，或在外帶包裝袋裡，其外觀都是很重要的。最重要的是，要有乾淨簡要的外觀。所以要好好地規劃裝飾，讓完成的料理在送抵客人面前時有吸引人的外觀。

二、營養品質

對顧客而言，食物所含的營養品質愈來愈重要。在概念發展的初期，就應規劃好食物的營養品質，如此一來，日後才可避免一些不必要的批評和考慮。當規劃營養均衡的菜單時，每日每人應攝取的所需營養成份應列入考慮。

營養成份的標籤列印在食品包裝上，提供了平均每餐所含的卡路里及蛋白質、油脂、碳水化合物等訊息。如果公司內並無食品營養師，那麼應僱用外面的顧問來進行。隨著消費者對於營養成份內容愈來愈關心，許多總部或餐館老闆開始評估菜單的內容和份量的多寡。當規劃菜單時，每道菜所含的鹽、糖、纖維和整體所含碳水化合物的份量，皆應小心加以評估。適當地使用不同的食物，將能提供大部分所需的營養。

另一種評估食物所含營養是否均衡的方式，是根據下列幾項來評估：

1. 吃各種不同的食物：不管是三明治、沙拉或其他主食，餐館必須提供多樣化的食物。不管是肉類、蔬菜、水果或是穀類、乳製品，均應小心地選擇來做搭配。

2. 維持健康的體重：為了保持健康的體重，可藉由攝取較小份量以及選擇健康食物來達成，包括了減少油脂、糖的攝取。

3. 選擇少油脂、可滲透油脂以及低膽固醇的食物：這項目標可藉由選擇較瘦的肉類、魚、家禽，合理攝取蛋類及海鮮等食物來達成。同時，限制奶油、鮮奶油、動物性油脂、豬油等相關產品的攝取量，儘可能摒除肉類所含的油脂。在烹調方面，以燒烤、烘焙、蒸煮等方式來取代油炸的方式。

4. 選擇大量的蔬菜、水果和穀類產品：纖維對人體的健康而言是十分重要的。可藉由蔬菜、水果、全麥麵包及燕麥的攝取來達成纖維的攝取。

5. 適量使用糖：減少糖的使用量有助於卡洛里的控制。方法乃除了減少糖的使用之外，儘可能使用自然食品來取代糖。

6. 適量使用鹽及鈉：一般國人所攝取的鈉蠻高的，應稍加限制。許多人有錯誤觀念，認為鹽是鈉的惟一來源。其實，像罐頭、零嘴、飲料、汽水和調味料，均是鈉的來源。鹽可由其他口味，例如萊姆或檸檬汁來取代。減少食物中鹽的使用，是值得大力推行的。[6]

註 釋

[1]Manhood A. Khan, *American Restaurant Franchises In Internatioal Markets*, 1992. p.5.

[2]同註[1]，p.98。

[3]同註[1]，p.126。

[4]同註[1]，p.156。

[5]同註[1]，p.228。

[6]同註[1]，p.285。

第十六章　餐飲資訊管理

第一節　餐飲管理資訊化的效益

　　餐飲業快速發展過程當中，如何善加運用現代資訊科技，是身為現代餐飲管理階層，所應面對的重要課題。尤其餐飲的結構和市場的狀況，經常一夕數變，經營管理者想要在多變環境中應付自如，就必須從資訊系統中，及早獲得充分有利的相關資訊，再參酌當時情況，依據既定的總政策，加以分析、研判，得到結論，作為決策行動的綱領。因此，管理資訊系統（Management Information System）遂在這種環境之下應用而生。

　　餐飲業者對於提昇服務品質方面的投資，至少應該與改善餐飲品質、改善裝潢兩項投資相當才對。國內經營績效良好的餐廳，其服務品質一定維持在某一個水準以上，這項事實正說明了服務品質的提升，才是提高競爭力最有效的途徑。

　　如果以「顧客的滿意度」來考慮提昇服務品質的方法，員工，尤其

圖16-1　餐飲管理資訊化

是與顧客直接接觸的服務人員，是影響顧客滿意度的關鍵，除了加強訓練、提高待遇及實施獎勵制度外，運用先進的科技，來支援第一線員工作業，以提高產力，已成爲提昇服務品質必要的工具。因而「顧客」、「員工」、「科技」的掌握，成爲餐飲業者突破困境、擬訂競爭策略的核心。

外場管理系統是整個餐飲業自動化系統的重心，其所帶來的效益亦即是整體自動化的效益，下面分別就顧客、服務人員、廚房及經營者四個方面加以說明。

一、顧客方面

對顧客而言，他們可以獲得親切、適時、正確的服務。

1.服務人員隨時可以招呼得到，立即提供需要的服務。
2.服務人員主動推薦口味符合的菜色，使顧客能愉快的用餐。
3.顧客隨時聽到親切的問候，倍受禮遇。
4.點菜、出菜、加菜、結帳正確而迅速。
5.主動告知顧客新菜色、優惠活動，可做爲安排餐會的參考。
6.各種節慶及親友生日的提醒，倍感貼心。

二、服務人員方面

服務人員可以減少顧客抱怨、工作愉快，並有較高的待遇，樂在工作，以服務業爲終身事業。

1.不用擔心是否出錯菜，少出菜……，可以專心的招呼顧客，針對顧客的需求立即予以解決，減少顧客抱怨。
2.可以有更多的機會與客戶建立良好的關係，加強顧客的掌握力，增加業績。
3.櫃台出納人員不用擔心結帳錯誤，可以保持輕鬆的心情，以親切的態度服務顧客。工作更有效率，責任感加重，但是心情愉快，有成就感。

三、廚房方面

廚房可以迅速獲得所有客人的點餐資料，順暢的執行餐點的準備工作，提高工作效率，降低成本。

1. 每一桌的點餐內容，透過電腦連線，由廚房的專用印表機清楚的列印出來，完全避免掉以往口述或手寫點餐單，因為記憶不清及字跡辨識困難所造成的錯誤，減少損失。
2. 有的點餐資料可以清楚而且快速的傳達到廚房，在餐點的製作上，可以做最佳的安排，提高生產力。
3. 可根據餐點的銷售分析資料，了解顧客的喜好，調整菜色，或開發新的菜色，提供顧客最滿意的餐飲品質。

四、經營者方面

經營者可以全盤掌握餐廳的營運狀況，利用即時、正確的各種資訊，研擬提昇營運績效的改善方案，以獲取更高的利潤。

1. 改變營運策略，以顧客的需求為中心，運用自動化技術，提供更能滿足顧客需求的餐飲與服務。
2. 提高服務人員待遇，以第一線人員為重心，全力支援他們對顧客提供更好服務。
3. 用年營業客的一定比率（通常是1%），投資於改善資訊系統，掌握市場變動趨勢，適時調整，以維持更高的競爭優勢。

建立餐飲資訊系統並不是一蹴可幾的事情，那可能要相當長的時間，至少是幾個月。此外，為了規劃或設計標準的菜色，有時候還得改變現行的生產作法。由電腦設計的食譜或菜單當然都是標準化的，而且是一致性的，而其利用的週期或壽命也就不能不相應的延長。這對於小型餐廳（尤其是菜單與食譜變化頻仍的合菜餐廳）來說，有其不能完全適用的疑問。目前餐飲業者對於餐飲供應的資訊系統是否需要電腦化，

也時常發生爭論，但我們能夠肯定的一個共識，那就是大規模的、標準化的餐飲企業採用電腦化的餐飲資訊系統，實有無可置疑的必要性，並也是今後發展的自然趨勢。

第二節　餐廳營運資訊化

最近幾年，餐飲業者使用電腦已相當的普遍了。而電腦系統的運用也各有不同。從單一的微電腦，到智慧型的銷售點終端機，都可構成應用範圍廣大的電腦資訊傳送的網路。

美國餐飲事業雜誌曾經研究餐飲業使用電腦處理事務的情形，他們發現，業者使用電腦的範圍是應收帳款與員工薪津、菜單分析、存貨管制、餐飲服務管制、員工工作日程、文書表格之製作及處理、廚房生產，以及菜單的印製。根據他們的統計分析，大型餐廳，尤其是觀光旅館內部的附設餐廳，幾乎完全依賴電腦處理上述事務。

在餐飲營運方面，餐飲資料系統可提供的協助或服務，主要在於下述三項：

1.顧客的帳單及現金管制。
2.生產線（廚房）與服務線（餐廳）之間的連絡。
3.經營或管理之監控。

關於顧客的帳單及現金管制，它可以綜合與分析大量的銷售資料，並可於帳單中的菜單分類而生產出更為詳細的資料，因而節省相當多人工與時間，而使員工有更多的時間為顧客進行服務，俾能在營運方面獲致更嚴格的管制。

一般說來，餐廳服務人員的大部分時間，都是消耗在餐桌與廚房之間的奔走連絡，也就是點菜與上菜。而他們能為顧客提供的服務，也大都是在這兩個層面上繞圈子。所謂服務品質的提昇，實在令人不知從何說起。但是利用電腦終端機，廚房與服務生之間的連絡就方便多了。廚

師也因電腦資訊的正確性，更能發揮生產的效能。服務生則可藉助於靠近手邊的電腦，隨時指示或要求廚房人員提供生產服務。

服務人員將其所經手的銷售資料輸入系統後，所有的帳款會以不同的方式表現出來，因而獲得詳細的分類與嚴格的分析，這是餐飲經營或管理的監控上最可靠、也最有效的方式。在歐洲，結帳時已發展出最新的信用卡刷卡機，利用電腦連線統計出來的消費額，刷卡機帶到客戶面前將信用卡插入，確認金額，即完成手續，非常簡便。

在經理部門中，運用電腦系統便可取得各種精確的報告，其中包括：

1.餐廳營收統計。

2.餐廳銷售額分析。

3.廚房存貨使用情況。

4.餐廳勞務成本。

5.餐廳服務人員的生產力。

6.餐廳可能獲致的利潤。

這裏要附帶一提的是，如果是餐廳是觀光旅館內部的附屬賣點，則其電腦系統與旅館櫃台的系統連線，這樣便可將顧客的住宿費與餐膳費一併計算，不致遺漏。

第三節　餐飲資訊化系統的功能

在使用餐飲資訊系統餐廳中，最新而最有效的系統是電腦與賣點終端機之間的連線作業。這個連線所構成的電腦網路可使電腦發揮其最大的潛力，以下將分別且簡單地介紹餐廳使用電腦的情形。

一、管理的方向

餐飲資訊系統可依餐廳營運的需求而作各種不同方式的運用。即以

一般事務而言，餐飲資訊系統可用以管制及處理員工的薪津、會計帳務、菜單製訂，以及各個賣點終端機的監控。在具體的餐飲作業方面，餐飲資訊系統更快算出食物流程中由採購到生產到銷售各階段的成本費用，使其獲得精確而密切的管制。而餐廳的營業利潤也會因成本費用管制得當，減少了許多不必要的浪費而大幅增加。這些實質的效益造成餐飲資訊系統日益受到歡迎的趨勢。但是業者面臨這種趨勢發展而不得不採用電腦系統時，應首先考慮到軟體的重要，尤其是系統作業人員的訓練。否則，縱使有了硬體設施，也不一定能夠獲致預期的效益。[1]

二、廚房與前場之間作業系統

餐廳中消耗人力與時間最多的環節，是服務人員往返廚房與餐室之間的點菜與上菜工作。這個事實一直是餐飲業者的最大困擾，因為他們知道，侍者生花費在顧客餐桌上的時間愈多，營業的發展愈好。另一方面，廚房的大師傅往往會因各種不同的點菜單大量湧到，而致手忙腳亂，應接不暇。但是這問題都可利用電腦終端機的連線作業解決，並且加速了生產線與服務線之間的作業流程。

三、服務人員間與顧客之聯繫系統

這種系統最適用於廚房與餐廳的員工之間的作業聯繫。它以螢幕顯示出某種召喚或行動之催促，例如需要催促廚房上菜時，他可透過系統將其需要的菜顯示於廚房系統的螢幕上，廚房烹飪廚師見了，自會加緊烹製某菜餚。反過來說，廚師做好了一道菜，也可透過螢幕通知餐廳服務人員到廚房中取。這完全是一種視覺上的聯繫，所有的溝通均可在無聲中進行。

自動召喚系統可以和電腦系統連線，也可獨立作業，但其設置地點需作周詳的考慮，務必使其所在位置能夠充分發揮其作用。也就是說，螢幕上傳送的資訊需能達及或顯現於關鍵性員工的面前。若以餐廳中的召喚系統來說，它的位置必須能夠讓所有的服務人員都可以看到。這就是所謂戰略性的位置。

另外，每張餐桌也可裝置一具小型自動召喚系統，顧客便可隨時召喚侍者到餐桌來，提供其所想要的服務。於是顧客與侍者之間的聯繫更為方便、順暢。這對營業的擴展有所幫助，不言而喻的。

四、手持終端機

這是餐廳中所使用的一種最先進的電腦連線工具，它像是一個電子計算機，只有手掌大小，可以隨身攜帶。侍者接受顧客點菜時，可以將其立即輸入手持終端機，用無線電遙控技術傳送到廚房的電腦中去。這種手持終端機稱之為「快速點菜上菜系統」，它是日本三洋電器公司開發出來的，目前美國的觀光旅館已在採用，義大利的某些觀光旅館也已開始採用。手持終端機的最大優點是節省服務人員的時間，不必依那種設置於固定地點的普通終端機來發送訊息。尤其是游泳池或者屋頂花園的服務人員，更能得心應手的為顧客提供最快速的餐飲服務。但是無線電發送有時候會有困難或障礙，此時可改用紅外線感應技術來傳送資訊。

第四節　餐飲資訊系統

餐飲事業經理部門的主要職掌之一是管理或監控其所屬的各個賣點的營運作業，尤其是現金收入的管制。而在電腦化之後，中央處理機（CPU）裝置與終端機的連線作業已使經理部門的工作更有效率，更能發揮其管理與監控的功能。

一、銷售收銀機網路與電腦連線

目前最尖端的收銀機已經具有電腦的功能，它們不僅擁有記憶系統，而且可以製作程式。僅以此而言，它們的作業功能似乎相當接近於電腦了。關於每樣菜品的資料均可在這種收銀機中作成「預先設定」的記憶，而每樣菜品的價格則另由一種「查價」號碼鍵處理，如果某一道菜沒有包括在預先設定的記憶中，則可利用查價號碼鍵找出相關的資

訊。很多收銀機可以保存三千種以上的查帳記憶資料。

具有上述功能的終端機使用於餐廳的各個賣點時，尚需將其聯繫成一個整體的網路，也就是由一具主機和分佈各處的副機構成網路，進行連線作業。在營業過程中，主機收集一切必要的資訊，從而分析售出菜品的數目（是種類不是數量）、顧客的人數及其平均消費額。於是，存貨生產（菜品的預作調理）及現金管制的困難便可迎刃而解，同時可以迅速因應顧客的要求，不會發生顧此失彼的尷尬情形。

如果在終端機網路中插入一座電腦，而與主機櫃台直接連線，則可發揮另外三種功能：營業管制、財務管制、餐飲管制。[2]

(一)在營業管制方面

收銀機記憶系統中的所有菜品均可由中央電腦終端機訂定價格。在營業的尖峰時刻若是顧客的菜單發生臨時的變動，終端機可以採取緊急應變措施。最後，由於所有賣點櫃台均已納入管理系統，因而各個櫃台的作業及其現金報表都能瞭如指掌，不需派人查看其現金收入情況。

(二)在財務管制方面

一切有關營收帳目的資訊可隨時提供給財務經理，其中還包括每一菜品的毛利分析和每一營業過程（每四小時或六小時）中的營收毛利綜合報告。

(三)在餐飲管制方面

收銀機網路中有了電腦的連線作業，餐廳經理可以在每一時段（一天或半天）後立即獲得必須資訊，還有各種菜品在此時段中的供需情形、廚房在生產方面的應變能力，以及個別菜品銷售分析，藉以評估原先擬訂的生產規劃，從而促進餐廳營運的成本效益。

二、收銀機網路化作業

很多餐廳中所使用的電腦系統，僅是單純的收銀機網路作業，而其所能發揮的作用，完全依賴終端機的連線，因為它有記憶系統，也具備

程式製作功能。

　　典型的終端機與收銀機連線，可有一百個以上的程式製作鍵，其功能足以處理複雜的菜單及其幾百種菜品的個別訂價。同時至少有二十四種菜單菜品記述裝置，為顧客開列詳細的帳單，並可供餐飲人員參考。每一具與終端機連線的收銀機均有其自己的記憶系統，所以即使終端機不能作業，其業已記憶的重要資訊也不會喪失。

　　餐飲資訊系統處理某些不平常的情事，諸如需要調製特殊的菜品、免費的菜品、點菜的取消，以及有關服務生工作效率的報告等等。在餐廳裏，顧客點的菜有時候會和送上來的菜不符，或者兩者之間的價格不相符，這種情形可由餐飲資訊系統加以有效的管制。至於顧客人數及其點菜種類的資訊，可作為市場分析的參考。而經理人員也可藉助於網路系統的資料，施行有效的勞務成本管制以及存貨處理。

　　這種餐飲資訊系統中最重要的工具是視覺顯示裝置，所謂智慧型終端機即指此而言。它能製作各種報表，使經理人員隨時可以了解勞務成本及員工生產力。並且可以做系統化的銷售分析、營收中心的銷售分析、特定菜品的銷售量、特定時間內銷售量及所需配置的員工、服務人員的銷售分析、員工的工時及勞務、彙列帳單報表，以及出納員的收支情形。

第五節　廚房管理電腦化

　　廚房中設置電腦系統的主要用途，在於協助其與餐廳取得有效的聯繫，使生產線與服務線連成一線，進而順暢的推動餐飲供應流程。[3]

一、餐廳連絡

　　一般說來，餐廳中最令人困擾的問題是服務人員為了點菜與上菜，而將其大部分的服務時間消耗於餐廳與廚房之間的往來奔走中。有時候為了在廚房中等菜，不得不將顧客置之於腦後，致使顧客多少有點受冷

落之感。但在餐廳與廚房電腦化系統的作業下，這種困擾可以順利消除。

電腦可以印製出訂單（點菜）的時間表，透過終端機而將其傳送到廚房中去。於是廚師便可依「先點的菜先烹製」的公平原則，做出菜餚交付服務人員送到顧客的桌上去。而服務人員儘可一直待在餐廳侍應顧客，等廚房通知再去取菜奉客。這在無形中使顧客感受到一種周到服務的殷勤。

二、營養分析及特定餐飲之電腦管制

近年來，愈來愈多人注意到飲食控制與健康食品的重要性，他們甚至到餐廳去大快朵頤的時候，也不會忽視營養成分。而所謂健康菜餚的銷售量的大幅度增加，足以證明顧客此一心理傾向。結果呢，餐廳的廚師們不僅要有一手烹調美味的工夫，還得注意菜餚的營養及其食用的局限性（什麼樣的菜適用於什麼樣的顧客）。電腦軟體在這方面派上了用場，因為它們可以做營養分析，從而管制特定的膳食。

三、菜單選擇及特定膳食的歷史

大型企業裏總會有一具有效的膳食管理的電腦系統，為員工的膳食施行營養分析，並以此為配菜的基本依據。由於時勢所趨和事實上的需要，餐廳的廚房中，當然也應設置這樣的系統，俾為顧客提供周全的服務，以免營養上偏而不全。

四、特定膳食之管制

所謂特定的膳食係指一種依據食物營養分析的結果，而製訂的菜單。大致的分類為高熱量的、低熱量的、高纖維的、低脂肪的、高蛋白質的、低膽固醇的等等。這類菜單製訂後，可以供應某些特定的顧客，而他們很可能會成為餐廳的主顧。所謂健康餐膳的開發與否，實際上就是行銷上的策略之一。

第六節　庫存管理電腦化

　　餐飲業者在食物及飲料儲存方面，總是無法有效管制大批存貨的累積及其失竊的兩大問題。

　　存貨累積太多，通常都和管理存貨的員工有關。主要的原因是他們無法掌握存貨的消耗量，僅憑簡單的估計來處理存貨的進出。至於存貨的失竊更是防不勝防。過去，處理這兩個難題的主要方法是定期清點存貨（盤存），但那所需花費的時間與人力，也是業者大感頭痛的事。

一、酒類存貨管制

　　酒類（包括其他飲料）進貨時，有關的資訊，諸如品牌、數量（瓶數或箱數）、成本價、銷售價等等都依序輸入電腦。其後即可由電腦計算出每天存貨消耗量、成本價與銷售價之間的相對變動、邊際毛利，各個酒吧提貨量的比較，以及可達到預定的邊際毛利的正確售價。

二、食物存貨管制

　　在電腦處理的手續上和酒類存貨管制是一樣的，但由於食物材料的種類繁多，用途更是五花八門，電腦也就必須能夠提供更多的服務，例如計算出某一種食物材料價格發生變動時，會在食譜和菜單上有多少成本的影響；分析食物材料使其做出菜來更具成本效益；預測某一種菜餚的銷售趨勢，從而計算材料的需求量，鑑定進貨的成本價，並從比較中決定是否需要更換供應廠商。

三、電腦化存貨管制的好處

　　這種系統可以做到：提供正確的存貨資訊；減少存貨的過分累積，尤其是易於腐敗的食物材料；管制發貨收據；提供相當的管理資訊；節省文書作業時間（例如食譜、採購單、存貨單等製訂）；防止失竊；促

進生產力。

四、資料蒐集

　　酒類存貨管制是否能夠有效施行，完全決定於正確的存貨資訊，也就是貨架上或貨箱中有多少瓶或多少罐飲料，雖然自動處理系統有助於存貨的清點，但並不能完全取代人工檢查。用電腦清點存貨時可以節省相當多的人工與時間，因為存貨清點人員利用手提式電腦將其清點的存貨數目記下，並輸入主電腦施行存貨分析及計算，而且當時就可以印出報表來而完成盤存的工作。這種手提式智慧型電腦可將其記錄所得的產品及價格，和銷售的數目互相比較，而能作出更迅速、更正確的管制。

五、單一系統或綜合系統

　　如果業者使用電腦清點存貨僅需了解現有存貨數量，及其售出的種類及數量時，那只要使用單一電腦系統就夠了。若是需要更廣泛的分析時，則應使用綜合電腦系統，因為那可以施行訂貨處理、會計核算，以及其他功能。

六、電腦管制膳食餐飲生產

　　膳食生產資訊系統可以確實掌握與推動生產作業，這是目前一般餐飲業者已經有的共識。電腦在膳食生產線上所發揮的功能是協調與統合各個不同的生產單位，使他們在生產流程上齊一步伐，分工合作。這裏就生產流程的各個階段分別說明電腦作業可能扮演的角色。

(一)規劃或設計
　　廚房接收顧客的訂單（點菜後，即由電腦規劃出一個生產程序表），廚師依其順序進行生產或烹調菜餚。於是一切作業便可有條不紊，不會像傳統式生產那樣發生手忙腳亂的情形。

(二)食品採購
　　由於任何菜品所需要的食物材料或成分，都已在電腦中有了記錄，

如果某一菜品在某一定時間（例如某天的中午或晚上別行）銷售特別旺盛，則其所需的材料或成分可能會有所短缺，那時電腦會自動提出警示，提醒有關人員進行採購或補貨。但要說明是，這裏所說的採購並不意味臨時派人到市場上去買東西，而是在本餐廳的大倉庫中提貨補充。

(三)存貨管制

廚房生產的一個重要條件是在倉庫中儲存足夠調製菜餚的食品原料，否則便很難因應顧客點菜的需求。電腦系統可以在這方面保持原料存儲量與生產需求之間的平衡。因為電腦程式已經精確的做好存貨清點，而存貨的消耗量也在其監控之下，當然不致使廚房與倉庫之間發生求過於供，或者供過於求的情事。

(四)菜單設計

廚房中完全電腦化的生產程式，決定於烹調菜餚的標準食譜。而輸入電腦的資訊，則靠主廚或廚師提供正確而詳細的資料，尤其是各種菜餚所需的食物原料的名稱及數量。電腦系統一旦獲得這些資訊，便可複製出生產所需的食譜，因而使烹調流程更順暢。

(五)生產控制

廚房生產的集中化與烹調作業的組織化，是餐飲生產線上的重要課題。想要做到這一點，首先要考慮到廚房的所有員工及所有的設備是否能夠發揮其最大的效用。其次則是考慮下列幾項標準因素：烹調之前的準備時間、烹調所需的時間、每一食譜所需食物原料的數量、冷凍食品的調製設施、冷凍食品調製所需的時間、可供調度的員工。

以上各項經過研究並作成決定後，予以記錄並輸入電腦，作為每一菜餚的生產程序。但在實際是否能夠圓滿的運作，無人能作絕對的保證，因為這裏面或多或少的存在著某些變數，以致作業流程隨時需要更動。在這種情況下，電腦監控便不可或缺了。而在電腦的監控下，任何變動的發生均可輸入其系統，並作必要的安排。

(六)儲存

　　任何食物材料由倉庫中提交到廚房後，通常都是先放在小型冷藏室中貯存，等要用時再由廚師自行取用。這種貯存方式雖是小規模的、臨時的，但其管制上的問題，諸如儲藏室溫度、食物材料的名稱、數量、性質等等，也同樣需要電腦系統處理。特別是存儲量不足時，電腦會隨時提醒廚師使其預作準備，免得臨時拿不出材料以致手忙腳亂。

(七)帳目

　　這裏所說的帳目並不是會計方面的，而是廚房接到顧客點菜訂單後，調製並交出菜品的一種記錄手續。由於這是廚房生產統計的基本資料，由電腦處理更能精確的掌握統計數字，並可分析廚房生產的成本效益及人工費用，這對於廚房生產管制當然會有一定程度的助益。[4]

第七節　餐飲資訊系統設備與架構

　　在選擇一種適用於餐飲的資訊系統時，業者應注意其基本功能是否完全滿足餐廳的需要。且以餐飲銷售系統為例，它必須能改進菜單、現金收入、生產力、存貨管理以及經理的文書作業等方面管制。至於其他重要功能應為：

1. 系統必須全然可靠，如有任何差錯或不符規格的情事，保證立即維修。
2. 系統必須具有擴展的功能，能適應餐廳營業規模擴大時的需要，免得日後成為障礙。
3. 系統所具有的軟體必須能夠隨時且立即地處理菜單定價及價位結構之改變。
4. 系統必須具有可投資性，換言之，電腦不應被視為是一種單純的事務機器，它應當具有某種形式的生產力。

5.如果旅館係連鎖事業的成員，則系統應具有傳輸資料到總公司的功能，否則便會陷於孤立營運狀態。而其所購置的系統即是不合格的。

餐飲資訊設備與系統架構操作說明

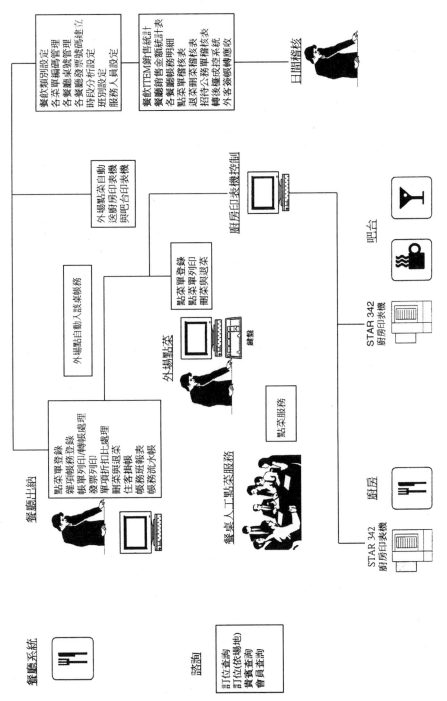

餐飲資訊管理系統架構圖

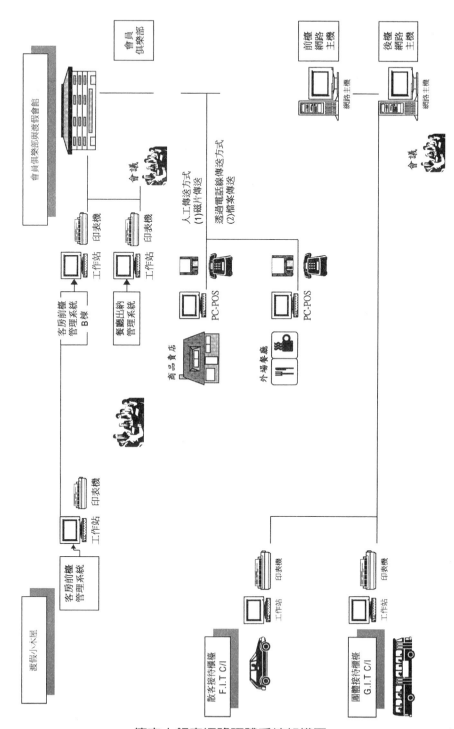

德安大飯店網路硬體系統架構圖

德安大飯店餐廳電腦管理系統架構圖
德安大飯店場地設備需求表(一)

樓層 FLOW	使用單位說明	網路主機 FILE SERVER 備份磁帶機 DAT	PC工作站 WINDOWS 95/98 NT W/S	132印表機 132 PRINTER	80印表機 80 PRINTER	雷射印表機 LASER PRINTER	NT工作站 外界連線 PMS PAY_TV 房控界面	PC/POS 商品賣店 專用POS	專用通信 MODEM	考勤刷卡鐘 門禁卡鐘
13F	大陸式西餐廳(出納/廚房)		1台		1台					
13F	藍天酒吧(吧台出納)		1台		1台					
12F 3F	房務備品室設備									
2F	中式餐廳出納櫃檯		1台	1台	1台					
2F	餐飲訂席櫃檯		1台	1台						
2F	宴會櫃檯出納		1台		1台					
1F	大廳經理		1台							
1F	旅遊服務		1台							
1F	服務中心		1台							
1F	前檯大櫃檯(接待/出納)		5台	3台	3台					
1F	前檯經理		1台							
1F	前台辦公室		1台	1台						
	本頁小計數量									

說明 [DESCRIPTIONS]

地點 LOCATION

德安大飯店場地設備需求表(二)

地點 LOCATION		說明　[DESCRIPTIONS]								
樓層 FLOW	使用單位說明	網路主機 FILE SERVER 備份磁帶機 DAT	PC工作站 WINDOWS 95/98 NT W/S	132印表機 系統印表機	80印表機 LOCAL 印表機	雷射印表機 LASER PRINTER	NT工作站 外界連線 PMS PAY_TV 房控界面	PC/POS 商品賣店 專用POS	專用通信 MODEM	考勤刷卡鐘 門禁卡鑰
1F	訂房組		2台	1台						
1F	話務總機室		1台	1台						
1F	商品賣店		1台		1台					
1F	商務中心		1台							
1F	大廳酒吧收銀		1台		1台					
1F	西餐廳出納		1台	1台	1台					
1F	餐飲辦公室		2台	1台						
B1	健康俱樂部櫃檯		2台	1台						2台
B1	夜總會酒吧出納櫃檯		1台		1台					
B1	花園餐廳出納		1台		1台					
B1	商店街出納收銀		2台		2台					
B1	池畔酒吧出納櫃台		1台		1台					
	本頁小計數量									

德安大飯店場地設備需求表(三)

地點 LOCATION		說　明　[DESCRIPTIONS]								
樓層 FLOW	使用單位說明	網路主機 FILE SERVER 備份磁帶機 DAT	PC工作站 WINDOWS 95/98 NT W/S	132 印表機 系統印表機	80印表機 LOCAL 印表機	雷射印表機 LASER PRINTER	NT 工作站 外界連線 PMS PAY_TV 房控界面	PC/POS 商品賣店 專用POS	專用通信 MODEM	考勤刷卡鐘 門禁卡鐘
B1	餐務組辦公室		1台							
B1	團體接待櫃台		1台	1台						
B1	團體出納櫃台		1台	1台	1台					
B2	行銷公關部		6台	1台						
B2	育樂辦公室		2台							
B2	保齡球場出納櫃台		1台		1台					
B2	商品賣店收銀		1台		1台					
B3	電腦中心	2台	2台	1台						
B3	電腦中心電話計費連線PMS				1台		1台		1台 通信維護	
B3	房間指示器連線界面				1台		1台		1台 通信維護	
B3	付費電視PAY_TV連線界面				(預留)		(預留)			
	本頁小計數量									

德安大飯店場地設備需求表(四)

地點 LOCATION 樓層 FLOW	使用單位說明	網路主機 FILE SERVER 備份磁帶機 DAT	PC工作站 WINDOWS 95/98 NT W/S	132印表機 系統印表機	80印表機 LOCAL 印表機	雷射印表機 LASER PRINTER	NT工作站 外界連線 PMS PAY_TV 房控界面	PC/POS 商品賣店 專用POS	專用通信 MODEM	考勤刷卡鐘 門禁卡鐘
B3	董事長室		1台							
B3	總經理室		1台							
B3	助理總經理室		1台							
B3	秘書		1台	1台		1台				
B3	財務長室		1台							
B3	會計組		6台	1台						
B3	收帳組		2台	1台	1台					
B3	總出納室		2台	1台						
B3	工程部辦公室		2台	1台	1台		1台			2台
B3	監控中心		2台		1台		1台			
B3	採購部辦公室		2台	1台	(預留)		(預留)			
B3	成本控制室		2台	1台						
	本頁小計數量									

德安大飯店場地設備需求表(五)

地　　點 LOCATION		網路主機 FILE SERVER 備份磁帶機 DAT	PC工作站 WINDOWS 95/98 NT W/S	132 印表機 系統印表機	80印表機 LOCAL 印表機	雷射印表機 LASER PRINTER	NT 工作站 外界連線 PMS PAY_TV 房控界面	PC/POS 商品賣店 專用POS	專用通信 MODEM	考勤刷卡鐘 門禁卡鐘
樓層 FLOW	使用單位說明									
B3	人事室		2 台	1 台						
B3	房務中心		2 台	1 台						
B3	倉庫管理室		1 台	1 台						
B3	職工警衛室									2 台 上下班一台
										2 台
	本頁小計數量									
	全部頁數合計數量									

說　明　[DESCRIPTIONS]

註　釋

[1]謝明城編著，《餐飲管理學》，台北：眾文圖書公司，民78年，pp.125-129。

[2]同註[1]，pp.156-159。

[3]同註[1]，pp.235-236。

[4]同註[1]，p.282。

第十七章　餐飲人力資源管理

第一節　餐飲人力資源規劃的概念

一、人力資源管理的意義

　　人力資源管理是任何公私機構或餐飲業組織管理的一部分。就餐飲業組織言，其組成的要素，不外人、事、財、物四者，因此，餐飲管理原則上亦可概分為人的管理、事的管理、財的管理及物的管理四部分。所謂人的管理，即為本章討論的範圍。所謂事的管理，係指設計規劃、方法程序、製造管理、品質管制等。所謂財的管理，包括資金的籌集及運用、預算的編製與管理、成本的計算與控制等。所謂物的管理，包括原料設備的購置、管理、裝運、調度及控制等。在四種管理中間，除了人的管理，其對象當然為「人」之外，其餘對事、財、物的管理，也脫離不了人的因素存在，因此，人力資源管理是餐飲業管理中較為重要及複雜的一環。

圖17-1　激勵員工樂於工作

二、人力資源規劃的重要性

人力資源規劃在餐飲業管理上有其重要性。餐飲業界要想獲得優良的員工，與確保員工的優秀，就不能不賴於健全而完整的人事管理制度。也就是說，事在人為，物在人管，財在人用，故欲求業務之管理得法，必須先求人力資源管理上軌道。

由上所述，則知人力資源管理的重要性。其人事規劃的特性，分析言之，再以下列各項予以申述之。[1]

(一)具有事前之計畫性

凡事均離不了事前的計畫，蓋計畫是在執行前所訂的工作藍本，它是針對未來工作的估計或對將來情況的打算。

(二)具有綿密之連貫性

人力資源管理對於工作人員，從甄選任用到退職，應有整套一系列連貫的作業資料，以便了解員工的秉賦性格、工作志趣與所具專長，以便因事擇人，適才適所，俾能達到人盡其才，才盡其用之目標，對工作分析，事理明確，均可做到人與事相稱的地步。

(三)具有伸縮之適應性

人力資源管理雖有了周全的計畫與綿密的連貫，仍不足以完全解決人事上的問題，何以言之？蓋事前的計畫不論如何精密，總難十分正確或不無疏漏，由於社會的變遷迅速，而人力資源管理必須具有彈性，以資適應。

(四)具有靈活之機動性

蓋組織不僅為靜態的技術結構體制，同時亦為動態的心理行為體系。人員的調配運用，都表現出動態的情形，尤其工作中人員的行為更具機動性質，從人事管理的措施，更須用種種變化，作動態性的調整，使機關組織或企業組織適存於社會。

(五)具有多方之廣泛性

人力資源管理的目的與內容，不僅在管人，尤在於管人以治事，而人爲的因素最爲複雜，因人的思想錯綜不一，人的行爲變化多端，人的情緒不時沉浮，人的態度動靜不定，加以一般人常以情感推斷法理，故往往無一定的法則爲據。

三、人力資源管理的範圍

人力資源管理的範圍，在基本及實質方面言之，是從如何羅致所需要的人才與人力，舉凡員工的考選任用、升遷調補、薪給待遇、訓練進修、考核獎懲、員額編制、組織職掌、人事動態、安全保障、退休撫卹、保險福利等問題均屬之。人力資源管理研究的範圍，詳言之爲：

(一)徵募遴選

關於員工之徵募遴選，爲餐飲業人事管理之首先步驟，如研究所需人力之來源、遴選員工之有效方法，以期作到爲事擇人。徵募合格之員工，任以適當的職務，以期事得其人，人盡其才。

(二)薪資待遇

關於員工之薪給及工資之設計、薪額之訂定及支領薪資之原則以及獎勵薪資方式等問題。

(三)員工之訓練進修

爲期發揮員工潛能，提高工作效率，對於員工之訓練種類、規劃程序、訓練成效以及進修考察等實施問題。

(四)考核獎懲

所謂員工之考核獎懲，在於研究考核其工作績效，以便達到獎優汰劣，留良去蕪，而期發揮用人唯才之鵠的。

(五)安全保障

餐飲業中之人事管理，對於員工之安全與保障，是重要的一環，如

良好之安全措施、有效之適當保障、雇主與勞動者之責任，以至互相違反時之處罰等。

(六)保險福利

餐飲業界之員工保險，為現代人事管理之重要措施，如保險項目之設置、保險費率之高低、保險給付之多寡，均為主要研究之對象。至於員工之一般福利，如衛生設施、醫療設施及康樂設施等，以便促進員工的身心健康。

(七)退休撫卹

如退休種類之劃分、退休條件之制定、退休金計算之標準等，均關係到員工退休後之生活甚為密切。至於撫卹方面，應注意遺族請領撫卹金之條件、撫卹金計算之標準以及領撫卹金之年限等，則涉及到遺族之生活亦甚關重要。

(八)員工間之關係

此處所說員工間之關係，則係包括人群關係和勞資關係，前者在於研究增進人際關係的了解、人際關係的和諧，與合作精神的發揮。後者在於研究促進勞資雙方意見的溝通、勞資利益的調和，以及勞資糾紛之處理。

(九)組織編制

組織是實施餐飲業管理的重要工作之一，它是企業管理的骨幹。因為沒有組織或組織不健全的餐飲機構，是談不上餐飲業管理，更說不上企業的人事管理。

(十)人事資料之保管與運用

上述各項，均屬人事管理範圍之動態方面，至於其靜態方面，即為本項所說的人事資料的保管與運用。所謂保管與運用，是在研究人事資料之設立、管理、統計與分析；人事意見之蒐集、編排與運用。故凡建全的人事管理，必須有豐富的人事資料，並加以妥善的保管與運用，然

後方可發揮其功能。

第二節　員工之甄選與任用

一、員工的甄選

　　餐飲業為適應本身業務擴張的需要，或為補充原有員工因離職或調遷所造成的缺額，都會面臨員工甄選的問題。員工甄選是為餐飲業看門把關的工作。如因制度不佳或執行草率，將不合適的員工引進餐飲業之內，則不僅將增加日後其他人事措施的困難，且將造成過高的員工流動率，影響員工的士氣，增加餐飲業的許多負擔。員工甄選的得當與否關係到整個人事管理工作的成敗，絕不可等閒視之。

(一)員工的來源

　　員工的來源很多，下列是幾種主要的來源：

1.從在職員工中調遷：如某部門缺人，可從其他部門的員工物色調用。
2.在職員工的推薦：由在職員工介紹或推薦適當的親友參加甄選。
3.職業介紹所的介紹：向職業介紹所國民就業輔導機構接洽，請其介紹適當的求職者參加甄選。
4.與餐飲科系學校建教合作及訓練機構的推薦：與學校及人才訓練機構聯繫，請其推薦學生或學員參加甄選。
5公開徵求：利用廣告及其他大眾傳播方式，向社會各界公開徵求，使具備適當條件的求職者報名參加甄選。
6自己培養：自設員工培訓中心，招收學員加以訓練，培養所需的員工。

(二)甄選的方式

甄選的目的在為事擇人，故在進行甄選之先，應先根據工作分析的結果，了解工作的性質、內容、責任，以及擔任該項工作者所需具備的資格及條件，然後採用適當的甄選方式，達到才職相稱的目的。甄選的方式主要如下：

■考試（Examination）

我國較大的餐飲業通常以公開考試的方式選用新人，如科目合理、試題適當，將可能選到學識較優的人員，其缺點是難以從考試中獲知應考人的人品、操守、個性和興趣等因素。

■推薦（Recommendation）

由可靠的人士推薦合適的人員。如推薦人公正負責，對被薦人有相當認識，一方面可了解被薦人的人品、個性等，一方面也可避免舉辦考試的困擾。但如推薦人徇私偏袒，或對被薦人認識不清，則可能造成用人不當的後果。

■測驗（Testing）

要求應徵者參加甄選測驗，包括智力測驗、性向測驗、興趣測驗、技巧測驗等，然後根據測驗結果決定求職者是否適合擔任某項工作。這種測驗是一種專門學識，必須由學驗豐富的專家來主持，方能獲得正確的結果。

■面試（Interviewing）

先審核應徵者的學經歷資料，如合乎要求，可定期約見應徵者，舉行面試，以定取捨。

■保薦（Recommendation with Guarantor）

由社會具聲望及地位之可靠人士，負責推薦，推薦人對被保薦人的品德、操守和能力負責。

上述各種方式優劣互見，各有其適用的一定限度，可視實際情況選擇其中一種或數種使用之。

二、升遷、調職、轉任、兼職

(一)升遷

■升遷之涵義

升遷（Promotion）係指工作人員任用滿一定年限，考核成績及品行係屬優異者，予以提高其職位及待遇或較高之地位與聲譽。升遷是促進工作效率、獎勵員工上進之重要原動力。

■升遷之依據

升遷之依據對象，通常不外四種[2]：

1.個人才能。
2.個人品格。
3.服務年限。
4.工作效率。

■升遷之方法

升遷依照工作研究與分析，事先確定制度，使人人知曉，有所勤奮努力，向上圖進。其工作成績優良，合於規定之標準者，遇有機會，應予以升遷。一般升遷方法有三：

1.循序升遷：由負責長官對於屬員以其考核與判斷，就其合於一等級職務之人員，以儲備方式循序升遷其屬員較高職務，如副主管升遷其屬員較高職務，如副主管升遷任正主管之例。但升遷全由長官決定，難免感情用事，失卻公平，且升遷標準難期劃一。
2.考試升遷：以考試方法決定升遷，客觀公平，足以促進工作人員努力進修，提振朝氣，增進服務知能。
3.考核升遷：以個人工作效率及成績考核之結果為升遷之依據，較為公平合理。

(二)調職

調職（Transfer）是為人事管理上解決若干困難問題之重要工具。是僅為工作或工作部門之變換，不必具有較強之能力或較優之技術，一般調任人員因未加重責任，恆不加薪。調職亦即在同一機構內，不升任或降任。

(三)辭職與退免

人員之進用，必須慎重，進用後，即應有所保障。惟應有試用時期，注重其品行、能力、服務精神、生活等，以補考試用人方法之不足。如發現重大缺點無法勝任者，可即時辭退，以免日後因用人不當蒙受損失，自應慎重處理。餐飲業中員工異動率大，易造成餐飲業之損失。

員工離職，可分自動與被動二種，分析其原因：

■自動離職

員工不願意繼續服務，向公司提出辭職書，求准予離職。員工對於辭職理由，事前應詳細審慎考慮，辭職後轉入新環境，有否希望，不可感情用事，以免後悔。業界對於員工辭職理由，詳細檢討，以謀避免員工異動頻繁所引致之損失，作為改進人事設施之參考。

■被動離職

即由於公司或工廠之意思開革而離職，或年老或殘廢退休而離職。如員工因過失或違反公司章程，業界按照情節大小，輕而警告、記過、罰薪，重則免職或解僱。公務或公營機關須依公務員懲戒法、考績法及公務員服務法之規定予以懲處而離職。

■退休與撫卹

人的壽命有限，年齡到了某一限度，便會體力衰滅，智能減退，無法繼續工作。餐飲業的員工，遇此情形，離開工作，回家休養，度其殘年，謂之退休，其因公殘廢，喪失工作能力而離職者，也叫退休。退休員工，餐飲業機構應給予相當的津貼，使能繼續生活，這種津貼叫退休金或養老金。

至於撫卹，係對員工因公死亡，或在職病故，發給其遺族以一定數額的金錢，俾能維持相當的生活之意。

第三節　員工在職訓練與進修訓練

對餐飲業新進員工或調任新職人員，施以適當的教育與訓練自屬必要，員工訓練的目的，是在使員工知道「如何工作」，及「如何用最好的方法工作」，以儘量發揮其天賦與潛能。讓員工從事實際工作，有標準以上之技術水準，以提高工作效能。

一項設計良好的教育與訓練，可以提高員工對其工作上所必需的技能、知識。教育與訓練之需要，上自管理階層，下至基層員工，都是一樣的。愈複雜的工作，愈需要訓練。

一、員工訓練的重要

(一)理論方面的理由

1. 學校教育，是著重於啓發人類的思考，課本上介紹許多原理原則，可以增加學生對問題發生的原因、問題與問題間的關鍵、解決問題的基本方針與態度等的了解。換言之，就是學習處理事務的基本條件，如理解能力、判斷能力等。訓練乃是學習工作經驗與技巧，使受訓者對自己擔任這項工作的任務、責任及處理方法等，能完全了解，以免造成錯誤與浪費。因此對新進員工的訓練是十分必要而不可缺乏的。

2. 現代餐飲業分工精密，從業人員在工作中學習的機會與範圍異常狹小，必須予以訓練，以擴大其知識技能領域，並增加其適應新工作的能力。

3. 現代科學日新月異，新工具、新技術、新原料不斷發明，如不對在職員工隨時予以訓練，則難免因彼等的知能落伍，而影響餐飲業發

展的前途。

(二)實際方面的效果

1. 減少新進人員初期工作的各種浪費，如時間、原料等浪費。
2. 減少新進人員可能造成的損害，如對機器設備及產品品質等損害。
3. 減少災害，促進安全。
4. 消除新進人員因技術生疏，所可能引起的同僚的反感與隔閡，促進團結合作。
5. 減少因技術生疏而被淘汰的人數，降低人事流動率。

根據成人學習方法的統計，用手學習可記憶90％；用眼學習可記憶10％。故對員工的訓練，不必過分重視形式，必能提高學習興趣，增加訓練的效果。

二、訓練之種類

員工訓練一般可以分為以下幾種：

(一)在職訓練

在職訓練又稱員工訓練，對餐飲業內已在職的服務員工施予訓練，包括主管人員以及所有員工，其目的在提高員工的工作技能，及消除員工與各級主管人員的界線。在職訓練一般可分為一般教育訓練及工作技能訓練。一般教育訓練，其課程與範圍無限制，諸如文學、語文、經濟、政治、餐飲新知與精神講話等，使員工成為一個通曉時務的人才。工作技能訓練，則以提高員工的工作方法與技術為主。

■在職訓練

此種訓練可分兩方面進行：

1. 技能方面：遇有採用新設備、新原料、新方法之時，隨時予以必要之短期講習，使原有員工逐漸改進其技能，以適應新工作的需要。
2. 精神方面：目的在培養員工的優良氣質，如自動自發的工作精神、

任勞任怨的服務態度，以提高其服務精神。應由主管人員以身作則，隨時提醒啓發，並無固定的方式。

■職前訓練

此種訓練，應著重工作有關知識及技術的研習，使新進人員不致對工作茫無頭緒。其主要項目如次：

1.餐飲業組織概況：目的在使新進人員了解其在整個組織中的地位，及其與他人的關係，以免動輒得咎，徒勞無功。
2.餐飲業業務性質：目的在使新進人員了解執行工作時應持的態度，以免違反餐飲業的宗旨與政策，引起外界的指責與批評，危害餐飲業的信譽。
3.處理工作的程序：目的在使新進人員處理工作時了解其來龍去脈，以免發生延誤與脫節現象，造成誤會與磨擦。
4.處理工作的方法：目的在使新進人員了解正確有效的工作方法，以減少浪費及損失，並提高效率。

■始業訓練

對新進的員工，介紹其認識新的工作環境，訓練主要項目包括餐飲業的歷史、組織、政策、規章、工作程序及方法，使新進人員能以最短的時間，學習擔任工作所需的一切知識。

■師資訓練

乃對擔任訓練工作的教師的訓練，以教學方法及指導能力的培養為主。

(二)進修訓練

進修訓練或稱管理人員訓練（Management Training），進修訓練可分為一般主管人員訓練及高級主管人員訓練兩種。一般主管人員訓練對象即為餐飲業內低層或中層主管，因其對產品的品質、成本、業務各方面，負有重要責任；訓練內容包括有關的管理技術、管理哲學及管理實務等的管理專業知識，以及工作方法、管理技巧等工作項目。高級主管

人員訓練，則選拔具有才幹的中層主管人員，輪流或代理各部門主管業務，使其了解各部門業務並吸收經驗，以備他日擔當更高層次主管。

　　培養各級管理人的訓練，如其由暗中摸索試探學習，自然不如有計畫地訓練，規模較大的公司大都訂有完備的監督人員訓練計畫。訓練的內容應包括下列各項[3]：

■工作方法訓練

　　目的在使管理人依照科學管理原則改進工作方法，以節省不必要的工作和稽延。此項訓練約可分為四個步驟：第一步充分了解現行的工作方法；第二步來檢討現行工作方法是否合理；第三步根據檢討結果，發展新的工作方法；第四步將新的工作方法付諸實行。

■工作聯繫訓練

　　目的在使人員應用適當的方法處理工作上的人事問題，以獲致和諧的勞工關係。

■工作教導訓練

　　目的在使管理人發佈明確的指示，並明瞭教導工作人員的方法。

■組織原理

　　解釋公司各部門的組織概況，及工作部門與幕僚部門的責任與關係。

■其他訓練事項

　　例如：人事政策之檢討，訴怨事件之分析與處理；成本控制及產品品質控制；解釋生產計畫，鼓勵方案、安全規則等。

第四節　激勵和溝通

一、激勵的觀念

　　從許多實證研究中顯示，一般人的工作潛能只發揮三分之一到一半左右，此結果使得企業內之人力資源形成浪費。為激發員工潛能，使他

們皆能自動自發地樂意工作，激勵便成為今日餐飲業管理的重要課題。其主要原因如下：

1. 餐飲業面對著與日俱增的外在環境壓力，如國內或國際間市場的競爭、社會和政府政策之變化等，迫使管理上須採取新的技術方法，以提高或至少維持組織的效率和效果。此時當有賴於餐飲業內各種資源之總動員，包括資金、物料、設備和人力等，特別是人力，為所有資源之核心。

2. 基於組織內人力資源長期發展和成長之考慮，主管須使用各種不同策略，如工作再設計、目標管理和各種組織發展技術等，以激勵和培養出一般人員的知識、技術和能力。

3. 對於人性的看法發生重大的改變，過去餐飲業將人力資源和其他自然資源視為相同的生產要素，殊不知人是有思想、有意志、有情感的資源，除追求物質需要的滿足外，尚有更重要的心理和社會需要有待滿足，包括追求責任感、成就感、認同感、自尊心、榮譽感等。這些都不是光靠過去傳統所迷信的金錢獎勵所能達成的，更何況一般人尚有自動自制的能力，故主管實應改變管理的觀念和手段。

4. 一般員工都有豐富的創造力、想像力和其他潛能，但並沒有完全發揮，故應利用各種手段加以激勵之。

二、激勵的意義、程序和影響因素

激勵（Motivating），又稱策勵或誘導，源於拉丁字Movere，代表移動或轉變的意思。激勵是指針對員工有待滿足之各種需要或願望，利用有形或無形、內滋（Intrinsic Rewards）或外附（Extrinsic Rewards）、貨幣或非貨幣之獎賞手段，以誘發員工自動自發地導向積極性和建設性的行為，俾順利達成組織之目標。簡言之，激勵便是誘導員工的工作動機，使之能主動、積極和有效地完成工作目標。基本上，激勵就是改變員工行為的過程，由消極而積極，由被動而主動，由低效率而變高效率。茲

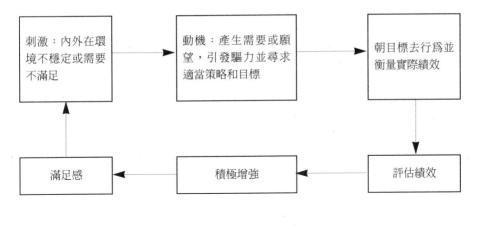

圖17-2　激勵的程序

將此種過程以**圖17-2**表示。

三、員工之工作滿足

(一)工作滿足的涵義

　　學者認為組織氣候和工作滿足（Job Satisfaction），實屬名異意同的概念，其所持理由有二：(1)一人對於一組織的描述，常常就是他對這一組織的評估，二者很難在衡量時分得清楚；(2)一般衡量組織氣候所用之量表項目亦是衡量工作滿足的項目。不過，這些乃是屬於衡量上的問題，在觀念上，組織氣候和工作滿足應係迥然不同的構念。特別是工作滿足本身具有下列三大價值，乃值得吾人研究之必要：

1. 工作滿足具有其本身所代表之社會價值：如果有所謂「心理上的國民生產毛額」（Psychological GNP）的話，則一社會內成員所獲工作滿足多少，應構成其中之一重要部分。[4]
2. 工作滿足可做為一組織健康與否之一種早期警戒指標：如能對員工之工作滿足保持繼續不斷的監視的話，則可及早發現組織的問題，採取補救措施。
3. 提供組織及管理理論研究以一個重要變數：即可做為衡量種種管理

或組織變數的影響後果，亦可做為預測各種組織行為之指標。

而所謂工作滿足，即為：「一工作者對於其工作及工作相關因素所具有之感覺（Feelings）或情感性之反應（Affective Responses）」。而這種感覺（或滿足大小）乃取決於他自特定工作環境中所實際獲得的價值，與其預期認為應獲得之價值的差距。差距愈小，則反應愈有利，或滿足程度愈高；反之，則反應愈不利，或滿足程度愈低。質言之，工作滿足就是一種態度，亦就是指員工（或工作者）對他的工作如願以償或是不滿意的一種心理狀態；當工作的性質與員工的欲望相一致時，就產生工作滿足；若不一致時，就產生工作不滿足。

(二)工作滿足的要素

有關工作滿足之衡量，有兩種基本方式，即：(1)整體性者：所衡量的，乃是一種整體滿足（Overall Satisfaction），並未辨別所針對之工作性質或環境之具體構面；(2)列舉性者：此即事先列舉有關工作之具體構面，然後由被訪者表示其滿足程度。

至於管理者有關工作滿足的問題，一般可歸納為十四個構面，這十四個構面即工作滿足的構成要素，茲將此各構面之重要性順序臚陳如次：(1)安全；(2)升遷機會；(3)工作興趣；(4)上級讚賞；(5)公司及管理當局；(6)工作內容；(7)主管領導；(8)工資；(9)工作社會性；(10)工作環境（不包括工作時間）；(11)溝通；(12)工作時間；(13)工作難易程度；(14)福利。

最近，席舒爾（S. E. Seashore）及湯博（T. D. Tobor）兩位學者試圖將與工作滿足有關的主要變數——包括前因（Antecedents）及後果（Consequences）因素在內——整理如圖17-3所示之一構架。對研究工作滿足的相關因素頗有助益。

(三)工作滿足的有效途徑

由前述工作滿足的涵義及其構面（要素），我們以為下列五種途徑可能是改進或提高工作滿足之道，茲列述如次：

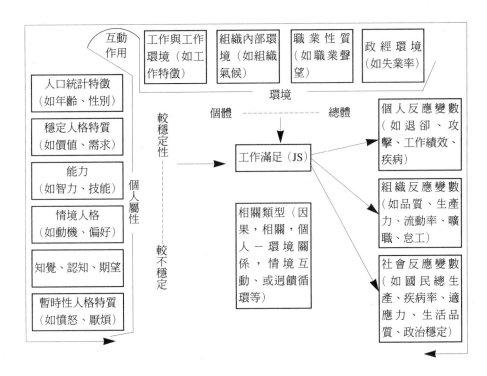

圖17-3　有關工作滿足之前因與後果相關變數圖

■改善工作的內涵

　　首先使工作人員在操作中能運用多樣不同的技巧，以免單調枯燥；其次，使工作人員在工作中具有任務感，在工作結束之際能有完成任務的感覺，而不只是大系統中的一個小零件，認為工作是例行的操作而已；另外，在工作設計時應預留給員工相當大的自主性，讓他能有較多的自由來決定工作的安排，同時，尚須建立迴饋制度，使他能很清楚地獲得工作績效的迴饋。

■建立公平的薪資制度

　　員工對於薪資的不滿，最主要原因在於公平感覺，員工不僅會跟同僚比較，同時也會跟其他組織的同階層員工互相比較。

■報酬的多寡應儘量與績效配合

　　如果報酬不能跟績效水準配合，無異於對高績效人員的懲罰，導致嚴重不滿，甚至紛紛求去，結果留在組織的員工，盡為庸才。

■領導監督的型態須權變運用

對於已相當結構化的員工，不宜採用任務導向的嚴格監督，應多給予關懷和愛心。

■事前防患，事後抑制

員工若有不滿的情事發生，應迅速找出眞正原因，以免事態惡化。然後根據問題的癥結，對症下藥，如此不但可以消弭不滿，甚而可以事先預防（Precautionary Actions）類似情況的發生，提高員工工作滿足。

另外，如強調工作之重要性、建立協調合作之組織氣候、採用工作擴大化或工作豐富化來加重其責任、以民主式或參與式管理來提高員工之向心力等均是達成工作滿足之方法。

四、溝通的意義與種類

溝通一詞係由英Communication一字翻譯而來，溝通是組織中構成人員之間的觀念和消息的傳達與了解的過程，它是爲完成機關使命及達成任務的一種必要手段，因爲它可以促進共同了解，增強團體力量。

在溝通過程中，由傳送者傳至接受者，前者必須明確而有內容，後者才易了解這些內容，所以這包括了三方面的溝通，即下行溝通、上行溝通及平行溝通。凡是餐飲業單位或機關中人員或單位之間的溝通受阻時，餐飲業單位或機關內的團結與合作便談不上，同時在人員之間一定會產生誤會、不安、矛盾與衝突，這個餐飲業單位或機關是暮氣沉沉、毫無活力可言，當然不會有什麼成就。[5]

(一)溝通的重要

在現代的餐飲業管理中，溝通有著十分重要的地位，其理由如下：

1.現代餐飲業組織較大，人員眾多，業務繁雜，利害衝突，意見分歧，溝通即在於消除這些弊端。

2.溝通可以使餐飲業中人員的思想一致，大家有共同的了解，能爲團體的目標努力奮鬥。

3.溝通可以加強人員的責任心、榮譽感,並能提高士氣及服務精神。

4.有效而迅速的溝通,足以應付緊急事件,免遭意外損失及發生不幸事件。

5.在有效的溝通下,足以了解情況,易作對症下藥的措施及合理的餐飲業管理。

(二)溝通的方法

1.拉近屬員間的距離:良好的溝通應具有鼓勵性、啓發性,以引起接受者的興趣,使之樂於接近,所以主管與屬員最好是拉近距離,在位置上相離不要太遠,但心理上感情尤需和好。

2.改善合理的組織:組織的系統是必須具有的,但不妨簡化各種手續,使法規具有彈性。

3.注意語言文字的使用:儘量以接受者能了解爲原則,注意正確,數字和值量的規定尤需明確,以免誤解。

4.社會文化的交流:使社會各式機構,大家都有平等的感覺,都能在自由平等的原則下,表示其見解。

5.不偏見自私:專家之間要能合作,使通才與專家在同一立場上爲團體目標而努力。

6.溝通的內容應具伸縮性:使工作者能因事制宜,容易處理緊急事件。

7.培養員工爲組織效忠的信念。

8.調和各方的衝突。

9.領導者自身的改善:自己不能存有優越感,溝通要虛心從本身做起。

10.溝通的手段必須正確,先分別各種情況,決定用何種手段最爲有效,採其最適切者應用之。

11.注意被傳達者之理解與良好之社會關係,對問題重要性之認識,以及接受之熱忱等。

12.機構中一定要建立起良好的人群關係。

(三)溝通的種類

溝通係透過組織結構而產生的,任何組織皆有正式與非正式兩個結構,所以溝通的系統即因這種結構之不同,也分爲兩種,即正式的溝通,與非正式的溝通。[6]

■正式的溝通

正式溝通乃配合正式組織而產生,所謂正式組織乃是管理人員所計畫經由授權和職責分配所建立的地位以及個人間的關係,這種組織可以用組織系統表來表示,而正式溝通就是依循著這個組織的系統線,所作的有計畫的消息流動程序和路線。

正式溝通因係配合正式組織結構,故可依其消息流通的方向分爲上行、下行和平行三方面說明之。

＊上行溝通

上行溝通乃指下級人員以報告或建議等方式,對上級反應其意見。溝通並非片面的,不是僅有下行或上行,而是上行與下行並存,構成一溝通循環系統。溝通的傳送者傳遞消息給接受者,經後者接受後必然引起反應,再將意見反應給原傳播者。上行溝通的作用有下列數項:

1. 上行溝通提供了屬員參與的機會,因此,高階主管能作較好的決定,並可滿足屬員的自重感,辦事會更有責任心,而屬員更樂於接受高階主管的指示。
2. 由上行溝通工作可以發現屬員對於下行溝通中所獲得之消息,是否按上級的原意了解。
3. 有效的上行溝通可以鼓勵屬員發表有價值的意見。
4. 上行溝通有助於滿足人類之基本需求。
5. 員工直接與坦白的向上級說出心中想法,可以使他在緊張情緒和所受壓力上獲得一種解脫,否則他們不是批評機關或人員以求發洩,就是失去工作興趣和效率。
6. 上行溝通是符合民主精神的。

＊下行溝通

　　下行溝通就是依組織系統線，由上層傳至下層，通常是指由管理階層傳到執行階層的員工，其作用為：

　　1.幫助餐飲業達成執行目標。

　　2.使各階層工作人員對其工作能夠滿意與改進。

　　3.增強員工的合作意識。

　　4.使員工了解、贊同，並支持餐飲業所處的地位。

　　5.有助於餐飲業的決策和控制。

　　6.可以減少曲解或誤傳消息。

　　7.減少工作人員對工作本身的疑慮及恐懼。

＊平行溝通

　　平行溝通是指平行階層之間的溝通，如高層管理人員之間的溝通（部門經理與部門經理間）、中層管理人員之間的溝通（組長與組長之間）、基層管理人員之間的溝通（服務員與服務員）等。這種溝通大多發生於不同命令系統間而地位相當人員之中。其作用為：

　　1.平行溝通可以彌補上、下行溝通之不足。

　　2.現代組織中各單位間存在著許多利益衝突，但單位之間的工作又必須依賴他一單位的有效行動，避免事權的衝突和重複，各單位間、各職員間在工作上應密切配合。平行溝通給人員以了解其他單位及人員的機會。

　　3.平行溝通可以培養人員間的友誼，進而滿足人員的社會欲望。

■非正式溝通

　　非正式溝通乃是非正式組織的副產品，它一方面滿足了員工的需求，另一方面也補充了正式溝通系統的不足。

＊非正式溝通的特質

　　1.非正式溝通系統是建立在組織份子的社會關係上，也就是由人員間

的社會交互行爲而產生。

2.非正式溝通來自人員的工作專家及愛好閒談之習慣，其溝通並無規
　則可循。

3.非正式溝通對消息的傳遞比較快速。

4.非正式溝通大多於無意中進行，可以發生於任何地方、任何時間，
　內容也無限定。

＊非正式溝通的功能

1.可以傳遞正式溝通所無法傳送的消息。

2.可以傳遞正式溝通所不願傳送的消息。

3.將上級的正式命令轉變成基層人員較易了解的語文。

4.非正式溝通具有彈性，富有情味，並且比較快速。

5.減輕餐飲業或高階主管的工作負擔。

第五節　有效的溝通

　　爲促進餐飲業內的意見與溝通，下列各項原則，爲達成有效溝通所
不可不注意者：

一、以身作則

　　溝通至少包含自上而下、自下而上、平行、斜向的溝通。管理主管
必須以身作則，重視溝通，不可只有自上而下的溝通，而無自下而上的
溝通，下達命令與下情上達具有同等的重要，管理主管必須以身作則，
促進雙向溝通。爲建立有效雙向溝通，管理主管們，尤其是居於高位的
管理主管們，必須培養其對部屬們需要的感受性，切實了解其部屬們的
需要。缺乏高度的感受性，實無法接納與了解自下而上的溝通。

二、信任度的維繫

收訊人對於發訊人的信任，直接影響到溝通效果。一位不被部屬信任的主管，其所發出的訊息，難以被其部屬所接受。換言之，由於對於發訊人的不信任，對於其所發出的訊息，亦可能被不信任，自談不到溝通的效果。除了上述收訊人的信任態度外，收訊人對於訊息的本身，必然亦有其自己的看法。收訊人對於一項訊息的內容，若係採取積極的態度，自然也能有助於該項訊息的溝通效果。收訊人若對於一項訊息的內容，係抱不贊成的消極態度，自然會影響到該項訊息的溝通效果。

三、溝通內容簡單清晰

溝通的訊息，務使收訊人容易了解其真義，不會發生難懂或誤解的困擾。內容簡單清晰，可以比較容易保持收訊人的注意力。當然，收訊人具有良好的聆聽習慣，亦是一項重要的因素。缺乏良好的聆聽習慣，可能是溝通失效的主要原因之一。

四、維持餐飲業組織系統完整

不要為了達成迅速的溝通，而違反餐飲業組織系統的完整。於組織系統外，另行建立耳目或傳聲機構，極易破壞餐飲業組織的指揮與協調，產生不必要的衝突。除非於必要時，不要越級指揮或越級報告。當然，適當的溝通輔助程序，例如訴願程序的建立，係屬必要，以免組織僵化。

五、溝通意見的雙方責任

意見溝通的成敗不是發送者一方可以全然控制，而是發受者雙方均有影響作用。大多數的實證研究，都是偏向認為發出訊息之一方應負責任，而忽視收受訊息者之責任。實際上，若收受訊息者在接受訊息時漫不經心，聽而不聞，則無論傳遞訊息者是如何小心及完整，這個溝通也算是失敗的。甚而有些人不注意聽講，是因為自我主觀的意見太強，根

本不願接受他人之觀點，注定溝通必然失敗。

六、非正式溝通逕路的運行

由於非正式組織的不可避免，而非正式組織的形成又以非正式溝通的需要為主。因此，於適當的程度內，配合非正式溝通途徑，可將訊息迅速而有效的傳播出去。常有不少企業決策的意見溝通，係於非正式的場合達成，例如係在打高爾夫球或其他非正式場合達成。

七、溝通與組織角色之配合

因為組織中之人員常站在自己的立場來解釋所收到的訊息，因此在傳遞訊息時，則不得不考慮雙方在組織中之角色。就組織中機能性部門而言，因為常以本部門之利害為優先考慮點，常造成雙方溝通困難之現象。此時，其共同之領導者則應以協調之方式，使雙方均能將上級組織之利害擺在首位，以免形成各自為政。

要克服這種因組織上司與下屬角色所造成之溝通困難，主管應建立一種容忍之氣氛，在上者應該了解部屬存有某些限制，容忍並鼓勵部屬發表意見或宣洩不滿之情緒，並詢問部屬之意見，以促使組織內各階層暢通意見之交流。

八、良好溝通的九個方法

美國管理學會（American Management Association）提出下列「良好溝通的九個方法」來改善溝通的效果：

1.在溝通前，應先澄清觀念。
2.檢討每次溝通的真正目的。
3.在溝通時，應考慮整個實質的人性環境。
4.在計畫溝通時，應諮詢別人的看法。
5.在溝通時，應留意語調與訊息的基本要旨。
6.應把握機會向受訊者表達有助或有利的事。

7.應著重於現在與未來的溝通。

8.應採取行動支持溝通。

9.應相互了解及相互信任。

領導與溝通是現代管理上的重要技術，兩者的關係至為密切，領導要求所有工作者以齊一的步驟，密切合作，因此，機關裡的工作必須為機關內每一個人所深切了解，如果一個單位的業務不能動作一致，其結果必然形成事倍功半，而達成協調的方法就有賴於溝通，主管人員必須起帶頭作用，多和部屬接觸以增加了解，從而鼓勵他們，提高工作興趣，發揮潛力，領導員工和衷共濟，成為一個志同道合的團體，才能獲得真正的和諧，如能達到這種理想的地步，餐飲業界的協調工作，將不會發生任何困難了。

第六節　容納衝突因素

由於員工個別之間存有差異乃勢所難免，所以領導者常發現自己處在部屬互相對立的兩個集團之中，處此情況，領導者一方面可能想利用這種衝突，激發部屬發揮完全之工作潛力，或發掘創新之方法；但在另一方面，他又可能想建立一個合諧、緩和的工作小組，以達成組織的目標。尤其當部屬個別之差異愈來愈大時，組織中常充滿強烈的情緒，易將組織目標棄之一旁，任由本位主義作祟，人際關係惡化，使組織處於難以控制之危險情況。

一、衝突不一定有害

做為一個有效的管理者，在處理組織衝突或歧異這類問題時，首先應注意下列二點：

1.個別間之差異並沒有絕對的好壞，有時歧異的產生，對改善組織效果有利，有時候則會減低個人與組織之工作績效。

2.沒有處理差異之絕對正確方法。對於某些有利的差異，領導者可以直接利用之，使問題之解決更恰當。但對於另一些差異應如何處理，實無簡答，唯有靠領導者在面對差異時，做些比較系統性及客觀性之診斷，瞭解造成差異之真正原因，方採取各種有利於目標之可行對策。

二、診斷差異之成因

當部屬之間意見有所不合時，他們多半不會自動的把事情之因果關係弄清楚，而是任差異繼續存在，使得爭論愈來愈不清楚。領導者面對這種情況，應該從事診斷分析工作，把事情弄清楚。

(一)意見差異的性質為何（What）？

差異的性質常決定於這些部屬所爭論的相關問題，包括事實、目標、方法、價值等等。

■事實之不同（Facts）

例如對於問題定義的不同或所得資訊的不同，或是將不同之資料當成事實，或是對個別之權責看法不同，均會產生歧異。

■目標之不同（Goals）

例如對組織中部門或是特定職位之工作目標看法不同，亦會產生爭論。

■方法之不同（Methods）

有時對於如何達成目標之程序戰略，或方案有不同的意見。

■價值之不同（Values）

例如權力之執行方法，何謂「道德」、何謂「公正」、何謂「公平」等，每個人的看法常有不同。

當領導者認清部屬間差異發生的原因後，對於應如何處理或加以利用，將有莫大之助益。

(二)產生差異的原因為何（Why）？

造成上述差異之原因，可能來自下列原因：

■訊息的不同（Information）

由於所得到之消息不同，因而影響個別之判斷。在組織中也是一樣，若對於一個複雜的問題，每個人所得到的均是有限的不同訊息，自然會對問題的解決有不同之看法。

■認知的不同（Perception）

即使面對相同的訊息，每個人的反應也會有所不同。各個人按自己的感覺來解釋訊息，甚而受自己過去經驗、環境的影響。

■角色因素（Role）

當爭論涉及到個人在組織中的角色時，則這種角色將造成他在爭論時之限制。

三、有效處理衝突之方法

當領導者對部屬間之衝突做全面了解後，則應設法處理之。若是有充分的時間做周詳之計畫，則可以採取以下四個方式，使組織得到最大的利益：

(一)避免衝突之產生（Avoidance）

可以在選用及提升僚屬時，選擇一些訓練、環境、背景相似的人，則這些人的想法必然較為類似，或則主管可以控制部屬間之人際接觸程度，使衝突無機會發生。這個方法對於必須有同樣協議及看法之團體，例如政治團體較為適合；但其缺點是將減少個人之創新刺激。

(二)壓制衝突（Repression）

若領導者不願組織中存有衝突，則他可以經常的強調忠誠、合作、團隊精神，造成一種組織氣候；或是運用獎懲制度，獎勵合作及協調。當部屬間之衝突對組織的工作效率不相干，或是沒有時間處理差異時，或是爭論點是長期的問題，而領導者欲達成短期之目標時，可以採取這個方法。但是，用這個壓制方法會使爭論轉入地下，長期之下造成更大

之阻礙及敵意。

(三)擴大衝突（Sharpen）

此法乃是不打不相識的應用，在運用此法之前，領導者必須確定了解所爭論之處及在爭論時能認清自己之角色及權責，並且能互相尊重。若是運用成功，則雙方的了解會更深一層，此後，不會再有類似的爭論。但是此法在爭論中，雙方所使用之言語及態度可能造成很大之傷害，令人無法忘懷，並打擊士氣，所以此法的「成本」相當大。

(四)化解衝突為合作（Solution）

俗云：「三個臭皮匠，勝過一個諸葛亮」，由於能集思廣益，其成果常比一個人所做的決策好。例如瞎子摸象，如果能把大家的意見集合起來，而不要紛爭不休，就不會鬧大笑話。但是用這個方法十分費時，有時一個人來做決定，要比此法容易得多。同時，此法若運用不當，仍會造成無法協調之意見衝突。

四、將衝突導入正途

當部屬已陷身在衝突的漩渦中時，領導者應有辦法對付這種情況：

1. 領導者可以明確表示歡迎部屬各種意見的衝擊態度，使雙方均認為自己的建議對問題的解決有所幫助，省除孰勝孰敗之患得患失心理。
2. 領導者可以傾聽雙方論點而不要評估孰是孰非。有時爭論愈來愈兇，是為使對方聽到自己在說什麼，所以此時領導者就應運用溝通技術，使意見融合。
3. 領導者可以使爭論的性質明確，讓雙方所爭論之點相同，如此爭論方有意義。
4. 領導者可以了解並接受雙方之特定感覺，諸如害怕、嫉妒、生氣或焦慮而給予同情，不要批評。
5. 領導者可以指定一方佔有決定權的職位。

6.領導者可以建議解決差異的程序及途徑。

7.領導者可以小心維持爭論雙方的關係。

　　諸如此類均有助於領導者解決正在水深水熱中之爭論，但是由於領導者本身也是人，亦無法完全置身事外，保持最客觀的態度。領導者應認清這樣的事實，隨時警惕自己。

註　釋

[1]郭崑謨，《企業管理》，台北：華泰書局，民80年，p.368。

[2]同註[1]，p.588。

[3]謝安田，《企業管理》，台北：五南圖書出版公司，民80年，p.266。

[4]同註[3]，p.268。

[5]張金鑑，《管理學新論》，台北：五南圖書出版公司，民74年，p.188。

[6]同註[3]，p.308。

第十八章　餐飲財務管理

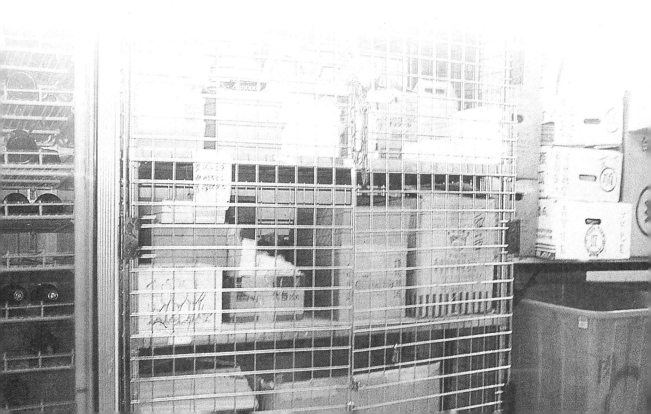

今日我國餐飲業經營環境，已在世界經濟的蛻變與國內經濟的激盪下，面臨了前所未有的挑戰，尤其是國內的金融制度與金融機構，也有顯著的變革。餐飲業爲尋求更高的生產力與利潤，在創新與突破的壓力下，追求卓越的效率經營爲勢所必然。而未來餐飲業管理策略將以餐飲業整體性與長期性的效益爲導向，並協助各部門的功能均衡發展，餐飲業的財務、行銷、人事及研究發展等管理決策將同受重視。面臨嶄新的金融經濟時代，餐飲業的財務管理理念、財務分析方法、財務規劃技巧以及財務決策程序等均要有求新求變的體認。

第一節　餐飲財務管理的概念

餐飲業的財務管理，並不只是現金的出納及保管等活動，而是涉及全盤的餐飲活動，餐飲業經營必先取得資本，用以購買機器設備、食品及人工等生產要素，從事生產，然後出售產品，賺取利潤，再將利潤作適當的處置，可見財務活動與採購、生產、行銷等餐飲業活動都有非常

圖18-1　餐飲財物倉儲管理

密切的關係。財務功能是以資本的籌集爲起點，經由資本的運用獲取利潤，再作適當分配的一連串循環活動，財務管理要想發揮財務功能，必須著重規劃、執行與控制。[1]

一、餐飲財務的意義

財務（Finance）一詞，從餐飲業經營觀點言之，是指涉及餐飲業資金有關的活動或事務。現代餐飲業由於科技的進展與組織的擴大，資金需求日殷，舉凡餐飲業的開創、土地的購置、設備的增添、人員的僱用、原料的採購、市場的拓展等活動或事務，若無資金，則一籌莫展，資金遂成爲現代餐飲業營運的主要基礎，財務有關問題的處理因而逐漸繁鉅，亦日益重要。

二、餐飲財務管理的意義

財務管理（Financial Management）係根據餐飲業的規模與性質，對餐飲業營運資金的募集、分配、運用等問題，予以妥善的規劃與控制，並隨時加以分析檢討，以利餐飲業的營運，爭取最高的利潤。

財務管理是由早期的公司理財（Corporation Finance）演變而來，一九二〇年代以前，財務管理的重點在於向外籌措資金。一九三〇年代因發生經濟大恐慌，財務管理集中於防止呆帳。一九四〇年代以後，財務管理開始從投資者的立場，重視資金運轉的規劃與控制，以評斷餐飲業經營的成果。近年來，餐飲業財務管理的理論與技術，愈趨專精，重點在於財務的分析檢討，以及財務決策的訂定。

三、餐飲財務管理的重要性

財務是涉及餐飲業資金有關的活動或事務，餐飲業若無資金，營運則一籌莫展。現代餐飲業，與資金有關的財務問題逐漸繁鉅，財務管理工作遂成爲餐飲業管理的重要職能。

財務管理如果欠當，餐飲業必因資金調度不良，使資金不能充分利用，流於浪費，造成賠累。當餐飲業無力負擔賠累時，則必因而失敗而

結束。因此，一個健全的餐飲業，必須有良好的財務管理制度與方法，才能確保營運的成功。

第二節　餐飲財務管理的功能

近年來，餐飲業財務管理工作，日趨專精，餐飲業紛紛設置專業的財務部門，負責財務管理的工作。財務管理運用妥當可發揮以下各種功能：

一、促進餐飲業組織安定

一個企業組織鞏固健全，雖然依賴人事管理及其他各方面進步健全，但是最主要的是在財務上是否安定。

財務管理，在一定期間中，其資金的需要與調配互為關係，在一定時間點時，成為靜態財務結構。在一定時間中，其一定時間點將轉另外時間點所發生的財務需要與調配互相關係，成為動態財務結溝。所謂財務的安定，是指資金的需要與調配維持均衡的作用。所以，財務管理運用妥當，可促進餐飲業組織安定，餐飲業生存發展順利。

二、促使餐飲業的收益增加

一個餐飲業如果沒有收益或收益較少或虧欠，其餐飲業必告失敗破產。財務管理妥當必有收益，其收益指餐飲業經營應該得到多少利潤而言。

餐飲業資金的收益可從投資利益多寡加以測定，資金利益率依資金週轉率（Capital Turn-over Ratio）與銷售利益率（Sales Profit Raito）來決定。資金週轉率速度會快速，其餐飲業財務收益必多，反之，財務收益必少。

三、協助餐飲業快速成長

一個餐飲業,經營時多注意本身各部門的經營均衡,而業務成長乃餐飲業朝向生存發展境界邁進快慢的衡量。

財務管理除了收入或支出現金與支票外,它必須還要提供有助於將來餐飲業成長的利基。

餐飲業經營成長的預估不僅注意餐飲業本身的穩定與壯大,還要注意未來的發展,這些都要靠財務的支援與應付妥當。

四、充實餐飲業生產增加

生產是餐飲業產量能力的表示,而這種能力必須要靠財務的資金支援,才能達到理想境地。餐飲業的生存與發展,其經營目標,應以滿足消費者的需要為主要任務。生產就是大部分財務資金的投入,所產生的產品效用的發揮。

生產的資金達不到餐飲業經營預定的標準,則其他三種 —— 安定性、收益性、成長性將白費力量,一無所獲。所以,生產的提高,才使餐飲業發展順利,而生產要依靠財務管理運用靈活才能發揮其力量。

第三節 餐飲財務管理的規劃

餐飲業營運目標不外乎利潤(Profit)和服務(Service)兩項,而利潤是餐飲業生存所必需,為餐飲業營運的主要目標。從餐飲業財務觀點而言,若餐飲業業主的投資額固定,餐飲業資本淨值若增加,則表示營運利潤的增加。餐飲業資本淨值是指資產總值扣除負債總額而得;因此,如何增加餐飲業資本淨值,是餐飲業營運的主要目標。[2]

一、利潤規劃

利潤為餐飲業經營的最主要目標,不但為投資人所追求,亦為餐飲

業員工福祉之所繫。沒有利潤的餐飲業，將無法增加薪資與改善工作環境，亦無法有餘力增加設備提高競爭能力，有利潤的餐飲業不但可自利潤中撥出部分改善待遇與設備，有效提高競爭能力，而且還能吸引新的資金投入，擴大營業規模。故利潤規劃係餐飲業整體經營績效的重要工具，亦是財務管理的極重要一環。而餐飲業財務經理的任務，亦由經營的被動性的籌措資金工作，進一步發展成為主動性的謀求餐飲業利潤的規劃工作。

利潤規劃係協調餐飲業內各有關部門的活動，將「收益」、「費用」及「利潤」三者密切配合，預先設定計畫，作為未來一定期間內（一以會計年度為準，亦可依業務性質需要加長或縮短）。制定利潤計畫時，需具備下列兩項資料：

1. 餐飲業內部資料：過去的銷售金額、成本費用、獲利金額、股息、紅利、公債金、利息費用等詳細資料。
2. 餐飲業外部資料：經濟景氣資料、現行利率、同業利潤率、稅捐負擔、同業股利股息分派情形、資金市場供需情況等項影響未來收入與支出的各項因素。

餐飲業就上述兩項資料，預估未來一年或某特定期間內的營業收入計畫、製造成本計畫、銷售成本計畫、營業外（非經常性業務）收入計畫、資金籌集計畫、資金運用計畫。各項計畫之重點在於作為日後營運的參考依據，因而構成餐飲業的利潤目標。若以財務報表形式表示各項計畫的結果，當以「預估損益表」為利潤規劃的總結。

二、利潤的訂定

餐飲業從事利潤規劃，對於目標利潤的設定，可以參照下列四種方式予以單獨或調和使用：

(一)投資報酬率法

投資報酬率（總資產收益率）的算法如下：

投資報酬率＝營業淨利／總資產

$\qquad$＝銷貨收入／總資產×營業淨利／銷貨收入

$\qquad$＝資產週轉率×營業淨利率

依投資報酬率法決定目標利潤，也就是總資產額收益率訂為目標利潤，亦就是預定營業淨利應為總資產的百分之幾。

(二)營業資產收益率法

營業資產收益率＝營業淨利／營業資產自總資產扣除不直接使用於營業活動的資產後，即成為營業資產。將目標利潤（即預估營業淨利）定為營業資產的百分之幾。

(三)員工每人平均年淨利法

依餐飲業員工每人每年平均所獲淨利應為若干，定為目標利潤。此法對提高生產力有其特別意義。此法並可發揮激勵作用，當員工每人每年平均獲利超過預定目標時，可隨之獲得若干比例的紅利，可促使餐飲業經營業績蒸蒸日上。

(四)以所需盈餘作為目標利潤

餐飲業為償還借款、增加設備、提昇技術或種種支出計畫，需要資金作為支應，因而訂定目標利潤，並依以推算出銷貨收入與成本等項數值，作為努力的目標，惟該項目標仍不宜與現實脫節。

三、損益平衡分析

餐飲業利潤規劃涉及「收益」與「成本」兩基本要項。兩者間的差額方係「利潤」。損益平衡點（Break-even Point）係指餐飲業在某項銷售量時，其「銷貨收益」（Sales Revenue）恰好等於「成本支出」（Costs），在此點時餐飲業既不虧亦不賺。

(一)成本的直接性與變動性

成本之劃分為固定與變動兩類，在餐飲業管理上，極其重要。對於

成本變動性的把握，是許多管理工具運用的先決條件。舉凡損益分析、成本分析、彈性預算、利潤計畫等及許多其他管理決策，皆有賴於對於成本的變動性的把握。

■■直接與間接成本

餐飲業為計算其所製造的產品成本或所提供的服務成本，要將餐飲業日常所發生的各種開支成本，作各種歸屬。直接成本即是在歸屬成本時能直接指認其歸屬的對象；至於間接成本則是在歸屬時不容易或無法直接指認其歸屬的對象。當然，所謂成本的直接或間接，往往是取決於耗用此項成本的目的而定，而不是成本項目的本身。此外，餐飲業的成本除可依產品之歸屬而分為直接成本與間接成本外，尚可依餐飲業的部門，作為歸屬的標準，進而分析此項開支係由甲部門抑應由乙部門負擔。

■■變動、固定與半變動（半固定）成本

餐飲業所發生的成本，亦可看它是否依生產數量的多寡而有所變動（在既定的設備與生產能量之下）。所謂固定成本，即是與產量無關，而在固定的生產能量下，所生的成本。簡言之，即每日生產數量盡有不同，而若干項目的每日開支則係相同，即屬固定成本。由於固定成本是在一定時期內發生的既定成本，故亦可稱為不可避免成本。

變動成本每日不同，係隨產量增加而增加。惟若將此項變動成本總額分攤至各件產品中，則每件產品所負擔者卻係相等，為固定不變者。

半變動（半固定）成本係指此項成本隨產量的增減而增減，但不成同比例變動。

(二)損益平衡點

餐飲業管理主管所最關切的問題之一，係在多少銷售量時，公司收支可以平衡。亦即，銷貨達到若干，銷貨收入可以收回產品的產銷總成本，既不虧亦不盈。當然，此項銷售量可以產品單位、銷貨金額或工廠能量百分比等方式表示。具體言之，管理當局關心者至少有下列各項問題：

1.在某數量的銷售量時，利潤可能為若干？

2.變動成本改變時，對於利潤有何影響？

3.為達到預定的利潤目標，需要多少銷售量？

4.產品售價的變動，對於利潤有何影響？

5.增加固定設備，對於利潤有何影響？

6.增加廣告或其他推銷費用後，需增加多少銷售量，始可彌補所增加開支？

7.若減低售價，需能因減價而增加多少銷售量，始可彌補因減價而減少之收入？

8.至少有多少銷售量（業務量），收支始可平衡？

第四節　餐飲財務管理的預測

　　財務規劃的重要性，可自財務預測來說明。財務規劃的首要工作係預估未來一定期間內對於資金的需要與供應的數量。因此，財務預測為餐飲業營運的週轉情況預估，對餐飲業的安定性有根本影響。

　　餐飲業的營運目的在追求利潤，而利潤係經由餐飲業的產銷活動而產生。

一、財務預測的概念

　　餐飲業利潤經過預估規劃之後，可據以預測營運上所需的資金，進而編訂預算。餐飲業所需資金的預測，對於餐飲業的開創、土地的購置、設備的增添、人員的僱用、原料的採購、市場的拓展等，有重大的影響，如果事先不妥為預測和籌備，極易發生週轉失靈或積壓資金的現象。[3]

　　餐飲業因規模和性質的不同，財務預測的期間亦有不同，一般所慣用的期間有按月、按季、按年、多年等幾種。財務預測即係對於餐飲業財務需要的預估，以便適當調配供應資金。因此財務預測為財務規劃的

起點，有了完善的財務預測方能做好財務調度的工作，而財務調度的重心在現金。

二、財務預測的環境

(一)餐飲業內在環境

應預期餐飲業在未來一段時間內，餐飲業可能採行的生產與銷售等項活動所可能導致的現金流入與流出，並要為各種突發性事件所需資金預作適當準備。餐飲業內部的營運效率必然影響利潤目標的達成，管理控制制度的是否完善亦必然影響各項成本費用的控制。

(二)餐飲業外在環境

財務預測的外在環境主要為經濟環境的景氣循環情形，通貨膨脹率、利率水準以及市場需求、科技發展等項因素，均會影響到餐飲業未來的現金收支情況，亦就是會影響到餐飲業的財務規劃。例如經濟景氣時，許多餐飲業想擴充，此時利率上升，借貸不易。而在經濟不景氣時，金融業將趨向保守，不敢輕易放款給餐飲業。因此餐飲業在作財務預測時需要考慮未來經濟景氣的情況。又例如在通貨膨脹率較高時，餐飲業之原料成本、人工費用均可能上升，導致支出增加，而餐飲業的產品價格可能受到其他因素影響而無法大幅上漲，而且售價上漲後可能影響銷售量，因此，未來的通貨膨脹情況亦為餐飲業從事財務預測時所不可疏忽。當然，一般的利率水準亦是財務預測所不可忽視，利率高低直接影響餐飲業的財務成本，對餐飲業財務調度有根本影響。

總之，餐飲業的財務計畫係依據餐飲業的財務預測的估計結果而作成，在真正執行該項計畫時需隨時依照餐飲業內在以及外在環境因素的變化而予以調整，不可僵化。

第五節　餐飲預算的籌編

一、預算的意義

預算（Budget）是以貨幣單位表示的財務計畫書，亦就是財務預測及利潤規劃的自然結果。將餐飲業的預定銷貨、生產和盈餘目標，以及為達成此目標所需資金的供應與需要（資金的來源與去路）予以明確列出。因此預算係一項財務計畫書，同時亦是財務控制的依據。

「預算係指對未來一定期間內預定實施的各項業務以及由於各項業務營運的可能發生的財務收入與支出，予以估計，並用金額表示的一項會計形式的計畫書。」

二、預算的功能

預算的功能或作用，主要有下列各項：

(一)規劃未來

為預算的最大功能，可促使各級管理主管前瞻未來，預測未來可能變動情況，並預作準備。

(二)確立餐飲業整體經營目標

經由預算程序，促使餐飲業高級主管具體地確定餐飲業未來發展方向。例如確定營業預算時必須先確定營業的項目、營業的重點、營業的拓展以及種種的基本策略。

(三)加強內部協調

預算程序可提供餐飲業內部各部門間的意見溝通機會（溝通時難免發生爭執）。例如採購部門的各項購料預算必須協調配合生產部門的生產需要以及財務部門的支付調度，務必使得生產部門可以最低廉的價格獲

得所需品質、數量以及配合生產進度的原物料，但是購料要付錢，因此又需協調財務部門的支付調度與價格條件。

(四)執行標準

預算不但爲各項業務與活動的財務計畫書，亦爲衡量各項業務與活動的成果標準，成爲財務控制的主要依據，使得餐飲業的內部稽核與控制有統一的衡量標準。

三、預算的期間

預算期間的長短，須視該項預算的性質。餐飲業的預算一般均以一年爲期，配合會計年度訂定各項預算。尤其是營業預算與財務預算均應以一年爲基本期間。若有需要再以年度計畫爲單位，訂立多年度的長期財務或營業預算。

餐飲業預算爲配合實際應用需要，對營業預算、現金預算、生產預算等往往編製以月份爲基期的預算，作爲詳細控制的依據。以月爲基期的預算還可以保持「連續預算」的形式，即餐飲業一直保有十二個月的預算。每過一個月，則預算期間就隨著向前推一個月。

預算期間的長短的基本原則爲「可以實現的原則」。預算期間不宜過長，因爲期間愈長，它的準確性愈低，不一定能有把握實現，因此，掌握可實現原則爲長期預算選擇期間長短的準則。

四、預算的種類

餐飲業財務預算的種類有以下幾種：

(一)營業預算

爲餐飲業一般營運活動之預算，包括行銷預算、生產預算、員工薪資預算、管理費用預算、銷貨成本預算。

(二)財務預算

爲現金收入支出預算、預估資產負債表、預估損益表、預估資金來

源運用表。

(三)資本預算

係建造硬體、增造設備等項長期投資的支出預算。餐飲業的資本支出預算係將餐飲業策略計畫以及中程計畫予以逐步實現，它是有關固定資產投資的長期財務計畫。

(四)計畫方案預算

通常係餐飲業生產及銷售活動的計畫方案計畫，尤其是有關專案計畫的預算。

(五)預估財務報表

有些餐飲業將預估財務報表的範圍擴大，包括會計學上的傳統財務報表、成本報表、各種形式的分析表、計算表，甚至不同預測情況下的多套預估財務報表。其作用已偏離正規預算功能，供決策分析參考之用。

五、預算控制的步驟

預算工具可以控制餐飲業營運上的各項作業，其控制的實施步驟如下：

1.編訂各部門預算。
2.依據所定預算，執行和指導各項業務活動。
3.比較預算與實際作業，分析差異原因。
4.採取改善措施。

第六節　餐飲財務控制

餐飲業財務的一般控制事項如下：

(一)資金成本控制

資金成本控制是有效控制餐飲業營運資金的籌措方式,期能獲得成本較低的資金,成本的評估種類有舉債成本、優先股成本、普通股成本、保留盈餘成本等。

(二)資金結構控制

資本結構控制是控制餐飲業長期資金的分佈狀況,謀求各種資本的最佳配置,以確保財務的穩定與健全。

(三)風險控制

風險控制是餐飲業各種可能風險,予以有效的管制,期能減少風險的程度和損失。

(四)流動資產控制

流動資產控制是控制餐飲業的現金、存貨、應收帳款等流動資產。

(五)固定資產控制

固定資產控制是控制餐飲業的土地、房屋、機器、設備等固定資產。

(六)現金流量控制

現金流量控制是對餐飲業每一方案的現金流入和流出予以估計,以控制餐飲業支付帳款和購買資產的資金狀況。

(七)成本控制

成本控制是對餐飲業整個產銷過程中,控制各項成本支出,包括生產成本控制、行銷成本控制。

(八)其他財務控制事項

諸如收入控制、標準成本控制、利潤控制、投資控制等。

第七節　餐廳出納作業管理

　　餐廳出納結帳是服務流程的一部分，出納人員除了要具備良好的結帳技能，更要有親切的態度，所以餐飲經營主管必須重視出納人員之訓練，讓顧客留下美好印象，增加顧客再度光臨的機率。[4]

一、餐廳出納作業準則

(一)客觀性

　　因此所謂客觀性，意指會計記錄及報導應該根據事實，並依據一般公認之會計原則來處理，而藉以增進會計資料之準確性，避免會計人員評價之主觀與偏見。

　　所以為達到所謂之客觀性原則，在處理會計實務時，於儘可能之範圍內，應以實際之交易為依據，並以外來之商業文件為憑證，才得以增加會計資料之可信度。

(二)一致性

　　所謂一致性，是指某一餐廳對於某一會計科目之處理方法，一經採用後，應前後一致，不得任意變更，而且得以使各期間之財務報表，能夠互相比較分析。並且也可顯示該餐廳各期間經營變化之趨勢，不受會計方法變動之影響。

　　當然，一致性原則並非指所採用的會計方法永遠一成不變，倘若會計人員認為改變現行的方法，能產生更合理之財務資料時，自應予以變更。但應將改變之理由及事實，以及改變後對該期間損益的影響，在財務報表上明顯地揭示出來。

(三)穩健性

　　所謂穩健性，係指會計人員從事會計工作時應保持穩健的態度，要

做到「寧願估計可能發生之損失，而勿預計未實現之利益」，亦即強調「資產與利潤應被適當的表達，而非過分的強調」。

二、餐廳收入之分類

餐廳在收入帳目上，都很簡單而且很直接的是借方「現金」或「應收帳款」、貸方「銷貨收入」，來記錄每天之交易。然而，爲了收入、成本及毛利之分析，以及爲求營業額瓶頸之突破，的確有必要將「收入」適當的分類，以便比較並得知在同業中本餐廳之「平均消費額」、「週轉率」、「消費人數」是否理想。因此，餐飲業應該將收入分成下列之各科目：

(一)食品收入

它是屬於貸方科目，員工或經理人員的帳單應不屬於銷售帳目。另外，牛油、骨頭以及其他廚房副產品的銷售，則屬銷售成本的貸方，而非收入。

(二)食品折讓

是屬於食品收入相反的帳目，亦即銷售後之折扣。

(三)飲料收入

同樣地，經理人員在被允許範圍內之額度，而所飲用之部分，亦不屬於收入帳目。

(四)飲料折讓

是屬於飲料收入相反的科目，是表示飲料銷售後之折扣。

(五)服務費收入

一般餐廳其收入之10%爲服務費收入。在歐美許多餐廳的會計科目中，並沒有這個科目，因爲他們把服務費全數歸給服務員，以提升並鼓勵他們能提供顧客更好的服務態度。

(六)其他收入

如香煙、口香糖、開瓶費、最低消費額等，均屬於其他收入，當然這些雜項收入，在餐廳分析食品與飲料收入比率時，或分析毛利時，是不被包含在內的。尤其在分析食品成本及飲料成本時，只會針對食品與飲料的收入作比較與分析。

小費的會計處理問題，往往為各餐廳所忽略，甚至於被認為是一種不存在的問題。然而，待接到國稅局之通知單時，才警覺到事情之嚴重。

如果是現金小費，由於小費是直接給服務人員，所以沒有任何會計程序可言。但是如果客人以信用卡或簽帳的方式給小費，那麼小費就會加寫在信用卡三聯單或顧客簽帳單上。

因此，小費政策一致性的會計方法應當予以建立。例如，服務人員的小費何時可以拿到，是立刻可以拿到，或是下班後才可以拿到；又如信用卡小費，其中信用卡之收帳費，是公司吸收還是由服務人員吸收……。所以小費政策攸關服務人員拿到小費的時間或金額，不可疏忽。

另外，服務人員經由客人簽帳或客人刷信用卡而得到之小費，對服務人員來說，必須列入他們個人的「其他收入」，並扣個人所得稅。因為在公司會計記錄上，對此種小費均有完整的證據，顯示服務人員收了多少的「客人簽帳小費」。

三、餐廳費用之分類

費用包括經營一家餐廳每天所需的成本與餐廳、資產的折舊、預付款項的沖銷、到期預付費用的攤銷等等。編製財務報表時，其費用可分為五大類：銷貨成本、營業費用、管銷費用、固定費用及營利事業所得稅。銷貨成本及營業費用可以歸類為「直接費用」，管銷費用為「間接費用」，所得稅則為費用中的另一類別。

(一)直接費用

這些費用係指與餐廳之營業有直接關係，只要餐廳開門營業，就會

連帶發生的費用，當然這些費用是該餐廳經理所能夠掌握的。

直接費用又可細分下列各項：

1. 銷貨成本。
2. 員工薪資。
3. 與員工有關的費用：勞保、加班費、年終獎金。
4. 顧客用品：火柴、牙籤、報紙、紀念品等。
5. 重置費用：瓷器、玻璃器皿、銀器、布巾類等營業生財設備破損之「重置」。
6. 各種布巾及制服之洗衣費、乾洗費。
7. 文具印刷費：信紙、信封、原子筆、報表紙等。
8. 清潔用品：清潔劑、桶子、抹布、拖把、掃帚。
9. 菜單：包括菜單設計及印刷所需之費用。
10. 外包清潔費：包括與清潔公司簽訂餐廳地區清潔之契約。另外，抽油煙機、下水溝、除蟲及消毒，也可能包括在契約內。
11. 執照費：所有經濟部及市政府之執照、特殊許可證，都應列在此科目。
12. 音樂及娛樂費：包括藝人、鋼琴租用、鋼琴調音、錄音帶、散頁樂譜、專利權使用費、管弦樂團及提供給藝人之免費餐飲的所有成本。
13. 紙類用品：本科目包括所有紙製品的費用，例如餐巾紙、杯墊、包裝紙、紙杯、紙餐盤、吸管等。
14. 本科目包括食物調理過程中所需工具之費用，如蒸籠、砧板、鍋子、攪拌器、開罐器及其他。

(二)間接費用

此費用乃指與營養沒有直接關係，而且亦非餐廳經理所能控制的，是屬於最高管理階層的責任。

間接費用所能控制的，是屬於最高管理階層的責任。

1.信用卡收帳費：各種所接受之信用卡，其手續費均列入此科目。

2.交際費：各種因公宴客或送禮之費用。

3.現金短少或溢收：本科目係出納所經收現金的短少或溢收，均列入管理部門的這個科目。

4.捐獻：指慈善捐款的捐獻。

5.郵票：因公郵寄物件之郵票費用。

6.旅費：員工因公出差之旅行費用。

7.呆帳費用：本科目係指應收帳款無法收回的損失，後文將較詳細說明各種呆帳費用不同的會計作業處理規定。

8.電話費：各種因公所打之電話費用。

9.會費：本科目係指參加各商業組織的費用。

10.專業人士：如聘任會計師、律師及顧問等費用。[5]

11.廣告費：本科目係指餐廳業者在國內外利用各種型態或媒體以便推銷其商品之費用。其廣告方式可列舉如下：

　(1)直接郵寄廣告：包括信封、信函、印刷、郵票及其他郵寄工作委外承包的工作費用。

　(2)戶外廣告：包括海報、看板及其他用以推銷餐廳標誌的費用。

　(3)媒體廣告：包括在報紙、雜誌上刊登廣吉之費用。

　(4)電視及收音機廣告：即在電視或收音機打廣告的費用，以及其他相關的支出。

12.業務推廣費：本科目係餐飲業者為了推廣業務，在國內或國外所作一系列之參觀拜訪所需要之費用。甚至為了更直接開拓國外市場，而在國外設立事務所之費用，也可以列入本科目中。

13.能源成本：亦即我們常用的水、電、瓦斯費用。

14.維修費用：在美國餐飲業其標準之會計制度及費用辭典中，並非只採用單一科目，來記錄所有的維修工作，而是將維修費用分配到下列科目中：

　(1)工程用品：係指用以保養餐廳設備的用品，例如小工具、燈泡、水管、溶劑、黑油、保險絲、螺絲等。

(2)各種設備維修合約：如電梯、空氣調節系統、廚房設備、冷凍、冷藏設備等。

(3)庭院及景觀工程：係指與庭園維護有關之所有物料與契約之費用。

(三)固定費用

此費用係指不論餐廳之營業與否都將會發生，亦即這些費用與營業額無關，餐廳經理無法控制這些費用，這些費用之控制乃是餐廳負責人或董事長之責任。其費用可分類如下：

1. 租金：本科目係指租賃土地或建築物之費用。
2. 財產稅：如土地及建築物是屬於公司的，那麼本費用係指餐廳所繳之土地稅及房屋稅。
3. 利息支出：本科目係指各種抵押貸款、信用借款及其他形式之負債而產生之利息支出，如果利息支出面額很高，則必須設立個別之科目，來顯示其利息支出產生之主要來源為何。
4. 保險費：本科目係指投保建築物及設備之費用，以防止因火災、天災及其他意外而導致損害。在歐美日等先進國家，其對餐飲業「保險」範圍之要求特別嚴格，主要目的除了保障它的名譽及可能遭受之連帶損失外，對餐廳之永續經營，以及對員工、顧客生命安全之保障，也相對地提高。
5. 折舊費用：本科目係指可以折舊之固定資產的分期性成本分攤，應使用個別之科目，來區分折舊費用的來源。
6. 攤銷費用：本科目係指租賃權、租賃改良及其他無形資產之分期成本分攤。

第八節　餐廳出納作業流程與現金管理作業

一、出納作業流程

(一)親切問候

顧客到出納櫃台時，態度親切的問候客人，協助結帳。

(二)確認帳單

當顧客要結帳時，應主動提示點菜內容給顧客，並確認。

(三)詢問付款方式

1.現金付款。

2.信用卡付款。

3.房客帳付款。

4.簽帳付款。

(四)處理付款流程

1.詢問統一發票編號。

2.付款處理。

3.遞交發票。[6]

二、餐廳現金管理作業

現金是所有資產中最敏感的，因此餐飲業擁有一套有效的內部控制系統來管理現金，乃為當務之急。經常使用的控制方法有以下各點：

1.一切銀行往來帳戶及支票簽署，都須經由財務主管之授權。

2.一切銀行往來帳戶應每月製作調節表，並由查帳員檢查。

3.包括已註銷支票在內的銀行對帳單，應由銀行直接送給準備編製銀行調節表的人員。簽署支票或從事與現金交易有關職務之人員，不可調節銀行往來帳戶，而且調節過程應包括簽名和背書的檢查。另外，應為現金收入和現金支出之記錄，作一般準確度的結果測試。

4.現金的保管應為總出納之職責，但已收現金的會計及現金交易的查核工作，應分派給另一位員工。這種職務分離的方式，可以看出出納員之工作表現。

5.總出納每年必須強迫休年假，而其休假期間的職務由另一位員工擔任。如有弊端，將可乘機發現。

6.庫存現金及零用金，應由獨立於現金控制業務之外的員工不定期作檢查，而對於非現金項目如借款條或顧客之私人支票等，應特別注意其是否適當。

7.來自零用金的支出必須有發票及收據或其他文件，作為附件加以證實。

8.餐廳出納員應注意事項：

(1)每完成一筆交易，應即關上抽屜。

(2)收銀機記錄帶上若出現斷裂、夾紙或用完時，出納必須在記錄帶上圈畫並簽名。

(3)出納不在場時，收銀機一定要上鎖，並帶走鑰匙。

(4)交易一定要在誠實的系統中進行，任何一筆現金交易進行完後，一定要有鈴聲明示。

(5)出納不可將手提袋、手提包、皮包、化粧包或其他種類之袋子，置放在收銀機附近。

(6)若遇收銀機發生問題，出納須立即告知經理。

(7)出納應在結帳點錢並簽名於繳款袋時，立即證實並確認現金的數額，不應在事後才計算。

註　釋

[1]林垚著，《財務管理》，台北：華泰書局，民77年，p.135。
[2]吳桂燕著，《財務管理》，台北：天一圖書公司，民74年，p.236。
[3]同註[1]，p.366。
[4]經濟部，《餐飲業經營管理技術實務》，台北：經濟部，民84年，p.463。
[5]同註[4]，p.469。
[6]蔡界勝，《餐飲管理與經營》，台北：五南圖書出版公司，民85年，p.36。

餐飲管理

作　　者☞陳堯帝

出 版 者☞揚智文化事業股份有限公司

發 行 人☞葉忠賢

總 編 輯☞林新倫

登 記 證☞局版北市業字第 1117 號

地　　址☞台北縣深坑鄉北深路 3 段 260 號 8 樓

電　　話☞(02)26647780

傳　　真☞(02)26647633

印　　刷☞鼎易印刷事業股份有限公司

三版八刷☞2007 年 3 月

定　　價☞新台幣 480 元

Ｉ Ｓ Ｂ Ｎ ☞957-818-275-9

E-mail ☞service@ycrc.com.tw

網　　址☞http://www.ycrc.com.tw

國家圖書館出版品預行編目資料

餐飲管理 = Food and beverage management /
陳堯帝著. -- 三版. -- 臺北市：揚智文化,
2001[民90]
面； 公分.

ISBN 957-818-275-9（平裝）

1. 飲食業－管理

483.8   90005196